JN039755

理工系のための数学入門

Introduction to Mathematics for Science and Engineering learners

微分積分・線形代数・ベクトル解析

浜松 芳夫・星野 貴弘●共著

Calculus, Linear Algebra and Vector Analysis

はしがき

大学や高専の理工系の学科で教えられている専門科目は，数学や物理についてある程度習熟していることを前提として教えられています．しかし，昨今，大学入試の形態が多様化していることもあり，数学や物理を十分に学んでこないまま，理工系の大学・学科に入学する学生が少なからずいるような状況，さらには高校の学習指導要領の改訂にともない専門科目を学習するのに必要な部分を習っていないなど専門科目を学ぶ敷居がかなり高くなっているのが実情であると思われます．本書では，こういった背景をふまえて，理工系の学科に入学した大学初年次の学生がスムーズに専門科目を学べるように，高校で学ぶ数学の内容のおさらいを簡素に設けたうえで，専門科目に関連した内容の範囲で構成しています．

したがって，数学全般を扱うのではなく，理工系の専門科目を学ぶのに必要となるであろう数学的分野に分けて章を構成しました．さらに独習を意識して，数式の展開・導出には極力飛び越しのないように解説しています．

また，「数学は最も厳密な言葉である」という格言を聞いたことがあるかもしれません．解析結果として得られた式は，さまざまなことを私たちに教えてくれます．この点を考慮して本書では，なぜその数式が成り立つのか，あるいは数式のもつ意味を解説することに努めました．例えば「電磁気学」「電気回路」で学ぶ内容にふれるといった形で，実際の数値・例をあてた例題などを適宜盛りこみ，それぞれの項目をなぜ学ぶのかを明示した解説内容としました．そして，例題およびその解説は，前提知識がなくともわかる内容の範囲・程度としています．

このような考えにもとづき，数学的厳密性よりもわかりやすさを念頭におき，記述するように心がけました．技術者の立場からすれば数学は，物理現象の正確な記述や理解をするための道具ともいえます．実際，原理を理解して応用することを考えた場合，式のみを暗記してその問題が解けたとしても，なぜその式が成り立つのかを理解していないと応用につなげることができません．このことから，興味に応じて「電磁気学」を学習する場合には第 4 章から，「電気回路」を学習する場合には第 5 章から読みはじめ，必要に応じて第 1 章から第 3 章の数学の部分を参照することにより，効率的に学習を進めることもできると思います．

最後に，執筆にあたり，日本大学 理工学部 電気工学科，電子工学科および応用情報工学科の専門科目をご担当されている先生方に貴重なご意見，ご示唆をいただきましたことを感謝申しあげます．さらに，執筆の機会を与えていただいた株式会社オーム社編集局の皆様に感謝いたします．

2020 年 6 月

浜松　芳夫，　星野　貴弘

目 次

第３章　線形代数

第４章　ベクトル解析

第 5 章　電気数学

MEMO

第 1 章

三角関数および指数関数，対数関数

関数は英語で "function" ですから，関数を表す記号として一般に f あるいは $f(\ )$ が用いられています．例えば，a, b が定数で，x, y を変数としたとき，$y = f(x) = ax + b$ のように表現されます．関数 f の具体的な形が $ax + b$ です．

数学は言葉ですから翻訳することも可能ですね．$y = f(x)$ は普通は，「y は，x の関数である．」と解釈できますが，さらに意訳して「y の値は，x の値に関係している．」のように解釈することもできます．どのように関係しているかは，関数 f の具体的な形 $ax + b$ が明らかになればわかります．もし，$y = a + b$ ならば y は定数であり，x の値には関係していませんので関数にはなっていません．つまり，x と y の対応関係を表すものが関数というわけです．

さて，高校では関数に含まれる変数は多くの場合，x の 1 つだけでした．しかし，これから習う専門科目では，むしろ複数の変数を含む場合が一般的であり，例えば

$$z = f(x,\, y) = ax^2 + by$$

のように x，y の値が決まれば，z の値が決まるような関数の形を扱うことが多くなります．

それではさっそく学んでいきましょう．

1.1 三角関数

交流の電気回路における電圧，電流は時間的に正弦波状に変化しています．**正弦波**とは $A\sin(\omega t+\theta)$ の形で変化している波のことです．したがって，数学的には三角関数を用いて表されます．また，電気以外でもばねの単振動などの周期的な運動を表現する際にも三角関数は必要不可欠です．ここでは，三角関数の基本的性質とよく利用される公式の導き方，またその利用方法について説明していきます．

1.1.1 三角関数の基本性質と角度の表し方

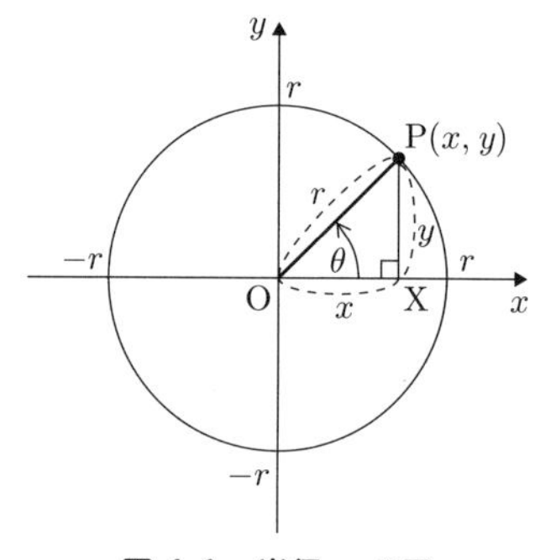

図 1.1　半径 r の円

図 1.1 のような半径 r の円周上に任意の点 P をとり，その座標を $(x,\ y)$ とします．直線 OP と始線である x 軸の正の部分とのなす角の大きさを θ と表します．また，点 P から x 軸に下ろした垂線と x 軸との交点を X とします．このとき，半径 r の円内にできた直角三角形 OPX の辺の比をそれぞれ

$$\sin\theta=\frac{y}{r} \tag{1.1}$$

$$\cos\theta=\frac{x}{r} \tag{1.2}$$

$$\tan\theta=\frac{y}{x} \tag{1.3}$$

と表すことにします．それぞれ，$\sin\theta$ は角 θ の**正弦**，$\cos\theta$ は**余弦**，$\tan\theta$ は**正接**と呼ばれます．これら正弦，余弦，正接は，半径の長さ r には依存せず，

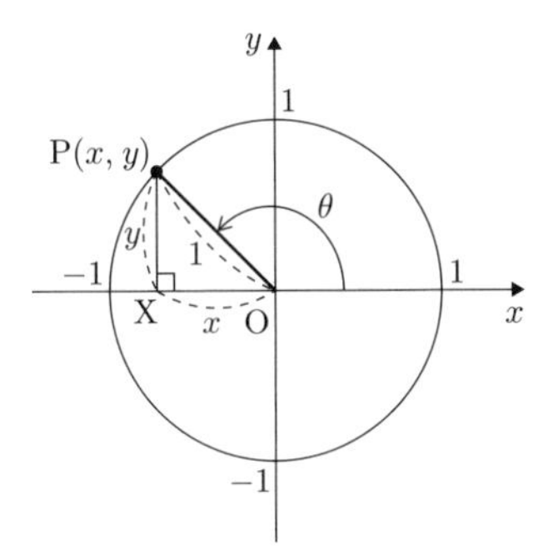

図 1.2　半径 1 の単位円

角度の大きさ θ によって決まります．また，式 (1.1)，(1.2)，(1.3) から明らかなように，$\sin\theta$, $\cos\theta$, $\tan\theta$ は角度 θ を与えた際に，その角度の大きさに対応する直角三角形の辺の比を与える関数となります．三角形の辺の比を与える関数なので，**三角関数**と呼ばれます．そして，角度を表す記号は一般に θ が用いられていますから三角関数を θ の関数という意味で

$$f(\theta) = \sin\theta \tag{1.4}$$

$$f(\theta) = \cos\theta \tag{1.5}$$

$$f(\theta) = \tan\theta \tag{1.6}$$

のように表します．

前に述べたように，正弦，余弦，正接は半径 r の長さに依存しないことから，次に最も簡単な半径 1 の**単位円**における正弦，余弦，正接を考えてみましょう．

図 1.2 に示すように単位円の円周上に任意の点 $\mathrm{P}(x,\,y)$ をとり，直角三角形 OPX を作ります．式 (1.1) から式 (1.3) と同様に考えれば，角度 θ に対する正弦，余弦，正接は

$$\sin\theta = \frac{y}{1} = y \tag{1.7}$$

$$\cos\theta = \frac{x}{1} = x \tag{1.8}$$

$$\tan\theta = \frac{y}{x} \tag{1.9}$$

となります．したがって，点 P の y 座標の値が正弦（sin）と，そして x 座標の値が余弦（cos）と対応していることになります．

以降，重要な定理の説明や証明では計算をできるだけ簡単にするため，この単位円を用いることにします．

次に，三角関数のグラフについて説明します．式 (1.7) から式 (1.9) より，関数 $f(\theta) = \sin\theta$ は単位円の円周上を反時計回りに移動する点 P（図 1.3(a)）の y 座標の変化を表していて，逆に $f(\theta) = \cos\theta$ は x 座標の変化を表していることになります．したがって，$\sin\theta$, $\cos\theta$ のグラフは，それぞれ，図 1.3(b), (c) のようになります．また，$f(\theta) = \tan\theta$ は OP の傾き，すなわち $\dfrac{y}{x}$ の変化を表しているため，図 1.3(d) のようなグラフとなります．

これらのグラフから $\sin\theta$ と $\cos\theta$ の値がとりうる範囲（値域）はそれぞれ

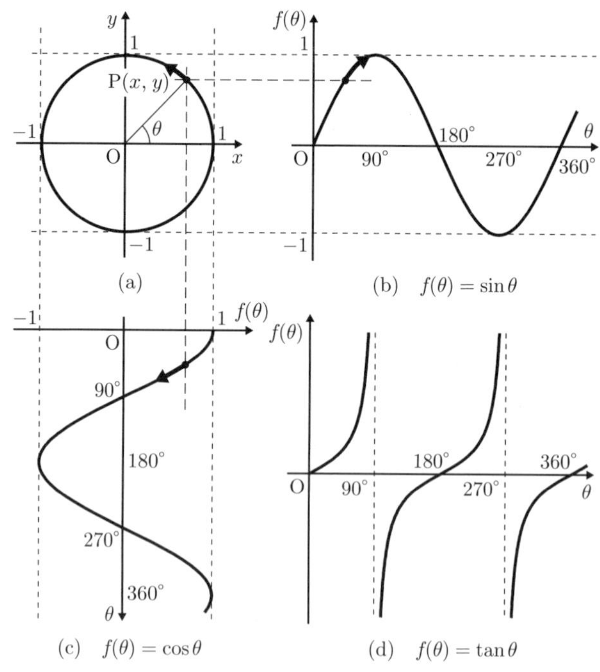

図 1.3　sin θ, cos θ, tan θ のグラフ

$$\begin{cases} -1 \leq \sin\theta \leq 1 \\ -1 \leq \cos\theta \leq 1 \end{cases}$$

となります．そして，図 1.3(d) のグラフから $\tan\theta$ の値域は $-\infty$ から $+\infty$ となります．前述したように $\tan\theta$ は，$\dfrac{y}{x}$ を表していますから，特に $\theta = 90°$ や $\theta = 270°$ では $x = 0$ ですから $|\tan\theta| \to \infty$（無限大）となるため，sin や cos のような具体的な値を定義することができません．

例題 1.1

次の角度に対する正弦，余弦，正接の値をそれぞれ求めなさい．

(1) 30°　(2) 180°　(3) 315°　(4) −150°

答え

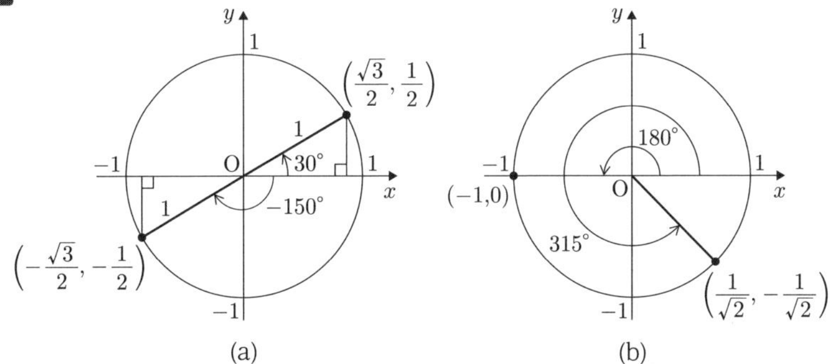

図 1.4　例題 1.1 の説明図

(1)　図 1.4(a) より，それぞれ

$$\sin 30° = \frac{1}{2}, \quad \cos 30° = \frac{\sqrt{3}}{2},$$

$$\tan 30° = \frac{\sin 30°}{\cos 30°} = \frac{1}{\sqrt{3}}$$

(2)　図 1.4(b) より，それぞれ

$$\sin 180° = 0, \quad \cos 180° = -1,$$

$$\tan 180° = \frac{\sin 180°}{\cos 180°} = 0$$

(3)　図 1.4(b) より，それぞれ

$$\sin 315° = -\frac{1}{\sqrt{2}}, \quad \cos 315° = \frac{1}{\sqrt{2}},$$

$$\tan 315° = \frac{\sin 315°}{\cos 315°} = -1$$

(4)　図 1.4(a) より，それぞれ

$$\sin(-150°) = -\frac{1}{2}, \quad \cos(-150°) = -\frac{\sqrt{3}}{2},$$

$$\tan(-150°) = \frac{\sin(-150°)}{\cos(-150°)} = \frac{1}{\sqrt{3}}$$

例題 1.2

角度 θ が $\cos\theta = \frac{1}{2}$ を満たすとき，θ を求めなさい．
ただし，$0° \leq \theta < 360°$ とします．

答え

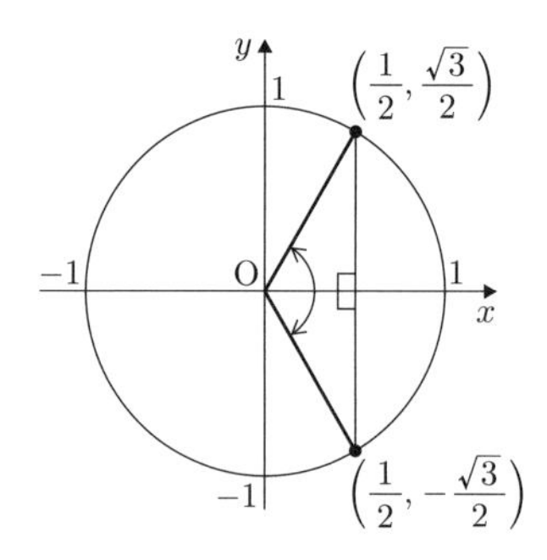

図 1.5　例題 1.2 の説明図

図 1.5 より，$\cos\theta = \frac{1}{2}$ を満たす θ は，一般角で表せば

$$\theta = 60° + 360°n, \quad -60° + 360°n \quad (n = 0, 1, 2, \ldots)$$

となります．$0° \leq \theta < 360°$ であることから

$$\theta = 60°, 300°$$

と求められます．

$\cos\theta = \dfrac{x}{r}$ なので,
この例題を満たす角度は 2 つあるのね.

次に正弦, 余弦, 正接の相互関係について説明します. まず, 図 1.2 (3 ページ) の直角三角形 OPX に着目すれば, 三平方 (ピタゴラス) の定理により, $x^2 + y^2 = 1$ ですから, 式 (1.7), 式 (1.8) より

$$\sin^2\theta + \cos^2\theta = 1 \tag{1.10}$$

が成り立ちます. さらに, 上式の両辺を $\cos^2\theta$ で割れば

$$\tan^2\theta + 1 = \frac{1}{\cos^2\theta} \tag{1.11}$$

が成り立ちます. また, $\tan\theta = \dfrac{y}{x}$ と定義されることから

$$\tan\theta = \frac{\sin\theta}{\cos\theta} \tag{1.12}$$

が成り立ちます.

例題 1.3

第 3 象限の角度 θ に対して, $\sin\theta = \dfrac{1}{\sqrt{3}}\cos\theta$ が成り立つとき, $\sin\theta$, $\cos\theta$, $\tan\theta$ の値をそれぞれ求めなさい.

答え

与式の両辺をそれぞれ 2 乗することにより

$$\sin^2\theta = \frac{1}{3}\cos^2\theta$$

また, 式 (1.10) より, $\sin^2\theta = 1 - \cos^2\theta$ を上式に用いれば

$$1 - \cos^2\theta = \frac{1}{3}\cos^2\theta$$

$$\cos^2\theta = \frac{3}{4}$$

$$\cos\theta = \pm\frac{\sqrt{3}}{2}$$

が得られます．ここで，θ が第 3 象限の角であることより，$-1 \leq \cos\theta \leq 0$ となるので，$\cos\theta = -\dfrac{\sqrt{3}}{2}$ となります．同様に，$\sin\theta$ について解けば，$\sin\theta = \pm\dfrac{1}{2}$ となり，第 3 象限の角であることを考慮すれば，$\sin\theta = -\dfrac{1}{2}$ となります．また，$\tan\theta = \dfrac{-\frac{1}{2}}{-\frac{\sqrt{3}}{2}}$ より，$\tan\theta = \dfrac{1}{\sqrt{3}}$ となります．

ここまで，直角を 90° とする**度数法**を用いて角度の大きさを表してきましたが，理工系科目のテキストでは，主に**弧度法**が用いられています．弧度法とは，角度の大きさを円の半径に対する弧の長さの割合によって表す方法です．弧度法の単位としては，**rad（ラジアン）**を用います．

図 1.6 を用いて弧度法による具体的な角度の表し方について説明します．弧度法では，単位円における弧の長さ 1 に対応する角度，つまり図中の中心角 AOQ の大きさを $1\,\mathrm{rad}$ と定義します．そして単位円ですから半径は 1 なので円周の長さは 2π です．したがって，1 周の 360° は $2\pi\,\mathrm{rad}$ となります．このことから，90°（図中 $\angle\mathrm{AOP}$）は $\dfrac{\pi}{2}\,\mathrm{rad}$，$180^\circ$ は $\pi\,\mathrm{rad}$，270° は $\dfrac{3\pi}{2}\,\mathrm{rad}$ とそれぞれ表すことができます．また，$1\,\mathrm{rad}$ が何度に相当するかは $\pi\,\mathrm{rad}$ が 180° に相当することから

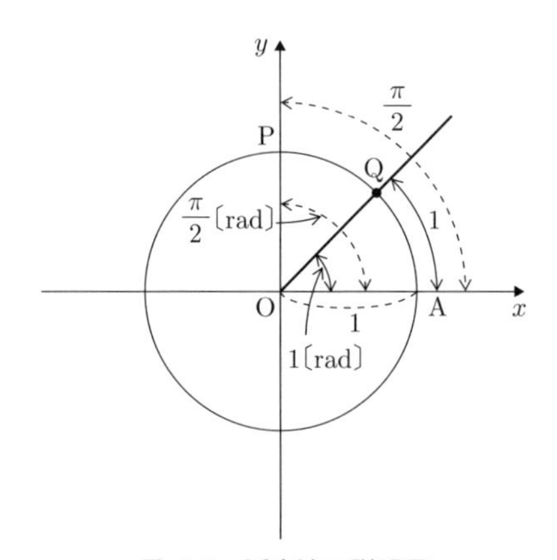

図 1.6　弧度法の説明図

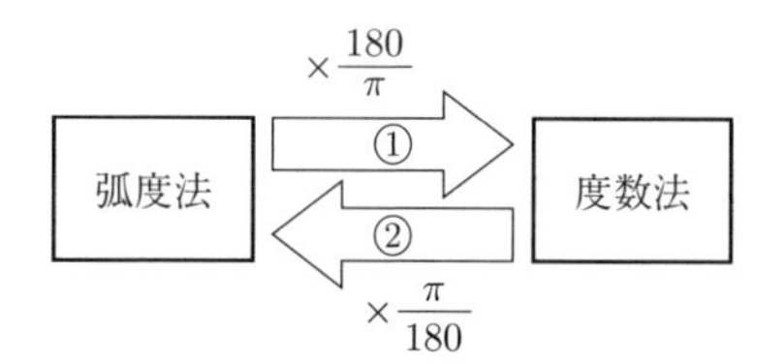

図 1.7　弧度法と度数法の関係

$$1\ \mathrm{rad} = \left(\frac{180}{\pi}\right)^{\circ} \approx 57.3^{\circ} \tag{1.13}$$

となります．

以上のことから，①弧度法で表された角度から度数法に変換する場合には，$\frac{180}{\pi}$ をかけ，②度数法により表された角度を弧度法に変換する場合には，逆に $\frac{180}{\pi}$ で割る，つまり $\frac{\pi}{180}$ をかければよいということになります．この関係を図 1.7 に示します．

理工系の多くのテキストにおいて，度数法ではなく弧度法が用いられている理由は，次のように考えられます．度数法における扇形の弧の長さは，$\frac{\pi r\theta}{180}$ と表されるのに対し，弧度法では，$r\theta$ と表され簡素な表現となります．特に $r=1$ の単位円では，単に θ となります．また，これにより三角関数の極限に関する重要な定理

$$\lim_{\theta\to 0}\frac{\sin\theta}{\theta} = 1 \quad (\theta\text{は弧度法で表された角度}) \tag{1.14}$$

が導かれます．上式を用いることで，三角関数の微分公式を導くことができるため，弧度法には，微分や積分の計算の簡素化を図れるといった利点もあります．

「$\lim\limits_{\theta\to 0}$」で
「θ が 0 に限りなく近づくとき」
という意味だったね．

証明　**式(1.14) の証明**

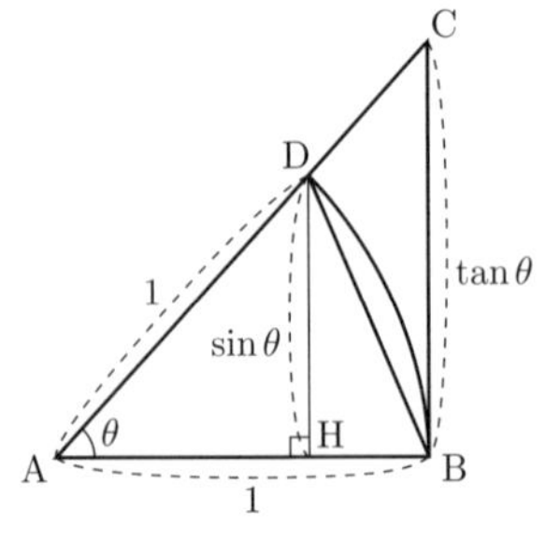

図 1.8　式(1.14) の証明

図 1.8 に示すような中心角 $\theta\ (>0)$ rad，半径 1 の扇形 ABD があるとします．点 D から AB に下ろした垂線と AB との交点を H とします．また，AD の延長線と点 B における扇形の接線との交点を C とします．このとき，面積について図から明らかなように

$$\triangle \mathrm{ABD} < \text{扇形 ABD} < \triangle \mathrm{ABC} \tag{1.15}$$

が成り立ちます．ここで，$\sin\theta = \dfrac{\mathrm{DH}}{1}$ ですから，DH$=\sin\theta$ となり，$\triangle$ABD の面積は，$\dfrac{1\cdot\sin\theta}{2}$ となります．次に，$\tan\theta = \dfrac{\mathrm{BC}}{1}$ ですから，BC$=\tan\theta$ となり，$\triangle$ABC の面積は，$\dfrac{1\cdot\tan\theta}{2}$ となります．さらに，扇形 ABD の面積は，単位円の面積が $1\times1\times\pi$ であり，弧度法を用いたときの扇形と円の比率が $\dfrac{\theta}{2\pi}$ なので $1\times1\times\pi\times\dfrac{\theta}{2\pi}=\dfrac{\theta}{2}$ となります．したがって，式 (1.15) の具体的な値は

$$\frac{\sin\theta}{2} < \frac{\theta}{2} < \frac{\tan\theta}{2}$$

となります．そして，上式より直ちに

$$\sin\theta < \theta < \tan\theta$$

の関係が求まります．さらに，上式のそれぞれの値を $\sin\theta$ で割れば

$$1 < \frac{\theta}{\sin\theta} < \frac{1}{\cos\theta}$$

となり，それぞれの逆数をとって

$$1 > \frac{\sin\theta}{\theta} > \cos\theta \tag{1.16}$$

の関係式が得られます．ここで，$\lim_{\theta\to0}\cos\theta = 1$ ですから，$\lim_{\theta\to0}\frac{\sin\theta}{\theta} = 1$ が成り立つことがわかります．

また，式 (1.14) を利用した三角関数の微分については，次章（41 ページ～）を参照してください．

例題 1.4

次の弧度法で表された角度を度数法に，度数法で表された角度を弧度法によりそれぞれ書き直しなさい．

(1) $\frac{\pi}{3}$ rad　　(2) $\frac{5\pi}{4}$ rad　　(3) 120°　　(4) 311°

答え

図 1.7 (9 ページ)の関係を用いて，それぞれ

(1) $\frac{\pi}{3} \times \frac{180^\circ}{\pi} = 60^\circ$　　(2) $\frac{5\pi}{4} \times \frac{180^\circ}{\pi} = 225^\circ$

(3) $120 \times \frac{\pi}{180} = \frac{2}{3}\pi$ rad　　(4) $311 \times \frac{\pi}{180} = \frac{311}{180}\pi$ rad

と求められます．

1.1.2　三角関数の公式と導き方

三角関数の主な関係公式とその導出方法について説明します．

(1)　周期に関する公式

三角関数は，単位円の円周上を移動する点の x 座標，y 座標の変化を表す関数でした．図 1.9 に示すように点 P とその点から角度を 2π rad 変化させた点は x-y 平面上では同じ座標の点となります．したがって，n を整数とすれば

$$\sin(\theta + 2\pi n) = \sin\theta \tag{1.17}$$

$$\cos(\theta + 2\pi n) = \cos\theta \tag{1.18}$$

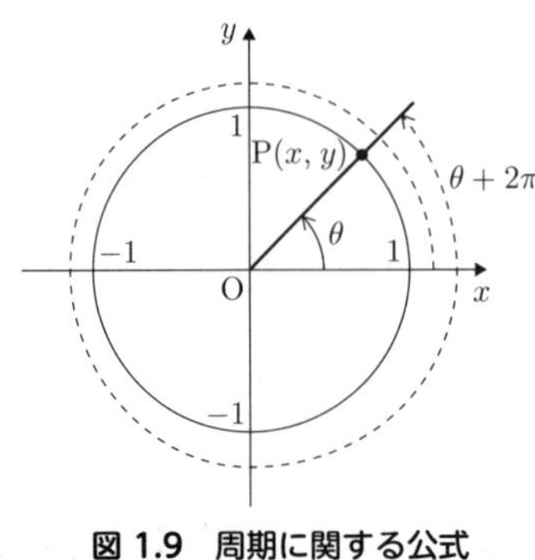

図 1.9　周期に関する公式

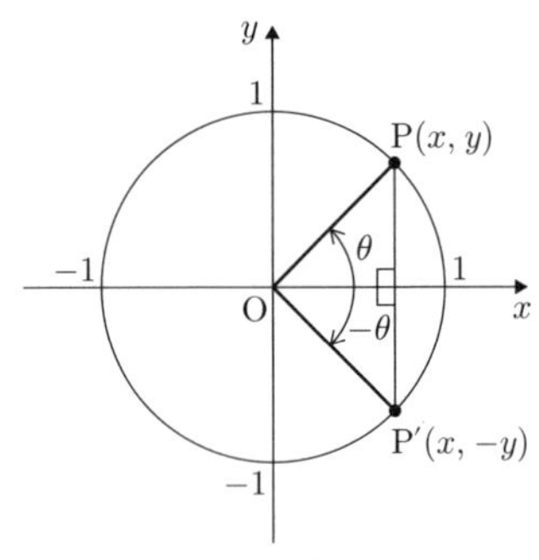

図 1.10　回転方向に関する公式

$$\tan(\theta + 2\pi n) = \tan\theta \tag{1.19}$$

が成り立ちます．

(2)　回転方向に関する公式

これまで，暗黙のうちに θ が正の場合，反時計回りの回転としてきました．逆に，θ が負の場合，時計回りの方向ということになります．すると，図 1.10 において x 軸から $+\theta$ 回転させた点 P と $-\theta$ 回転させた点 P′ は x 軸対称の関係にあります．そのため，点 P の y 座標の符号に対し，点 P′ の y 座標の符号は逆になります．ここで，単位円を用いていますので，式 (1.7)，式 (1.8) から点 P と点 P′ の座標は，それぞれ $\mathrm{P}(\cos\theta, \sin\theta)$ と $\mathrm{P}'(\cos\theta, -\sin\theta)$ と書き表すことができます．点 P の $\sin\theta$ の θ が $(-\theta)$ となったときが点 P′ の $-\sin\theta$ に対応していますので

$$\sin(-\theta) = -\sin\theta \tag{1.20}$$

が成り立ちます．同じように点 P の $\cos\theta$ の θ が $(-\theta)$ となったときが点 P′ の $\cos\theta$ に対応していますので

$$\cos(-\theta) = \cos\theta \tag{1.21}$$

となります．さらに式 (1.20) の両辺をそれぞれ式 (1.21) の両辺で割れば

$$\tan(-\theta) = -\tan\theta \tag{1.22}$$

が成り立ちます．

(3)　$\dfrac{\pi}{2}$ の変化に関する公式

電気回路などの大学や高専の理工系のテキストでは，たびたび「位相が $\frac{\pi}{2}$ 進む」や「位相が $\frac{\pi}{2}$ 遅れる」といった表現が使われます．これは，基準となる三角関数の角度 θ に対して，$\theta+\frac{\pi}{2}$ や $\theta-\frac{\pi}{2}$ となることを意味しています．そこで，角度が $+\frac{\pi}{2}$ 変化した三角関数と，基準となる三角関数の関係について考えてみましょう．

図 1.11 に円周上の点 P と，その点 P を反時計回りに $\frac{\pi}{2}$ 回転させた点 P′ を示します．このとき，三角形に着目すると横方向に置かれた三角形が縦方向に置かれた形になっています．したがって，横と縦の値（x と y）が逆になります．ただし，縦方向の三角形は第 2 象限になりますので x 方向の値が負になることに注意してください．図 1.11 に示したように点 P′ の座標は $(-y,\,x)$ となります．これまでに解説してきたものと同じように点 P と点 P′ の座標は $\mathrm{P}(\cos\theta,\,\sin\theta)$ と $\mathrm{P}'(-\sin\theta,\,\cos\theta)$ のように書き表せます．したがって，点 P の $\sin\theta$ の θ が $(\theta+\frac{\pi}{2})$ となったときが点 P′ の $\cos\theta$ に対応していますので

$$\sin\left(\theta+\frac{\pi}{2}\right)=\cos\theta \tag{1.23}$$

が成り立ちます．同じように

$$\cos\left(\theta+\frac{\pi}{2}\right)=-\sin\theta \tag{1.24}$$

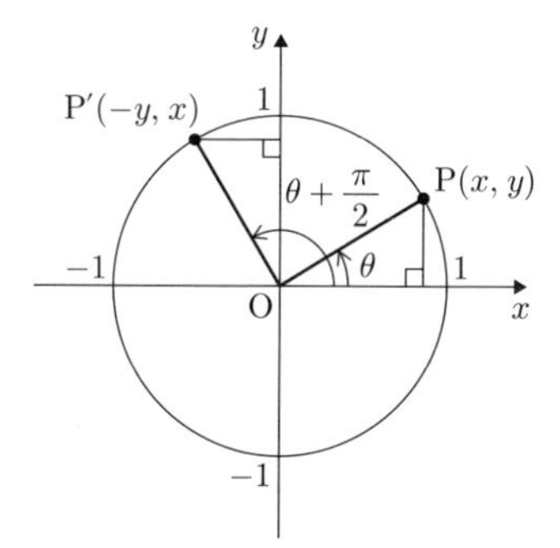

図 1.11　$\dfrac{\pi}{2}$ の変化に関する公式の説明図

も成り立ちます．さらに，式 (1.23)，式 (1.24) より

$$\tan\left(\theta+\frac{\pi}{2}\right)=-\frac{1}{\tan\theta} \tag{1.25}$$

が得られます．そのほかにも $(\theta-\frac{\pi}{2})$ や $(\theta\pm\pi)$ などの角度の変化に関する関係式をつくることができますが，これらは式 (1.23) から式 (1.25) と同様の手順により求めることができます．

(4)　加法定理

加法定理とは，以下に示す三角関数の関係式です．

$$\sin(\theta_1\pm\theta_2)=\sin\theta_1\cos\theta_2\pm\cos\theta_1\sin\theta_2 \tag{1.26}$$

$$\cos(\theta_1\pm\theta_2)=\cos\theta_1\cos\theta_2\mp\sin\theta_1\sin\theta_2 \tag{1.27}$$

$$\tan(\theta_1\pm\theta_2)=\frac{\tan\theta_1\pm\tan\theta_2}{1\mp\tan\theta_1\tan\theta_2} \tag{1.28}$$

加法定理は，以降で述べる倍角，半角の公式や三角関数の和，差，積表現に使われる非常に重要な公式です．図 1.12 を用いて式 (1.27) の導出手順を示します．単位円の円周上に角 θ_1 の点 P と角 θ_2 の点 Q をとります．三角形 OPQ に着目し，余弦定理を用いれば

$$\begin{aligned}(\mathrm{PQ})^2&=(\mathrm{OP})^2+(\mathrm{OQ})^2-2(\mathrm{OP})(\mathrm{OQ})\cos(\theta_1-\theta_2)\\&=1^2+1^2-2\cdot1\cdot1\cdot\cos(\theta_1-\theta_2)\\&=2-2\cos(\theta_1-\theta_2)\end{aligned} \tag{1.29}$$

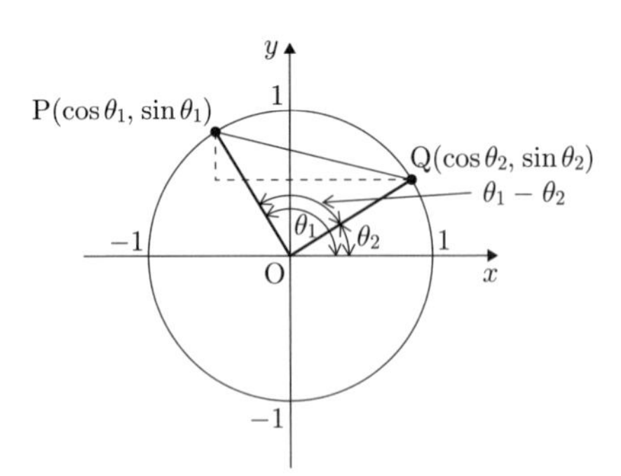

図 1.12　加法定理の説明図

が得られます．また，図中に点線で示した直角三角形について三平方の定理を適用すれば点 P，点 Q の座標を用いて

$$
\begin{aligned}
(\mathrm{PQ})^2 &= (\cos\theta_1 - \cos\theta_2)^2 + (\sin\theta_1 - \sin\theta_2)^2 \\
&= 2 - 2\,(\cos\theta_1\,\cos\theta_2 + \sin\theta_1\,\sin\theta_2) \qquad (1.30)
\end{aligned}
$$

が得られます．式 (1.29)，式 (1.30) を比べることにより，下式が得られます．

$$\cos(\theta_1 - \theta_2) = \cos\theta_1\,\cos\theta_2 + \sin\theta_1\,\sin\theta_2$$

さらに上式に対して，$\theta_2 \to -\theta_2$ とすれば

$$\cos(\theta_1 + \theta_2) = \cos\theta_1\,\cos(-\theta_2) + \sin\theta_1\,\sin(-\theta_2)$$

となり，式 (1.20)，式 (1.21) を用いれば

$$\cos(\theta_1 + \theta_2) = \cos\theta_1\,\cos\theta_2 - \sin\theta_1\,\sin\theta_2$$

となり，余弦に関する加法定理の公式が得られます．正弦に関しては，次のページの例題 1.6 の解答を参照してください．

例題 1.5

次の関係式が成り立つことを確かめなさい．

$$\sin\left(\theta - \frac{\pi}{2}\right) = -\cos\theta$$

$$\cos\left(\theta - \frac{\pi}{2}\right) = \sin\theta$$

$$\tan\left(\theta - \frac{\pi}{2}\right) = -\frac{1}{\tan\theta}$$

答え

図 1.13 のように点 $\mathrm{P}(\cos\theta, \sin\theta)$ とすれば，点 P を時計回りに $\frac{\pi}{2}$ rad 回転移動した点 P′ は，$\mathrm{P}'\left(\cos\left(\theta - \frac{\pi}{2}\right),\ \sin\left(\theta - \frac{\pi}{2}\right)\right)$ と表されます．

また，$\triangle\mathrm{OP'Y}$ は $\triangle\mathrm{OPX}$ と合同な三角形であることから，$\mathrm{OY} = \mathrm{OX} = \cos\theta$，$\mathrm{P'Y} = \mathrm{PX} = \sin\theta$ が成り立ちます．

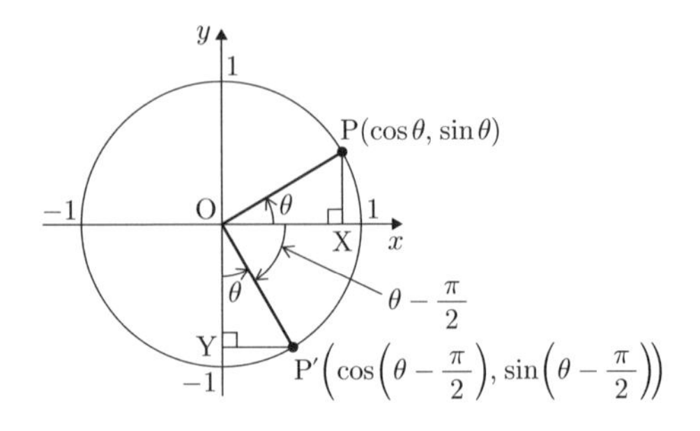

図 1.13　例題 1.5 の説明図

したがって，点 P′ の座標より

$$\cos\left(\theta - \frac{\pi}{2}\right) = \sin\theta$$

$$\sin\left(\theta - \frac{\pi}{2}\right) = -\cos\theta$$

となります．また，$\tan\left(\theta - \frac{\pi}{2}\right)$ は上式より

$$\tan\left(\theta - \frac{\pi}{2}\right) = \frac{\sin\left(\theta - \frac{\pi}{2}\right)}{\cos\left(\theta - \frac{\pi}{2}\right)} = \frac{-\cos\theta}{\sin\theta} = -\frac{1}{\tan\theta}$$

と求められます．

以上の関係式は，加法定理を用いて確かめることもできます．

例題 1.6

式 (1.26) が成り立つことを確かめなさい．

答え

式 (1.24) より

$$\sin(\theta_1 + \theta_2) = -\cos\left(\theta_1 + \theta_2 + \frac{\pi}{2}\right)$$

と表されます．また，上式の右辺に対して，式 (1.27) を用いることにより

$$
\begin{aligned}
&-\cos\left(\theta_1+\theta_2+\frac{\pi}{2}\right)\\
&=-\left\{\cos\,\theta_1\,\cos\left(\theta_2+\frac{\pi}{2}\right)-\sin\,\theta_1\,\sin\left(\theta_2+\frac{\pi}{2}\right)\right\}\\
&=-\left\{\cos\,\theta_1(-\sin\,\theta_2)-\sin\,\theta_1(\cos\,\theta_2)\right\}\\
&=\sin\,\theta_1\,\cos\,\theta_2+\cos\,\theta_1\,\sin\,\theta_2
\end{aligned}
$$

となり，式 (1.26) の和の公式が導かれます．また，cos と同様に，上式において $\theta_2 \to -\theta_2$ とすれば

$$
\begin{aligned}
\sin(\theta_1-\theta_2)&=\sin\,\theta_1\,\cos(-\theta_2)+\cos\,\theta_1\,\sin(-\theta_2)\\
&=\sin\,\theta_1\,\cos\,\theta_2-\cos\,\theta_1\,\sin\,\theta_2
\end{aligned}
$$

となり，式 (1.26) の差の公式が導かれます．

(5) 倍角・半角の公式

加法定理を用いることにより，**倍角の公式**（**2 倍角の公式**）を導くことができます．具体的にいうと，$\sin\,2\theta=\sin(\theta+\theta)$ であることを用いれば，加法定理より

$$
\begin{aligned}
\sin(\theta+\theta)&=\sin\,\theta\,\cos\,\theta+\cos\,\theta\,\sin\,\theta\\
\sin\,2\theta&=2\,\sin\,\theta\,\cos\,\theta \qquad (1.31)
\end{aligned}
$$

と求められます．同様の手順により

$$
\cos\,2\theta=\cos^2\,\theta-\sin^2\,\theta \qquad (1.32)
$$

$$
\tan\,2\theta=\frac{2\,\tan\,\theta}{1-\tan^2\,\theta} \qquad (1.33)
$$

となります．

ここで，先ほど求めた式 (1.32) を用いれば，**半角の公式**を得ることができます．式 (1.10) を変形して，$\cos^2\,\theta=1-\sin^2\,\theta$ であることを用いれば，式 (1.32) は

$$
\cos\,2\theta=1-2\,\sin^2\,\theta=2\,\cos^2\,\theta-1
$$

$$
\sin^2\,\theta=\frac{1-\cos\,2\theta}{2},\qquad \cos^2\,\theta=\frac{1+\cos\,2\theta}{2} \qquad (1.34)
$$

となります．ここで，$\theta \to \dfrac{\theta}{2}$ とすれば

$$\sin^2 \frac{\theta}{2} = \frac{1 - \cos\theta}{2} \tag{1.35}$$

の半角の公式が求められます．同様に

$$\cos^2 \frac{\theta}{2} = \frac{1 + \cos\theta}{2} \tag{1.36}$$

$$\tan^2 \frac{\theta}{2} = \frac{1 - \cos\theta}{1 + \cos\theta} \tag{1.37}$$

となります．以上のような操作により，ほかにも 3 倍角，4 倍角，$\cdots$ や $\dfrac{1}{3}$ 倍角，$\dfrac{1}{4}$ 倍角，$\cdots$ の公式を導くこともできます．

例題 1.7

以下の 3 倍角の公式が成り立つことを確かめなさい．

$$\sin 3\theta = 3\sin\theta - 4\sin^3\theta$$

$$\cos 3\theta = 4\cos^3\theta - 3\cos\theta$$

$$\tan 3\theta = \frac{3\tan\theta - \tan^3\theta}{1 - 3\tan^2\theta}$$

答え

〔$\sin 3\theta = 3\sin\theta - 4\sin^3\theta$ の証明〕

加法定理より

$$\begin{aligned}\sin 3\theta &= \sin(2\theta + \theta) \\ &= \sin 2\theta \cos\theta + \cos 2\theta \sin\theta\end{aligned}$$

と変形できます．さらに上式に，2 倍角の公式を用いれば

$$\begin{aligned}\sin 3\theta &= (2\sin\theta\cos\theta)\cos\theta + (1 - 2\sin^2\theta)\sin\theta \\ &= 2\sin\theta(1 - \sin^2\theta) + \sin\theta - 2\sin^3\theta \\ &= 2\sin\theta - 2\sin^3\theta + \sin\theta - 2\sin^3\theta \\ &= 3\sin\theta - 4\sin^3\theta\end{aligned}$$

となり，与式は成り立ちます．

〔$\cos 3\theta = 4\cos^3\theta - 3\cos\theta$ の証明〕

$\sin 3\theta$ と同様に，加法定理より

$$\begin{aligned}\cos 3\theta &= \cos(2\theta + \theta)\\ &= \cos 2\theta \cos\theta - \sin 2\theta \sin\theta\end{aligned}$$

と変形できます．さらに上式に，2 倍角の公式を用いれば

$$\begin{aligned}\cos 3\theta &= (2\cos^2\theta - 1)\cos\theta - 2\sin^2\theta\cos\theta\\ &= 2\cos^3\theta - \cos\theta - 2(1-\cos^2\theta)\cos\theta\\ &= 4\cos^3\theta - 3\cos\theta\end{aligned}$$

となり，与式は成り立ちます．

〔$\tan 3\theta = \dfrac{3\tan\theta - \tan^3\theta}{1 - 3\tan^2\theta}$ の証明〕

先ほど得られた $\sin 3\theta$，$\cos 3\theta$ より

$$\begin{aligned}\tan 3\theta &= \frac{\sin 3\theta}{\cos 3\theta}\\ &= \frac{3\sin\theta - 4\sin^3\theta}{4\cos^3\theta - 3\cos\theta}\end{aligned}$$

となります．上式の右辺の分母分子をそれぞれ $\cos^3\theta$ で割れば

$$\tan 3\theta = \frac{3\dfrac{\tan\theta}{\cos^2\theta} - 4\tan^3\theta}{4 - 3\dfrac{1}{\cos^2\theta}}$$

となり，さらに $\tan^2\theta + 1 = \dfrac{1}{\cos^2\theta}$ を用いれば

$$\begin{aligned}\tan 3\theta &= \frac{3\tan\theta(\tan^2\theta + 1) - 4\tan^3\theta}{4 - 3(\tan^2\theta + 1)}\\ &= \frac{3\tan\theta - \tan^3\theta}{1 - 3\tan^2\theta}\end{aligned}$$

となり，与式は成り立ちます．

(6)　三角関数の合成

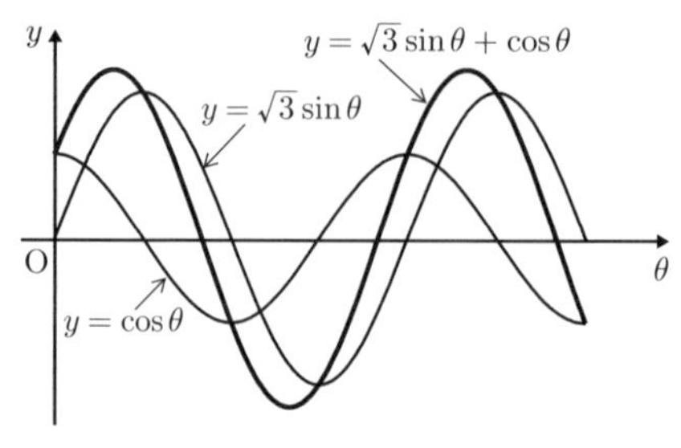

図 1.14　三角関数の合成

ここでは，振幅の異なる正弦波と余弦波の合成 $(A \sin \theta + B \cos \theta)$ について考えてみましょう．

例 1.1

$y = \cos \theta$ と $y = \sqrt{3} \sin \theta$ とします．また，この 2 関数を足し合わせた $y = \sqrt{3} \sin \theta + \cos \theta$ のグラフを図 1.14 に示します．図 1.14 のとおり，正弦波と余弦波の合成によって得られる関数もまた正弦波（余弦波）となります．これは，次のように簡単に証明することができます．まず，2 関数を次のように変形します．

$$A \sin \theta + B \cos \theta$$
$$= \sqrt{A^2 + B^2} \left(\frac{A}{\sqrt{A^2 + B^2}} \sin \theta + \frac{B}{\sqrt{A^2 + B^2}} \cos \theta \right) \tag{1.38}$$

そして，この式 (1.38) の $\sqrt{A^2 + B^2}$，$\dfrac{A}{\sqrt{A^2 + B^2}}$，$\dfrac{B}{\sqrt{A^2 + B^2}}$ の意味について考えます．

図 1.15 のように x-y 座標の点 P を P(A, B) とすると，OP の長さは $\sqrt{A^2 + B^2}$ となります．また，OP と x 軸のなす角を ϕ とすると，$\dfrac{A}{\sqrt{A^2 + B^2}}$，$\dfrac{B}{\sqrt{A^2 + B^2}}$ は，それぞれ $\cos \phi$，$\sin \phi$ と表すことができます．したがって，式 (1.38) は

$$A \sin \theta + B \cos \theta = \sqrt{A^2 + B^2} \, (\cos \phi \sin \theta + \sin \phi \cos \theta) \tag{1.39}$$

と表されます．さらに加法定理の式 (1.26) を用いることにより

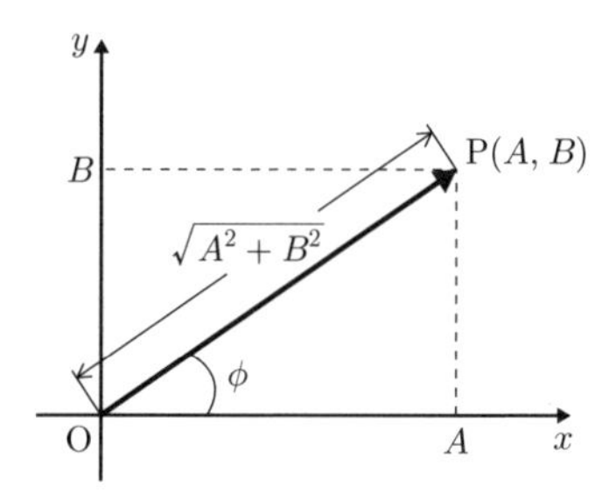

図 1.15　振幅の異なる正弦波と余弦波の合成

$$A \sin\theta + B \cos\theta = \sqrt{A^2 + B^2}\,\sin(\theta + \phi) \tag{1.40}$$

が得られます．

以上により，正弦波と余弦波の合成により得られる関数もまた正弦波（余弦波）であることがわかります．

例題 1.8

$y = \sin\theta - \cos\theta\ (0 \leq \theta < 2\pi)$ の最大値，およびそれを与える $\theta\,\mathrm{rad}$ を三角関数の合成を用いて求めなさい．

答え

式 (1.40) にしたがい，与えられた関数を合成します．与式より $A = 1,\ B = -1$ であり，点 $(1,\ -1)$ と x 軸とのなす角 ϕ は，$\phi = -\dfrac{\pi}{4}$ となります．この結果を用いれば，与式は，

$$\begin{aligned} y &= \sqrt{1^2 + (-1)^2}\,\sin\left(\theta - \frac{\pi}{4}\right) \\ &= \sqrt{2}\,\sin\left(\theta - \frac{\pi}{4}\right) \end{aligned}$$

と表されます．この式から，最大値は $\sqrt{2}$ で，それを与える θ は $\theta - \dfrac{\pi}{4} = \dfrac{\pi}{2}$ を解いて $\theta = \dfrac{3\pi}{4}$ と求めることができます．

1.1.3 逆三角関数

本章の冒頭で関数 $y = f(x)$ とは，「y は，x の関数である.」といい方をするといいました．つまり，x が与えられたときに関数 f によって y の値が得られます．逆に y が与えられたときに x が得られる関数を関数 $f(x)$ の**逆関数**と呼び，

$$x = f^{-1}(y) \tag{1.41}$$

のように表します．

さらに，三角関数の逆関数を**逆三角関数**と呼びます．角度 θ に関する三角関数が与えられたとき，それらの逆三角関数は，それぞれ以下のように表現します．

$$y = \sin\theta \quad \longrightarrow \quad \theta = \sin^{-1} y = \arcsin y \tag{1.42}$$

$$y = \cos\theta \quad \longrightarrow \quad \theta = \cos^{-1} y = \arccos y \tag{1.43}$$

$$y = \tan\theta \quad \longrightarrow \quad \theta = \tan^{-1} y = \arctan y \tag{1.44}$$

式 (1.42) の $\sin^{-1}$ は「インバースサイン」，arcsin は「アークサイン」と読み，名称は違いますが両方とも同じ意味です．同様に式 (1.43) は「インバースコサイン」，「アークコサイン」と読み，式 (1.44) は「インバースタンジェント」，「アークタンジェント」と読みます．

"arc" とは「弧」を意味しています．弧度法における角度 θ〔rad〕は単位円の角度 θ に対応する弧の長さと等しいため，$\arcsin y$ とは正弦の値 y に対応する弧の長さ（=角度）といった解釈になります．

ここで，逆三角関数を用いるうえで注意しなければならない点があります．それは，$(\sin y)^{-1}$ と $\sin^{-1} y$ は似た式ですが，その意味はまったく異なるということです．$(\sin y)^{-1}$ は $\sin y$ の逆数で $\dfrac{1}{\sin y}$ を表していますが，$\sin^{-1} y$ は，ここで説明した逆三角関数のことです．

ちなみに，三角関数の逆数にはそれぞれ呼称があり，以下のように表します．

(コセカント)　$\mathrm{cosec}\ \theta = \dfrac{1}{\sin\theta}$ (1.45)

(セカント)　$\sec\theta = \dfrac{1}{\cos\theta}$ (1.46)

(コタンジェント)　$\cot\theta = \dfrac{1}{\tan\theta} = \dfrac{\cos\theta}{\sin\theta}$ (1.47)

また, 逆三角関数を用いることで, 図 1.15 (21 ページ)の三角関数の合成で説明した位相差 ϕ は, $\phi = \tan^{-1}\left(\dfrac{B}{A}\right)$ と表されますので式 (1.40) (21 ページ)は

$$A\sin\theta + B\cos\theta = \sqrt{A^2+B^2}\sin\left(\theta + \tan^{-1}\frac{B}{A}\right) \tag{1.48}$$

と表すことができます.

例題 1.9

次の逆三角関数に対応する角度〔rad〕を求めなさい.

(1) $\sin^{-1}\left(\dfrac{1}{2}\right)$　(2) $\cos^{-1}\left(-\dfrac{\sqrt{3}}{2}\right)$　(3) $\tan^{-1}(-1)$

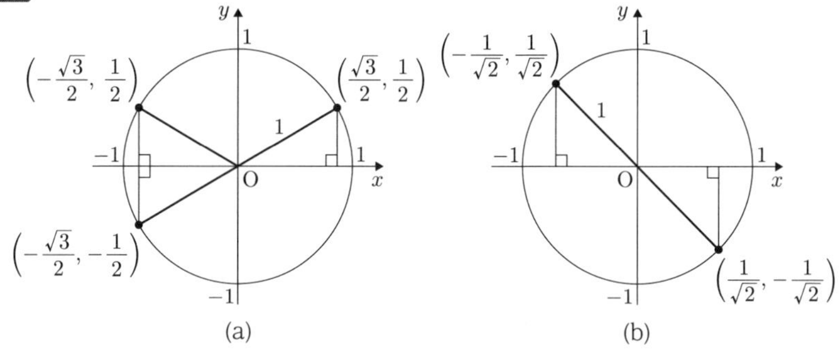

図 1.16　例題 1.9 の説明図

(1)　$\sin\theta = \dfrac{1}{2}$ となる角度を求めればよいことから, 図 1.16(a) より

$$\sin^{-1}\left(\frac{1}{2}\right) = \frac{\pi}{6} + 2\pi n$$

$$\text{または,}\quad \frac{5\pi}{6}+2\pi n \quad (n=0,\,1,\,2,\,\ldots)$$

と求められます．

(2)　(1) と同様に $\cos\theta = -\dfrac{\sqrt{3}}{2}$ となる角度を求めればよいことから，図 1.16(a) より

$$\cos^{-1}\left(-\frac{\sqrt{3}}{2}\right)=\frac{5\pi}{6}+2\pi n$$

$$\text{または,}\quad \frac{7\pi}{6}+2\pi n \quad (n=0,\,1,\,2,\,\ldots)$$

と求められます．

(3)　$\tan\theta = \dfrac{\sin\theta}{\cos\theta}$ であることより，$\tan\theta=-1$ となるとき，$-\cos\theta = \sin\theta$ となります．このような関係となっている θ は，図 1.16(b) より

$$\tan^{-1}(-1)=\frac{3\pi}{4}+2\pi n$$

$$\text{または,}\quad \frac{7\pi}{4}+2\pi n \quad (n=0,\,1,\,2,\,\ldots)$$

と求められます．

例題 1.9 で求めたとおり，逆三角関数に対応する角度 θ は，複数ありますが，関数電卓などの計算機では，一般的にそれぞれ以下の範囲の θ のみが出力されます．

$$\theta=\sin^{-1}x \quad \left(-\frac{\pi}{2}\leq\theta\leq\frac{\pi}{2}\right)$$

$$\theta=\cos^{-1}x \quad (0\leq\theta\leq\pi)$$

$$\theta=\tan^{-1}x \quad \left(-\frac{\pi}{2}\leq\theta\leq\frac{\pi}{2}\right)$$

1.2　指数関数と対数関数

指数関数は，電気回路において，特に過渡現象を扱う場合などによく出てくる関数です．また，対数関数は，電力比や音圧比などの減衰率や増幅率を表すのによく用いられており，日常でもデシベル〔dB〕という言葉を聞いたことがあると思いますが，これも対数関数を基本にしたものです．

1.2.1　指数法則

$a \neq 0$, $b \neq 0$ で m, n が自然数のとき，以下の**指数法則**が成り立ちます．

$$a^m a^n = a^{m+n}, \quad (a^m)^n = a^{mn}, \quad (ab)^n = a^n b^n, \quad \frac{a^m}{a^n} = a^{m-n} \tag{1.49}$$

「自然数」はものを数えるときに用いる，正の整数のことだね．

また，a の n 乗根（n 乗すると a になる数，**累乗根**といいます）を $\sqrt[n]{a}$ と表せば，指数を用いて次のように表すこともできます．

$$a^{\frac{1}{n}} = \sqrt[n]{a} \tag{1.50}$$

このような累乗根の指数表現に関して以下の法則が成り立ちます．

$$\begin{aligned} &a^{\frac{1}{n}} b^{\frac{1}{n}} = (ab)^{\frac{1}{n}}, \quad \frac{a^{\frac{1}{n}}}{b^{\frac{1}{n}}} = \left(\frac{a}{b}\right)^{\frac{1}{n}}, \\ &\left(a^{\frac{1}{n}}\right)^m = a^{\frac{m}{n}}, \quad \left(a^{\frac{1}{n}}\right)^{\frac{1}{m}} = a^{\frac{1}{mn}} \end{aligned} \tag{1.51}$$

式 (1.51) の法則を $\sqrt{}$ を用いて表せば，以下となります．

$$\sqrt[n]{a}\sqrt[n]{b} = \sqrt[n]{ab}, \quad \frac{\sqrt[n]{a}}{\sqrt[n]{b}} = \sqrt[n]{\frac{a}{b}},$$

$$\left(\sqrt[n]{a}\right)^m = \sqrt[n]{a^m}, \quad \sqrt[m]{\sqrt[n]{a}} = \sqrt[mn]{a}$$

例題 1.10

次の値を求めなさい．

(1) $9^4\left(3^{-3}\right)^2$　　(2) $\sqrt[3]{\sqrt{125}}$　　(3) $\left(\dfrac{1}{32}\right)^{-\frac{3}{5}}$　　(4) $1024^{\,0.4}$

答え

(1)　$9^4\left(3^{-3}\right)^2=\left(3^2\right)^4 3^{-3\cdot 2}$

$=3^8\cdot 3^{-6}$

$=3^{8-6}$

$=3^2=9$

(2)　$\sqrt[3]{\sqrt{125}}=\left\{\left(5^3\right)^{\frac{1}{2}}\right\}^{\frac{1}{3}}$

$=5^{3\cdot\frac{1}{2}\cdot\frac{1}{3}}$

$=5^{\frac{1}{2}}=\sqrt{5}$

(3)　$\left(\dfrac{1}{32}\right)^{-\frac{3}{5}}=\left(2^{-5}\right)^{-\frac{3}{5}}$

$=2^{-5\cdot\left(-\frac{3}{5}\right)}$

$=2^3=8$

(4)　$1024^{\,0.4}=\left(2^{10}\right)^{\frac{4}{10}}$

$=2^{10\cdot\frac{4}{10}}$

$=2^4=16$

1.2.2　指数関数とグラフ

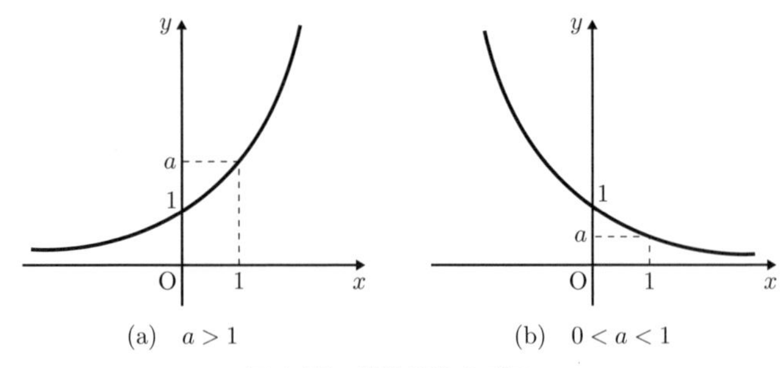

図 1.17　指数関数のグラフ

$a>0$ かつ $a\neq 1$ とするとき，**指数関数**$y=a^x$ は，図 1.17(a) または (b) のようになります．この a のことを**底**といい，底が 1 より大きい場合，図 1.17(a)

のように**単調増加関数**となり，底が 0 より大きく，1 未満の場合には，(b) のように**単調減少関数**となります．(a)，(b) どちらの底においても $a^0 = 1$ ですから，y 軸 との交点は 1 で，$x = 1$ のとき $y = a$ となります．また，この指数関数において x 軸は漸近線となっています．

例題 1.11

関数 $y = 2^x - 8$ と x 軸，y 軸との交点をそれぞれ求めなさい．

答え

まず x 軸との交点を求めます．x 軸上では，$y = 0$ であることから

$$
\begin{aligned}
0 &= 2^x - 8 \\
0 &= 2^x - 2^3 \\
2^x &= 2^3 \\
x &= 3
\end{aligned}
$$

となり，x 軸との交点は，(3, 0) と求められます．

同様に，y 軸上では，$x = 0$ であることから

$$y = 2^0 - 8 = -7$$

となり，y 軸との交点は，(0, −7) と求められます．

1.2.3　対数とその性質

(1)　対数の定義

$a > 1$ とするとき，指数関数 $y = a^x$ において，y 座標の値 Y (> 0) と底 a の値が既知であるとするとき，これら 2 つの値を用いて指数部の値 X を

$$X = \log_a Y \tag{1.52}$$

と表すことにします．この X を a を底とする Y の**対数**と呼びます．また，Y を対数に対して**真数**といいます．図 1.18 からも明らかなように指数関数 $y = a^x$ が与えられたとき，真数に対して対数はただ 1 つに定まり，逆に対数が与えられれば真数がただ 1 つに定まります．以降，特に断らない限り，底に

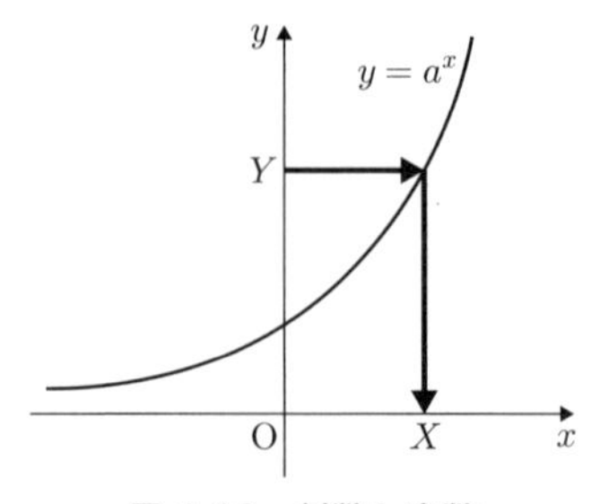

図 1.18　対数と真数

ついては $a > 0$，$a \neq 1$ とし，真数については $Y > 0$ であるものとします．

(2)　対数の性質

1.2.1 項の指数法則より，次の対数の関係式が導かれます．

$$\log_a P \cdot Q = \log_a P + \log_a Q \tag{1.53}$$

$$\log_a \frac{P}{Q} = \log_a P - \log_a Q \tag{1.54}$$

$$\log_a P^t = t \log_a P \tag{1.55}$$

式 (1.54) において，$P = 1$ のとき

$$\log_a \frac{1}{Q} = \log_a 1 - \log_a Q$$

となります．ここで，対数の定義から $\log_a 1 = 0$ となるため，上式は

$$\log_a \frac{1}{Q} = -\log_a Q \tag{1.56}$$

となります．また，式 (1.55) は真数を累乗根としても同様に

$$\log_a \sqrt[t]{P} = \log_a P^{\frac{1}{t}} = \frac{1}{t} \log_a P \tag{1.57}$$

が成り立ちます．また，底の変換公式として

$$\log_a P = \frac{\log_b P}{\log_b a} \tag{1.58}$$

が成り立ちます．

例題 1.12

次の値を求めなさい．

(1) $\log_{12} 144$　　(2) $\log_2 0.0625$　　(3) $\log_5 1$

答え

(1)
$$\log_{12} 144 = \log_{12} 12^2 = 2\log_{12} 12 = 2 \cdot 1 = 2$$

(2)
$$\log_2 0.0625 = \log_2 \frac{1}{16} = \log_2 2^{-4} = -4\log_2 2 = -4$$

(3)
$$\log_5 1 = \log_5 5^0 = 0\log_5 5 = 0$$

そのまま計算するんじゃなくて，素因数分解などして式を単純化するのか．

例題 1.13

次の値を求めなさい．

(1) $\log_5 125\sqrt{5} - \log_5 25 + \log_5 \sqrt{5}$　　(2) $\dfrac{1}{2}\log_3 7 + \log_9 \sqrt{3} + \log_3 \dfrac{81}{\sqrt{7}}$

答え

(1) $\log_5 125\sqrt{5} - \log_5 25 + \log_5 \sqrt{5}$

$$= \log_5 5^3 \cdot 5^{\frac{1}{2}} - \log_5 5^2 + \log_5 5^{\frac{1}{2}}$$

$$= \log_5 5^{\frac{7}{2}} - 2 + \frac{1}{2}$$

$$= \frac{7}{2} - \frac{3}{2} = 2$$

(2) $\frac{1}{2}\log_3 7 + \log_9 \sqrt{3} + \log_3 \frac{81}{\sqrt{7}}$

$$= \log_3 7^{\frac{1}{2}} + \frac{\log_3 3^{\frac{1}{2}}}{\log_3 3^2} + \log_3 3^4 - \log_3 7^{\frac{1}{2}}$$

$$= \frac{\frac{1}{2}}{2} + 4 = \frac{17}{4}$$

1.2.4　対数関数とグラフ

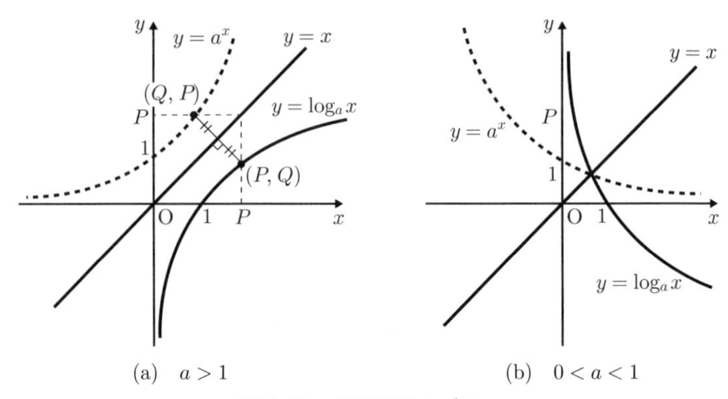

図 1.19　対数関数のグラフ

$a > 1$ とするとき，**対数関数** $y = \log_a x$ のグラフについて考えてみましょう．1 つ前の 1.2.3 項の説明から，対数関数 $y = \log_a x$ は指数関数 $y = a^x$ の逆関数になっていることがわかります．ここで，対数関数 $y = \log_a x$ のグラフを描けば図 1.19(a) の実線となり，指数関数 $y = a^x$ は点線となります．そして，逆関数の性質から，対数関数上の任意の 1 点 (P, Q) に対応する点

(Q, P) が指数関数上にも存在することになります．したがって，$y = \log_a x$ と $y = a^x$ は $y = x$ に対して対称の関係にあります．

同様に $0 < a < 1$ の対数関数 $y = \log_a x$ のグラフは図 1.19(b) の実線となり，指数関数 $y = a^x$ は点線となります．対数関数と指数関数の関係は先ほどと同様に $y = x$ に対して対称の関係になっていますが，$a > 1$ の場合には指数関数と対数関数の交点は存在しませんが，$0 < a < 1$ の場合には $y = x$ 上に交点が存在します．

例題 1.14

次の方程式を解きなさい．

(1) $\log_3(x-2) + \log_3 x = 1$　　(2) $4^x - 2^{x+1} - 15 = 0$

答え

(1)
$$\log_3(x-2)x = \log_3 3^1$$
$$\log_3(x^2-2x) = \log_3 3$$
$$x^2 - 2x = 3$$
$$x^2 - 2x - 3 = 0$$
$$(x-3)(x+1) = 0$$

上式より，$x = 3, -1$ となります．ここで，真数は 1.2.3 項で説明したとおり，正となることから，$x - 2 > 0$ かつ $x > 0$ を満たさなければなりません．したがって，解は，$x > 2$ となることから，$x = 3$ となります．

(2) 与式の左辺を以下のように変形します．

$$2^{2x} - 2 \cdot 2^x - 15 = 0$$

ここで，$2^x = X$ とすれば，上式は

$$X^2 - 2X - 15 = 0$$
$$(X-5)(X+3) = 0$$

となり，$X = 5, -3$ と求められます．したがって，まず $X = 5$ のときは，底を 2 とする対数をとることにより

$$
\begin{aligned}
2^x &= 5 \\
\log_2 2^x &= \log_2 5 \\
x &= \log_2 5
\end{aligned}
$$

となります．一方，$2^x > 0$ であることより，$X = -3$ に対応する解は存在しません．

例題 1.15

対数関数 $y = \log_5 x$ と $y = \log_{0.2} x$ のグラフを描き，この 2 つの関数の位置関係について答えなさい．

答え

対数関数 $y = \log_{0.2} x$ の底を 5 に変換すれば

$$
\begin{aligned}
y &= \frac{\log_5 x}{\log_5 0.2} \\
&= \frac{\log_5 x}{\log_5 5^{-1}} \\
&= -\log_5 x
\end{aligned}
$$

となり，この結果をもとに，グラフを描けば，図 1.20 のようになり，$y = \log_{0.2} x$ は $y = \log_5 x$ に対して，x 軸に対称な関数であることがわかります．

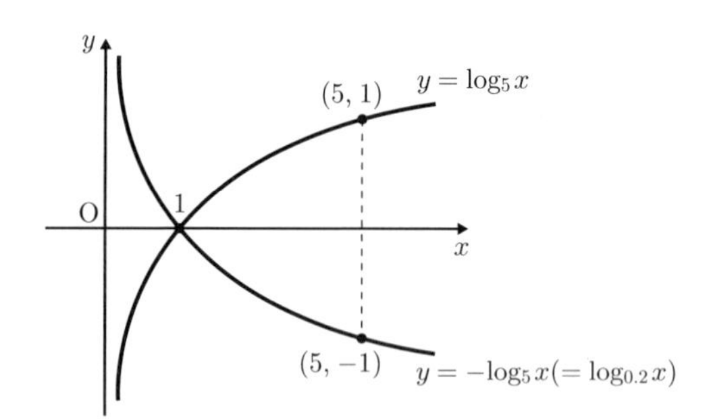

図 1.20　例題 1.14 のグラフ

1.2.5　常用対数と自然対数

(1)　常用対数

私たちが日常的に目にする数量の多くは 10 進法で表されています．そのため，大きさがわからない数があるとき，その数を 10 の累乗で表したときの指数がわかれば，その数のおおよその大きさを知るのに役立ちます．

常用対数が 1 であれば $10^1 = 10$，常用対数が 2 であれば $10^2 = 100$ となり，常用対数は桁数に対応しています．

このような背景から，10 を底とする対数である**常用対数**（$\log_{10} P$）は日常生活において広く用いられています．常用対数は，底 10 の部分を省略して，$\log P$ と表すこともあります．

例 1.2

具体的に 2^{21} という数の大きさを考えてみましょう．この数値に対して，常用対数をとれば

$$\log_{10} 2^{21} = 21 \log_{10} 2 \tag{1.59}$$

と表されます．上式の $\log_{10} 2$ の値は，常用対数表またはコンピュータによる計算結果などにより，約 0.301 ということがわかります．したがって

$$\log_{10} 2^{21} = 21 \times 0.301 = 6.32 \tag{1.60}$$

ということになります．上式より 2^{21} は，$10^{6.32}$ と等しいということがわかります．$10^{6.32}$ の大きさがわかりにくい場合には，10^6 以上 10^7 未満の大きさと考えればよいでしょう．つまり，2^{21} は 10^6 台の数なので，10 進数の桁数としては 7 桁の数であるということがわかります．

例題 1.16

6^{37} は何桁の整数か答えなさい．ただし，$\log_{10} 2 = 0.301$，$\log_{10} 3 = 0.477$ とします．

答え

6^{37} の常用対数をとれば

$$\begin{aligned}\log_{10} 6^{37} &= 37 \log_{10} 6 \\ &= 37 \log_{10}(2 \cdot 3) \\ &= 37 (\log_{10} 2 + \log_{10} 3) \\ &= 37 (0.301 + 0.477) \\ &= 28.786\end{aligned}$$

となります．したがって，$10^{28} < 6^{37} < 10^{29}$ と表されるため，6^{37} は，29 桁の数であるといえます．

(2)　自然対数

無理数 $e = 2.71828\ldots$ を底とする対数のことを**自然対数**といい，またその底 e を**自然対数の底**，あるいは**ネイピア数**と呼んでいます．

なぜ，このような無理数の定数が必要となるのでしょうか．この問いの答えにはさまざまなものが考えられますが，「対数関数（指数関数）を微分するために必要となる．」というのも答えの 1 つとしてあげられます．

具体的に対数関数 $y = \log_a x$ の微分の手順を説明しながら，この根拠について示していきます．微分の定義式は

$$f'(x) = \lim_{\Delta x \to 0} \frac{f(x + \Delta x) - f(x)}{\Delta x}$$

ですから

$$\begin{aligned}(\log_a x)' &= \lim_{\Delta x \to 0} \frac{\log_a(x + \Delta x) - \log_a x}{\Delta x} \\ &= \lim_{\Delta x \to 0} \frac{1}{\Delta x} \log_a \left(\frac{x + \Delta x}{x} \right) \qquad (\because \text{ 式 } (1.54)\ (28\text{ ページ})) \\ &= \lim_{\Delta x \to 0} \frac{1}{\Delta x} \log_a \left(1 + \frac{\Delta x}{x} \right)\end{aligned}$$

となり，ここで，$\dfrac{\Delta x}{x} = n$ とおくと $\Delta x = xn$ となり，さらに，lim に関しても $\Delta x \to 0$ のとき $n \to 0$ ですから，上式は

$$\begin{aligned}(\log_a x)' &= \lim_{n\to 0} \frac{1}{xn} \log_a (1+n) \\ &= \frac{1}{x} \lim_{n\to 0} \log_a (1+n)^{\frac{1}{n}} \end{aligned} \tag{1.61}$$

となります．式 (1.61) をさらに簡素に表現するために $\lim\limits_{n\to 0} (1+n)^{\frac{1}{n}}$ の値を計算すると $\lim\limits_{n\to 0} (1+n)^{\frac{1}{n}} = 2.71828\ldots$ という定数が導かれます．この定数を e という文字で表すことにより，対数関数の微分は

$$\begin{aligned}(\log_a x)' &= \frac{1}{x} \cdot \log_a e \\ &= \frac{1}{x} \cdot \frac{\log_e e}{\log_e a} \quad (\because\ \text{式 (1.58) (28 ページ), そして } \log_e e = 1) \\ &= \frac{1}{x \log_e a} \end{aligned} \tag{1.62}$$

となります．さらに，$a = e$ のときは

$$(\log_e x)' = \frac{1}{x} \tag{1.63}$$

のような簡素な形になります．

次に，式 (1.62) の結果を用いることにより，指数関数を微分することが可能になりますので，指数関数 $y = a^x$ を微分することを考えてみましょう．

まず，$y = a^x$ に対して底を a とする対数をとり，$x = \log_a y$ とします．この式を両辺 y について微分すると，式 (1.62) より

$$\begin{aligned}\frac{dx}{dy} &= \frac{1}{y \log_e a} \\ &= \frac{1}{a^x \log_e a} \end{aligned} \tag{1.64}$$

となります．式 (1.64) は y に関する微分 $\dfrac{dx}{dy}$ を行った結果であり，これを用いて x に関する微分 $\dfrac{dy}{dx}$ に直せば

$$\frac{dy}{dx} = \frac{1}{\dfrac{dx}{dy}} = a^x \log_e a \tag{1.65}$$

となります．そして，式 (1.63) のときと同じように $a = e$ のときは

$$\frac{dy}{dx} = (e^x)' = e^x \tag{1.66}$$

となります．これは，関数 $y = e^x$ が微分をしても，逆に積分をしても関数の形が変わらないことを表しています．

以上のように e は，対数・指数関数の微分を行ううえで必要不可欠な特別な定数であることがわかります．また，微分積分の演算に対して式 (1.66) のような特別な性質をもっていることから，数学の分野のみならず，物理学の分野などにおいても最も重要な定数の1つといわれています．

分野によっては，自然対数を単に対数とし，e を底とする指数関数のことを指数関数といいます．また，自然対数 $\log_e P$ は底の部分を省略して $\log P$ と表したり，常用対数と区別するため，$\ln P$（「ナチュラルログ・ピー」と読みます）と表される場合があります．

さらに，指数関数 $y = e^x$ は $y = \exp(x)$（「エクスポネンシャル・エックス」と読みます）と表す場合があります．この表現は，$y = e^{\omega t + \theta - \phi}$ のように指数部分が長くなる場合に，$y = \exp(\omega t + \theta - \phi)$ のように使われます．

指数の部分が長くなってきれいに書きづらい場合には，exp を使ったほうが便利だね．

例題 1.17

直流電源を接続した直列 RC 回路における，コンデンサの時刻 t における電圧 $v(t)$ は，満充電時の電圧を V，抵抗値を R，コンデンサの静電容量 C とすると $v(t) = V(1 - e^{-\frac{t}{RC}})$ と表されることが知られています．

この式を用いて，コンデンサに 90% 充電されるときの時刻を求めなさい．ただし，$R = 10$〔kΩ〕，$C = 20$〔μF〕，$\log_e 10 = 2.3$ とし，コンデンサの初期電荷は 0C とします．

答え

コンデンサに 90% 充電されるとき $\dfrac{v(t)}{V} = 0.9$ となります．

満充電時 V の 90% が $v(t)$ だから，
$\dfrac{v(t)}{V} = 0.9$ だね．

また，RC は，

$$RC = 10 \cdot 10^3 \cdot 20 \cdot 10^{-6} = 0.2$$

と計算されます．これらの結果より，

$$\begin{aligned} 0.9 &= 1 - e^{-\frac{t}{0.2}} \\ e^{-5t} &= 0.1 \end{aligned}$$

と変形されます．ここで，両辺底を e で対数をとれば，

$$\begin{aligned} \log_e e^{-5t} &= \log_e \frac{1}{10} \\ -5t &= -\log_e 10 \\ t &= \frac{\log_e 10}{5} = 0.46 \end{aligned}$$

と求めることができます．

1.2.6 双曲線関数

e により定義される次の関数を，**双曲線関数**といいます．

$$\sinh x = \frac{e^x - e^{-x}}{2} \tag{1.67}$$

$$\cosh x = \frac{e^x + e^{-x}}{2} \tag{1.68}$$

$$\tanh x = \frac{e^x + e^{-x}}{e^x - e^{-x}} = \frac{\sinh x}{\cosh x} \tag{1.69}$$

左辺の読み方は，式 (1.67) は「ハイパボリック・サイン」，式 (1.68) は「ハイパボリック・コサイン」，式 (1.69) は「ハイパボリック・タンジェント」です．ここで，$\cosh^2 x - \sinh^2 x$ を計算してみましょう．

$$\cosh^2 x - \sinh^2 x = \frac{e^{2x} + e^{-2x} + 2}{4} - \frac{e^{2x} + e^{-2x} - 2}{4}$$
$$= 1$$

となります．ここで，$\cosh x \rightarrow x, \sinh x \rightarrow y$ とすれば，直角双曲線 $x^2 - y^2 = 1$ となります．したがって，点 $(\cosh x, \sinh x)$ は直角双曲線上の点であるといえます．

さらに，式 (1.67) から式 (1.69) の逆数をとったものを式 (1.45) から式 (1.47) と同様に

$$\mathrm{cosech}\ x = \frac{1}{\sinh x} \tag{1.70}$$

$$\mathrm{sech}\ x = \frac{1}{\cosh x} \tag{1.71}$$

$$\coth x = \frac{1}{\tanh x} \tag{1.72}$$

と表します．

章末問題

1.1　次の度数法で表された角度を弧度法に直し，弧度法で表された角度を度数法に直しなさい．

(1) $45°$　(2) $330°$　(3) $\frac{7}{6}\pi\,\mathrm{rad}$　(4) $5\,\mathrm{rad}$

1.2　$0 \leq \theta < 2\pi$ とするとき，次式を満たす θ の値をそれぞれ求めなさい．

(1) $\sin\theta = \frac{\sqrt{3}}{2}$　(2) $\cos\theta = 0$　(3) $\tan\theta = -\sqrt{3}$

1.3　次の方程式を解きなさい．ただし，$0 \leq \theta < 2\pi$ とする．

(1) $\cos 2\theta + \sin\left(\theta - \frac{\pi}{2}\right) = 0$　(2) $\frac{2\sin 2\theta + 2}{\cos 2\theta + 1} = 0$

1.4　次の計算をしなさい．

(1) $\frac{9^{-2} \cdot 2^5}{\left(\sqrt{3\sqrt{3}}\right)^{-6}}$　(2) $\sqrt[10]{(12^2 + 5^2)^{\frac{5}{2}}}$　(3) $1296^{\,0.125}$

1.5　次の方程式を解きなさい．

(1) $3^{\frac{x}{2}} - \left(\sqrt{27}\right)^x = 0$　　(2) $\log_2(x-3) - \log_4(2x-6) = 1$

(3) $3^x = 2^{x+2}$

1.6　次の関係式が成り立つことをそれぞれ確かめなさい．

(1)　$\sin\theta_1 + \sin\theta_2 = 2\sin\left(\frac{\theta_1+\theta_2}{2}\right)\cos\left(\frac{\theta_1-\theta_2}{2}\right)$

(2)　$\sin\theta_1 - \sin\theta_2 = 2\cos\left(\frac{\theta_1+\theta_2}{2}\right)\sin\left(\frac{\theta_1-\theta_2}{2}\right)$

1.7　$(0.7)^{100}$ を計算した結果には，小数第何位に 0 でない数がはじめて現れるか求めなさい．ただし，$\log_{10} 7 = 0.8451$ とする．

1.8　次の逆三角関数に関する方程式を解きなさい．ただし，$x > 0$ とする．

(1)　$\sin^{-1} x = \cos^{-1}\left(\frac{5}{13}\right)$

(2)　$\sin\left(\tan^{-1}\left(\frac{1}{\sqrt{x}}\right)\right) = \cos\left(\sin^{-1}\left(\frac{1}{\sqrt{2x}}\right)\right)$

MEMO

第 2 章

微分積分

理工学では，着目する物理量が時間の経過にともない，どのように変化するかが現象を理解するための大切な要素の 1 つとなります．

例えば，ファラデーの電磁誘導の法則では，誘導起電力が，磁束の「時間的な変化」とコイルの巻き数に比例することを表しています．また，電流は「微小時間」の間に，観測面を通過する電荷の量で定義されます．これはいいかえれば，時間に対する電荷量の変化ということになります．

このような時間に対する物理量の変化は，数学的には，微分演算子“$\dfrac{d}{dt}$”によって表現されます．つまり，微分がとても重要になるのです．また，積分は微分の逆の操作になりますので，こちらも微分演算と同様に重要となります．

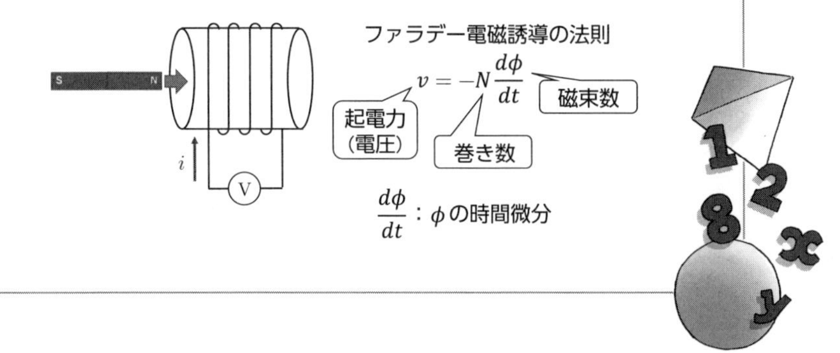

2.1　微分の基礎

2.1.1　微分の定義と性質

(1)　微分の定義

微分演算についての定義と，その演算の基本的性質について説明していきます．微分を行う 1 つの目的は，関数の変化を表すことにあります．

例として，図 2.1 に示した関数 $y = f(x)$ 上の任意の点 $\mathrm{A}(a,\ f(a))$ における変化を考えてみましょう．ここで，「点 A における変化」とは，点 A の接線を引いたとき，この「接線の傾き」と考えてください．したがって，「変化が大きい」とは「接線の傾きが急」であり，「変化が小さい」とは「傾きがゆるやか」ということです．

それでは，この接線の傾きの導き方を考えます．関数上に点 A 以外にもう 1 点 B $(b,\ f(b))$ をとり，点 A，B を直線で結びます．この直線の傾きは，第 1 章で説明した tan にほかなりませんから

$$\frac{f(b) - f(a)}{b - a}$$

と表され，点 A から B への**平均変化率**といいます．次に，図 2.1 の太い矢印のように点 B を点 A に限りなく近づけていくと，直線 AB は接線に限りなく近くなることがわかります．したがって，点 A における接線の傾きを $f'(a)$ とすれば

$$f'(a) = \lim_{b \to a} \frac{f(b) - f(a)}{b - a} \tag{2.1}$$

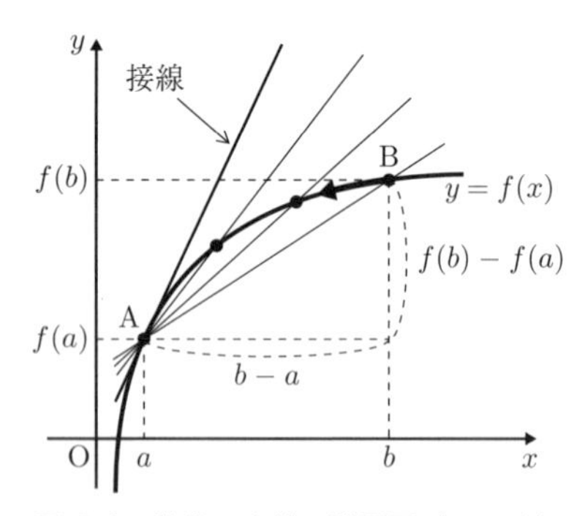

図 2.1　微分の定義の説明図（その 1）

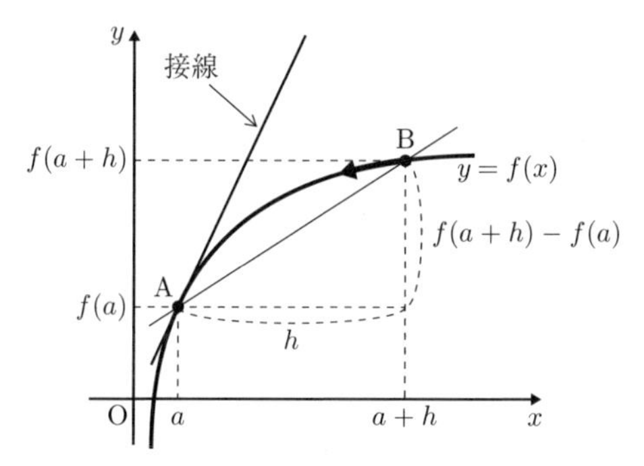

図 2.2 微分の定義の説明図（その 2）

と表されます．そして，点 A における接線の傾きのことを点 A における**微分係数**といいます．

さらに，図 2.2 のように点 A と点 B の x 軸上での距離を h とすれば，$b = a + h$ となるので式 (2.1) は

$$f'(a) = \lim_{h \to 0} \frac{f(a+h) - f(a)}{h} \tag{2.2}$$

と表すこともできます．この式 (2.2) における a を変数 x に置き換えた関数 $f'(x)$ をもとの関数 $f(x)$ の**導関数**と呼び，次式のように表されます．

$$f'(x) = \lim_{h \to 0} \frac{f(x+h) - f(x)}{h} \tag{2.3}$$

上式で行った極限操作により，ある関数の導関数を求めることを「微分する」といいます．

導関数は，式 (2.3) のように $f'(x)$ 以外に y'，$\dfrac{dy}{dx}$，$\dfrac{df(x)}{dx}$，f_x などで表記されます．ここで，注意してもらいたいのは，$\dfrac{dy}{dx}$ は分数ではなく微分演算子ですから，$\dfrac{dy}{dx}$ は「ディーワイ・ディーエックス」と読みます．「ディーエックス分のディーワイ」とは読まないでください．

導関数自体を**微分**と呼びます．

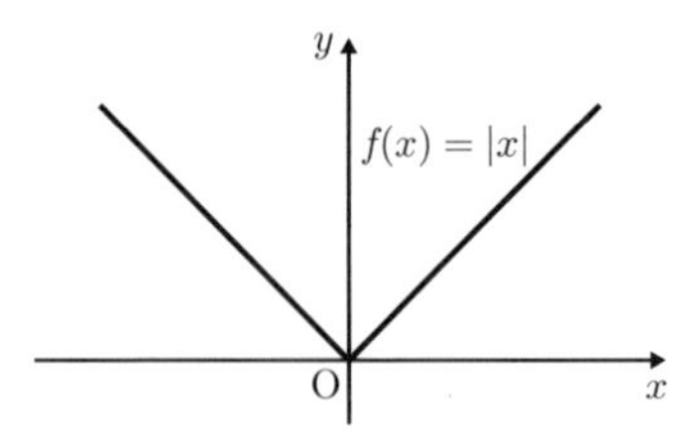

図 2.3　関数 $f(x) = |x|$ のグラフ

また，$x = a$ において，関数 $f(x)$ の微分係数がただ 1 つに決まることを $x = a$ において「微分可能である」といいます．

それでは，微分可能でない場合についても考えておきましょう．例えば，図 2.3 に示す $f(x) = |x|$ の関数について考えてみます．このとき，$x = 0$ における微分係数は

$$\lim_{h \to +0} \frac{f(0+h) - f(0)}{h} = \lim_{h \to +0} \frac{|h|}{h} = 1 \tag{2.4}$$

$$\lim_{h \to -0} \frac{f(0+h) - f(0)}{h} = \lim_{h \to -0} \frac{|h|}{h} = -1 \tag{2.5}$$

となります．極限の $(h \to +0)$ とは $+x$ 方向から 0 に近づけ，$(h \to -0)$ は $-x$ 方向から 0 に近づけることを表しています．いま式 (2.4) と式 (2.5) の極限値が異なります．したがって，この関数は $x = 0$ においては，微分可能ではありません．次に説明する微分演算の性質および合成関数の微分法則では，それぞれの関数が微分可能な関数であることが前提条件となっています．

| | は絶対値記号，
つまり，負の数も正にしてしまう記号だね．

(2)　微分演算の性質

まず，n を自然数としたときの x^n を考えてみます．ここでは，簡単のため，$n = 3$ とします．導関数（微分）の定義式 (2.3)（前ページ）より

$$\frac{d}{dx}\left\{x^3\right\} = \lim_{h \to 0} \frac{(x+h)^3 - x^3}{h}$$

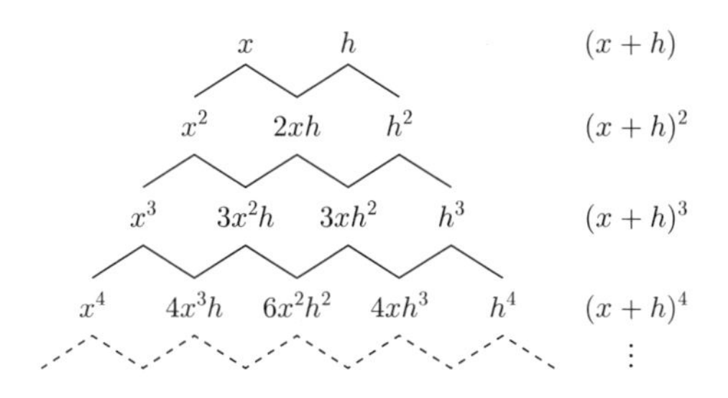

図 2.4 x と h に関するピタゴラスの三角形

$$
\begin{aligned}
&= \lim_{h \to 0} \frac{x^3 + 3x^2h + 3xh^2 + h^3 - x^3}{h} \\
&= \lim_{h \to 0} \frac{3x^2h + 3xh^2 + h^3}{h} \\
&= \lim_{h \to 0} \left(3x^2 + 3xh + h^2\right) \\
&= 3x^2
\end{aligned}
$$

となります．そして，x と h に関する**ピタゴラスの三角形**と呼ばれるものを示せば，図 2.4 のようになります．具体的な x^3 の計算からもわかるように $h \to 0$ の極限をとったとき h^1 の項（ピタゴラスの三角形の左から 2 番目の項）だけが残りますから，一般に x^n の微分は

$$
\frac{d}{dx}\{x^n\} = nx^{n-1} \tag{2.6}
$$

が成り立つことになります．

また，関数の定数倍・和・積・商に関する**微分法則**として，それぞれ以下の関係が成り立ちます．

$$
\text{(定数倍)} \quad \frac{d}{dx}\{kf(x)\} = k\frac{df(x)}{dx} = kf'(x) \qquad (k \text{ は定数}) \tag{2.7}
$$

$$
\begin{aligned}
\text{(和・差)} \quad \frac{d}{dx}\{f(x) \pm g(x)\} &= \frac{df(x)}{dx} \pm \frac{dg(x)}{dx} \\
&= f'(x) \pm g'(x)
\end{aligned} \tag{2.8}
$$

$$
\begin{aligned}
\text{(積)} \quad \frac{d}{dx}\{f(x) \cdot g(x)\} &= \frac{df(x)}{dx} \cdot g(x) + f(x) \cdot \frac{dg(x)}{dx} \\
&= f'(x)g(x) + f(x)g'(x)
\end{aligned} \tag{2.9}
$$

（商）
$$\frac{d}{dx}\left\{\frac{f(x)}{g(x)}\right\} = \frac{\dfrac{df(x)}{dx}g(x) - f(x)\dfrac{dg(x)}{dx}}{g(x)^2}$$
$$= \frac{f'(x)g(x) - f(x)g'(x)}{g(x)^2} \quad (2.10)$$

例題 2.1

式 (2.3) の導関数の定義式を用いて，以下の関数の導関数を求めなさい．

(1) $y = 3x + 4$　　(2) $y = 3x^2$

答え

(1)
$$y' = \lim_{h \to 0} \frac{3(x+h) + 4 - (3x+4)}{h}$$
$$= \lim_{h \to 0} \frac{3h}{h}$$
$$= \lim_{h \to 0} 3 = 3$$

(2)
$$y' = \lim_{h \to 0} \frac{3(x+h)^2 - 3x^2}{h}$$
$$= \lim_{h \to 0} \frac{3x^2 + 6xh + 3h^2 - 3x^2}{h}$$
$$= \lim_{h \to 0}(6x + 3h) = 6x$$

難しく考えなくても，
手を動かしていけば，答えが求まるね．

例題 2.2

$f(x) = 3x + 4$ および $g(x) = 3x^2$ のとき，$f(x) \cdot g(x)$ の導関数を求めなさい．

答え

与式より $f'(x) = 3$，$g'(x) = 6x$ を用いて，積の導関数の公式にあてはめれば

$$\begin{aligned}\frac{d}{dx}\{f(x)\cdot g(x)\} &= 3\cdot 3x^2 + (3x+4)\cdot 6x \\ &= 9x^2 + 18x^2 + 24x \\ &= 27x^2 + 24x\end{aligned}$$

と求められます．

例題 2.3

以下の関数の導関数を求めなさい．

(1) $y = 3x^2 - x + 5$　　(2) $y = (x^3 + 6x + 4)(x^2 + 2)$

(3) $y = \dfrac{3x+7}{x^2+3x}$

答え

(1) $y' = 3\cdot 2x - 1 = 6x - 1$

(2) $f(x) = x^3 + 6x + 4$，$g(x) = x^2 + 2$ として，積の導関数の公式を用いれば

$$\begin{aligned}y' &= (3x^2+6)(x^2+2) + (x^3+6x+4)2x \\ &= 3x^4 + 12x^2 + 12 + 2x^4 + 12x^2 + 8x \\ &= 5x^4 + 24x^2 + 8x + 12\end{aligned}$$

(3) $f(x) = 3x + 7$，$g(x) = x^2 + 3x$ として，商の導関数の公式を用いれば

$$\begin{aligned}y' &= \frac{(3x+7)'(x^2+3x) - (3x+7)(x^2+3x)'}{(x^2+3x)^2} \\ &= \frac{3(x^2+3x) - (3x+7)(2x+3)}{x^2\,(x+3)^2} \\ &= -\frac{3x^2+14x+21}{x^2\,(x+3)^2}\end{aligned}$$

2.1.2　さまざまな関数の導関数と高階微分

(1)　合成関数の微分

例 2.1

以下のような関数 y に対して，x に関する導関数の求め方を考えましょう．

$$y = (3x^2 - 5x + 1)^3 \tag{2.11}$$

素直に展開してから求めようとすると少々計算が面倒になりそうです．そこで，次の**合成関数の微分公式**を用いると計算が楽になります．

$$\frac{dy}{dx} = \frac{dy}{du} \cdot \frac{du}{dx} \tag{2.12}$$

ただし，ここで関数 y, u はともに微分可能であるものとします．上式 (2.12) は合成関数 y の x に関する導関数は，関数 y の u に関する導関数と，関数 u の x に関する導関数の積に等しいことを表しています．これを式 (2.11) にあてはめると，変数 u を使って，次式のように置き換えることができます．

$$y = u^3, \quad u = 3x^2 - 5x + 1 \tag{2.13}$$

この関数 y の u に関する導関数と，u の x に関する導関数は容易に求めることができます．実際，上式 (2.13) に式 (2.12) を適用すれば

$$\begin{aligned} \frac{dy}{dx} &= \frac{d}{du}(u^3) \cdot \frac{d}{dx}(3x^2 - 5x + 1) \\ &= 3u^2 \cdot (6x - 5) \\ &= 3\left(3x^2 - 5x + 1\right)^2 (6x - 5) \end{aligned} \tag{2.14}$$

となります．

確かに，式 (2.12) が一般的な合成関数 $y = f(u)$，$u = g(x)$ に対しても成立することを示しておきます．微分の定義より，$\dfrac{dy}{dx}$ は

$$\frac{dy}{dx} = \lim_{h \to 0} \frac{f(g(x+h)) - f(g(x))}{h}$$

と表されます．ここで，$g(x+h) = g(x) + k$ を満たすような k を用いて

$$\frac{dy}{dx} = \lim_{h \to 0} \frac{f(g(x) + k) - f(g(x))}{h}$$

$$= \lim_{h \to 0} \frac{f(g(x)+k) - f(g(x))}{k} \cdot \frac{k}{h}$$
$$= \lim_{h \to 0} \frac{f(g(x)+k) - f(g(x))}{k} \cdot \frac{g(x+h) - g(x)}{h}$$

と変形します．

$g(x+h)$ は，h が定数だから，
$g(x)$ と，別の定数 k の和に置き換えられるわけね．

$k = g(x+h) - g(x)$ なので，$h \to 0$ のとき $k \to 0$ となるので，上式は

$$\frac{dy}{dx} = \lim_{k \to 0} \frac{f(g(x)+k) - f(g(x))}{k} \cdot \lim_{h \to 0} \frac{g(x+h) - g(x)}{h}$$
$$= \lim_{k \to 0} \frac{f(u+k) - f(u)}{k} \cdot \lim_{h \to 0} \frac{g(x+h) - g(x)}{h}$$
$$= \frac{dy}{du} \cdot \frac{du}{dx}$$

となり，式 (2.12) を得ることができます．

(2) さまざまな関数の微分公式

三角関数，指数・対数関数の微分法則について説明します．先に，三角関数に関する導関数を以下に示します．

$$y = \sin x \quad \longrightarrow \quad \frac{dy}{dx} = \cos x \tag{2.15}$$

$$y = \cos x \quad \longrightarrow \quad \frac{dy}{dx} = -\sin x \tag{2.16}$$

$$y = \tan x \quad \longrightarrow \quad \frac{dy}{dx} = \frac{1}{\cos^2 x} \tag{2.17}$$

それでは，三角関数の微分公式 (2.15) から式 (2.17) の導出をしていきましょう．まず，式 (2.15) についてですが，導関数の定義から

$$\frac{dy}{dx} = \lim_{\Delta x \to 0} \frac{\sin(x+\Delta x) - \sin x}{\Delta x} \tag{2.18}$$

となります．ここで，加法定理を用いれば，式 (2.18) は

$$\frac{dy}{dx} = \lim_{\Delta x \to 0} \frac{\sin x \cos \Delta x + \cos x \sin \Delta x - \sin x}{\Delta x}$$
$$= \lim_{\Delta x \to 0} \frac{\sin x(\cos \Delta x - 1) + \cos x \sin \Delta x}{\Delta x} \tag{2.19}$$

と表されます．また，$\cos \Delta x$ は半角の公式の式 (1.35) (18 ページ)より，$\cos \Delta x = 1 - 2 \sin^2 \left(\frac{\Delta x}{2}\right)$ となることを用いて，式 (2.19) を整理すれば

$$\frac{dy}{dx} = \lim_{\Delta x \to 0} \frac{\sin x \left(1 - 2 \sin^2 \frac{\Delta x}{2} - 1\right) + \cos x \sin \Delta x}{\Delta x}$$
$$= \lim_{\Delta x \to 0} \frac{- \sin x \cdot 2 \sin^2 \frac{\Delta x}{2} + \cos x \sin \Delta x}{\Delta x}$$
$$= - \sin x \lim_{\Delta x \to 0} \frac{2 \sin^2 \frac{\Delta x}{2}}{\Delta x} + \cos x \lim_{\Delta x \to 0} \frac{\sin \Delta x}{\Delta x}$$
$$= - \sin x \lim_{\Delta x \to 0} \frac{\sin^2 \frac{\Delta x}{2}}{\frac{\Delta x}{2}} + \cos x \lim_{\Delta x \to 0} \frac{\sin \Delta x}{\Delta x}$$
$$= - \sin x \lim_{\Delta x \to 0} \left(\sin \frac{\Delta x}{2} \cdot \frac{\sin \frac{\Delta x}{2}}{\frac{\Delta x}{2}}\right) + \cos x \lim_{\Delta x \to 0} \frac{\sin \Delta x}{\Delta x} \tag{2.20}$$

となります．さらに，第１章の三角関数の極限に関する式 (1.14) で示した公式 $\lim_{\Delta x \to 0} \left(\frac{\sin \Delta x}{\Delta x}\right) = 1$ と $\sin 0 = 0$ を上式 (2.20) に適用すれば

$$\frac{dy}{dx} = - \sin x \cdot 0 \cdot 1 + \cos x \cdot 1$$
$$= \cos x$$

となり，前ページの式 (2.15) が得られます．また，式 (2.16) については

$$y = \cos x = \sin \left(x + \frac{\pi}{2}\right)$$

ですから，合成関数の微分公式を用いるために

$$y = \sin u, \quad u = x + \frac{\pi}{2}$$

とすれば

$$\begin{aligned}\frac{dy}{dx} &= \frac{dy}{du}\cdot\frac{du}{dx} = \cos\,u\cdot 1\\ &= \cos\left(x+\frac{\pi}{2}\right)\cdot 1\\ &= -\,\sin\,x\end{aligned}$$

と導かれます．さらに，式 (2.17) は，商の微分公式の式 (2.10) を用いることにより導かれます．$\tan\,x = \dfrac{\sin\,x}{\cos\,x}$ ですから

$$\begin{aligned}\frac{d}{dx}\left(\frac{\sin\,x}{\cos\,x}\right) &= \frac{(\sin\,x)'\,\cos\,x-\sin\,x(\cos\,x)'}{\cos^2\,x}\\ &= \frac{\cos^2\,x+\sin^2\,x}{\cos^2\,x}\\ &= \frac{1}{\cos^2\,x}\end{aligned}$$

となり，式 (2.17) となります．

次に，**指数・対数関数に関する微分公式**を以下に示します．

$$y = e^x \qquad \longrightarrow \qquad \frac{dy}{dx} = e^x \tag{2.21}$$

$$y = \log_e\,x \qquad \longrightarrow \qquad \frac{dy}{dx} = \frac{1}{x} \tag{2.22}$$

$$y = a^x \qquad \longrightarrow \qquad \frac{dy}{dx} = a^x\,\log_e\,a \tag{2.23}$$

$$y = \log_a\,x \qquad \longrightarrow \qquad \frac{dy}{dx} = \frac{1}{x\,\log_e\,a} \tag{2.24}$$

$$y = \log_e\,f(x) \qquad \longrightarrow \qquad \frac{dy}{dx} = \frac{\dfrac{df(x)}{dx}}{f(x)} = \frac{f'(x)}{f(x)} \tag{2.25}$$

指数関数，対数関数の微分公式 (2.21) から式 (2.24) については，第 1 章の 35～36 ページの式 (1.62)，(1.63)，(1.65)，(1.66) ですでに導出しました．また，式 (2.25) については，与えられた関数を合成関数により

$$y = \log_e\,u, \quad u = f(x)$$

と表せば

$$\frac{dy}{dx} = \frac{1}{u}\cdot\frac{df(x)}{dx} = \frac{\dfrac{df(x)}{dx}}{f(x)} = \frac{f'(x)}{f(x)}$$

が得られます．

例題 2.4

次の関数の導関数をそれぞれ求めなさい．ただし，(1)，(6) の a は定数とします．

(1) $y = \sin ax$　(2) $y = 3x \cos x$　(3) $y = \cos(3x^2 - 5x)$

(4) $y = \dfrac{e^{2x}}{\sin x}$　(5) $y = \log_e \dfrac{x}{\cos x}$　(6) $y = \dfrac{1}{\sqrt{x^2 + a^2}}$

答え

(1)　$u = ax$ とすれば

$$\begin{aligned} y &= \sin u \\ y' &= \cos u \cdot \frac{du}{dx} \\ &= \cos ax \cdot (ax)' \\ &= a \cos ax \end{aligned}$$

(2)　積の導関数の公式より

$$\begin{aligned} y' &= (3x)' \cos x + 3x\ (\cos x)' \\ &= 3 \cos x + 3x\ (- \sin x) \\ &= 3\ (\cos x - x \sin x) \end{aligned}$$

(3)　$u = 3x^2 - 5x$ とすれば

$$\begin{aligned} y' &= - \sin u \cdot \frac{du}{dx} \\ &= - \sin(3x^2 - 5x) \cdot (6x - 5) \\ &= -(6x - 5) \sin(3x^2 - 5x) \end{aligned}$$

(4)　商の導関数の公式より

$$\begin{aligned} y' &= \frac{\left(e^{2x}\right)' \sin x - e^{2x}\ (\sin x)'}{\sin^2 x} \\ &= \frac{2e^{2x} \sin x - e^{2x} \cos x}{\sin^2 x} \end{aligned}$$

(5)　$u = \dfrac{x}{\cos x}$ とすれば

$$y' = \frac{1}{u} \cdot \frac{du}{dx}$$
$$= \frac{\cos x}{x} \cdot \frac{x' \cos x - x (\cos x)'}{\cos^2 x}$$
$$= \frac{\cos x + x \sin x}{x \cos x}$$

(6)　与式を $y = \left(x^2 + a^2\right)^{-\frac{1}{2}}$ と書き直し，$u = x^2 + a^2$ とおけば

$$y' = -\frac{1}{2} u^{-\frac{3}{2}} \cdot \frac{du}{dx}$$
$$= -\frac{1}{2\sqrt{\left(x^2 + a^2\right)^3}} \cdot 2x$$
$$= -\frac{x}{\sqrt{\left(x^2 + a^2\right)^3}}$$

見た目は複雑だけど，合成関数の微分公式を使えば，それほど難しくないね．

(3)　高階微分

関数を n 回微分した結果を n 階の導関数，または n 階微分といいます．これは以下に示すようなさまざまな形で表記されます．

$$\frac{d^n y}{dx^n}, \quad y^{(n)}, \quad \frac{d^n}{dx^n} f(x), \quad f^{(n)}(x)$$

また，2 階以上の導関数のことを高階の導関数，または**高階微分**ということもあります．

例として，$f(x) = x^a$ と $g(x) = e^{ax}$ の高階微分を求めてみましょう．まず，$f(x)$ に関しては

$$\frac{df(x)}{dx} = ax^{a-1}, \quad \frac{d^2 f(x)}{dx^2} = a(a-1)x^{a-2},$$
$$\frac{d^3 f(x)}{dx^3} = a(a-1)(a-2)x^{a-3}, \cdots$$

と変化していくため，n 階微分は

$$\frac{d^n f(x)}{dx^n} = a(a-1)(a-2)\cdot\ \cdots\ \cdot(a-n+1)x^{a-n}$$
$$= \frac{a!}{(a-n)!}x^{a-n} \tag{2.26}$$

となります．特に $a = n$ の場合には，$0! = 1$ ですから

$$\frac{d^n f(x)}{dx^n} = n! \tag{2.27}$$

となります．

次に $g(x) = e^{ax}$ については，合成関数の微分公式を用いれば

$$\frac{df(x)}{dx} = ae^{ax}, \quad \frac{d^2 f(x)}{dx^2} = a^2 e^{ax}, \quad \frac{d^3 f(x)}{dx^3} = a^3 e^{ax}, \quad \cdots$$

となるので，n 階微分は

$$\frac{d^n f(x)}{dx^n} = a^n e^{ax} \tag{2.28}$$

と求められます．

例題 2.5

関数 $y = \cos x$ の n 階微分を求めなさい．

答え

与えられた関数を x で微分すると

$$\frac{dy}{dx} = -\sin x$$

となります．式 (1.26) (14 ページ) より，$-\sin x = \cos\left(x + \frac{\pi}{2}\right)$ が成り立つため，上式は

$$\frac{dy}{dx} = \cos\left(x + \frac{\pi}{2}\right)$$

と表されます．さらに x で微分すれば

$$\frac{d^2 y}{dx^2} = -\sin\left(x + \frac{\pi}{2}\right)$$

となり，先ほどと同様に

$$\frac{d^2 y}{dx^2} = \cos\left(x + \frac{\pi}{2} + \frac{\pi}{2}\right) = \cos\left(x + \pi\right)$$

と表されます．したがって，1 回微分するごとに x に $\frac{\pi}{2}$ が足されることから，n 階微分は

$$\frac{d^n y}{dx^n} = \cos\left(x + \frac{n\pi}{2}\right)$$

となります．

例題 2.6

関数 $y = \log_e x$ の n 階微分を求めなさい．

答え

与えられた関数を x で微分すると

$$\frac{dy}{dx} = \frac{1}{x}$$

となり，さらに微分すれば

$$\begin{aligned}
\frac{d^2 y}{dx^2} &= (-1)\frac{1}{x^2} = (-1)^{2-1}1!\frac{1}{x^2} \\
\frac{d^3 y}{dx^3} &= 2\frac{1}{x^3} = (-1)^{3-1}2!\frac{1}{x^3} \\
\frac{d^4 y}{dx^4} &= -6\frac{1}{x^4} = (-1)^{4-1}3!\frac{1}{x^4} \\
&\vdots
\end{aligned}$$

となることより，n 階微分は

$$\frac{d^n y}{dx^n} = (-1)^{n-1}(n-1)!\frac{1}{x^n}$$

となります．

2.2 偏微分

まず，以下で使う用語を整理しておきます．関数 $y = f(x)$ において，x も y も変数ですが，x はほかの影響を受けずに好きな値をとれるので，x を**独立変数**と呼び，この x の値によって y の値が決まるとき，y を x の**従属変数**と呼び

ます．

前節までは，1 変数関数の微分について説明してきましたが，本節では多変数関数の微分について説明します．

多変数関数とは，複数個の独立変数によって値が決定される関数のことです．一例として，独立変数を x，y とする 2 変数関数を図 2.5 に示します．$x=a$，$y=b$ としたとき，従属変数 z の値は $z=f(a, b)$ となりますので，この値を示す z 軸が必要となりますから 2 変数関数は図のように三次元のグラフとなります．したがって，2 変数関数のイメージは図のような網かけで示された曲面を考えればよいでしょう．

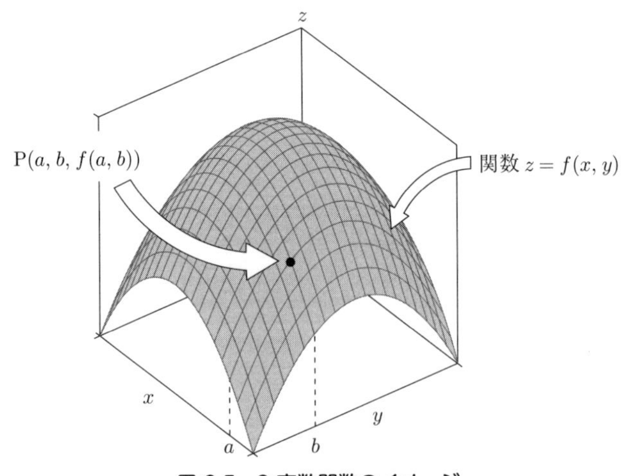

図 2.5　2 変数関数のイメージ

x と y と，それらによって値の決まる $f(x, y)$ をプロットしたグラフだね.

ところで，前節では，図 2.6 のように独立変数 x の微小変化量 Δx とそれに対する従属変数 y の変化量 Δy を考え，点 P における接線の傾きを図のように $\dfrac{\Delta y}{\Delta x}$ として，導関数を求めました．

しかし，2 変数関数の場合には，独立変数が x と y の 2 つであるため，接

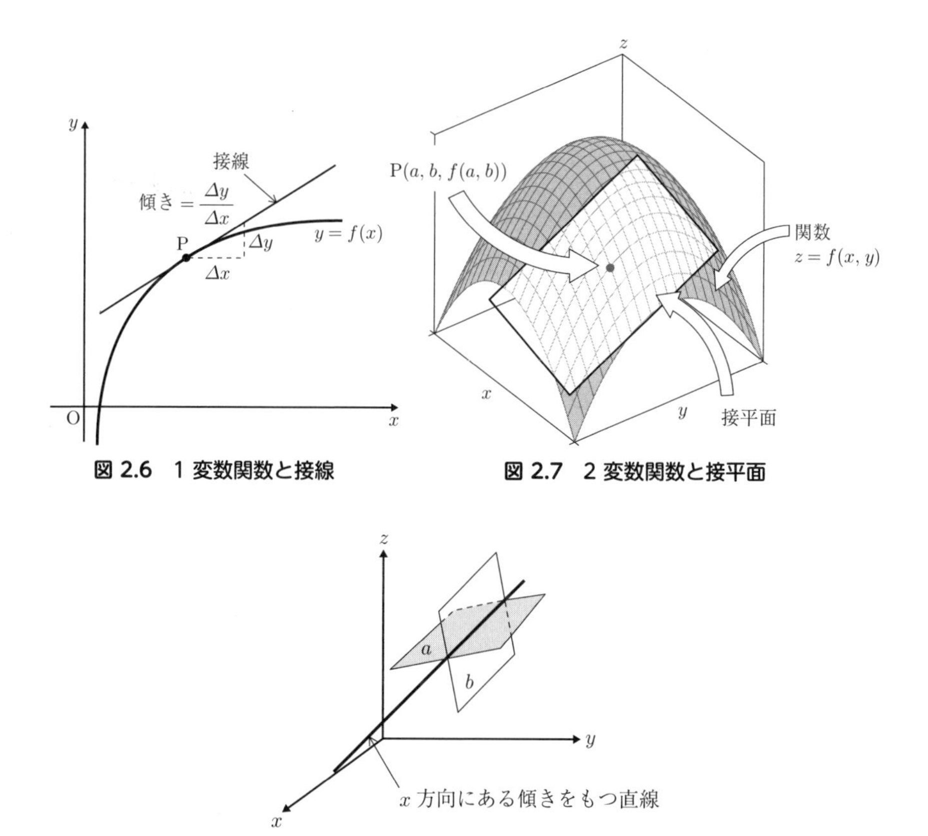

図 2.6　1 変数関数と接線

図 2.7　2 変数関数と接平面

図 2.8　x 方向にある傾きをもつ平面

「線」ではなく，図 2.7 に示すような接「平面」を考えます．

接線の傾きは一方向で定められましたが，平面は二次元ですから，面の傾きを定めるには 2 つの方向が必要です．したがって，図 2.8 に示すように x 方向にある傾きをもった面 a を考えますが，同じ傾きの面 b も考えることができます．このように，一方向を指定しただけでは，その傾きを満足する面は無限に存在します．x 方向だけでなく，y 方向の傾きも指定すれば，ただ 1 つの面に限定することができます．すなわち，$\dfrac{\Delta z}{\Delta x}$ と $\dfrac{\Delta z}{\Delta y}$ によって面の傾きを定めることができます．

以上のことから 2 変数関数の場合には，x，y それぞれに関して，2 つの導関数を定義する必要があります．このような多変数関数における導関数を

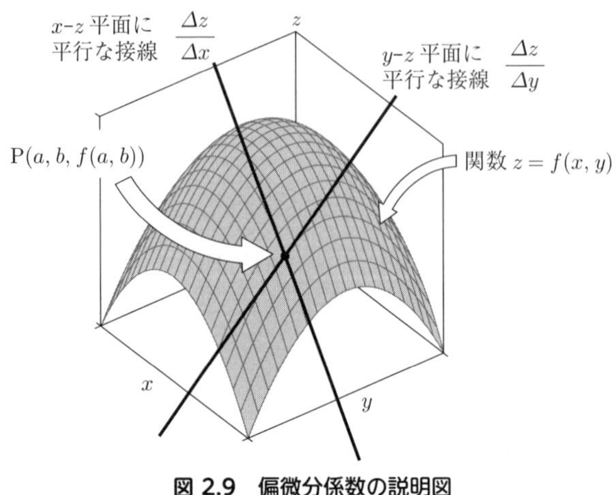

図 2.9　偏微分係数の説明図

偏導関数または**偏微分**と呼び，2 変数関数の場合には，次式のように定義されます．

$$\frac{\partial f(x, y)}{\partial x} = \lim_{h \to 0} \frac{f(x+h, y) - f(x, y)}{h} \tag{2.29}$$

$$\frac{\partial f(x, y)}{\partial y} = \lim_{h \to 0} \frac{f(x, y+h) - f(x, y)}{h} \tag{2.30}$$

式 (2.29) は x に関しての偏微分，式 (2.30) は y に関しての偏微分の定義式です．式中の ∂ の記号は「ラウンド」と読み，微分演算子ですから，$\dfrac{\partial y}{\partial x}$ は「ラウンドワイ・ラウンドエックス」と読みます．また，式 (2.29)，式 (2.30) の $\dfrac{\partial f(x, y)}{\partial x}$，$\dfrac{\partial f(x, y)}{\partial y}$ は，それぞれ $f_x(x, y)$，$f_y(x, y)$ と表記されることもあります．

そして，偏微分でも前節と同様に微分係数を求めることができます．図 2.9 に示す関数 $z = f(x, y)$ 上のある点 $\mathrm{P}(a, b, f(a, b))$ における偏微分係数を考えてみます．ここで，2 変数関数の偏微分係数を求めることは，図 2.7 に示した接平面の傾きを求めることにほかなりません．先ほどの式 (2.29)，式 (2.30) を用いれば，点 P における偏微分係数はそれぞれ

$$\frac{\partial f}{\partial x} = \lim_{h \to 0} \frac{f(a+h, b) - f(a, b)}{h} \tag{2.31}$$

$$\frac{\partial f}{\partial y} = \lim_{h \to 0} \frac{f(a, b+h) - f(a, b)}{h} \tag{2.32}$$

と表すことができます.

さて, 微分係数は, ある点における接線の傾きですので, 式 (2.31) も式 (2.32) も同様に点 P における接線の傾きを表しています. ただし, 式 (2.31) は変数 y に関して一定値 ($y = b$) であるため, x-z 平面に平行な接線の傾き $\left(\dfrac{\Delta z}{\Delta x}\right)$ を表しています. 対して, 式 (2.32) は y-z 平面に対して平行な接線の傾き $\left(\dfrac{\Delta z}{\Delta y}\right)$ を表しています. すなわち, 式 (2.31) と式 (2.32) によって, それぞれ x 方向と y 方向の傾きを別々に求めることができます.

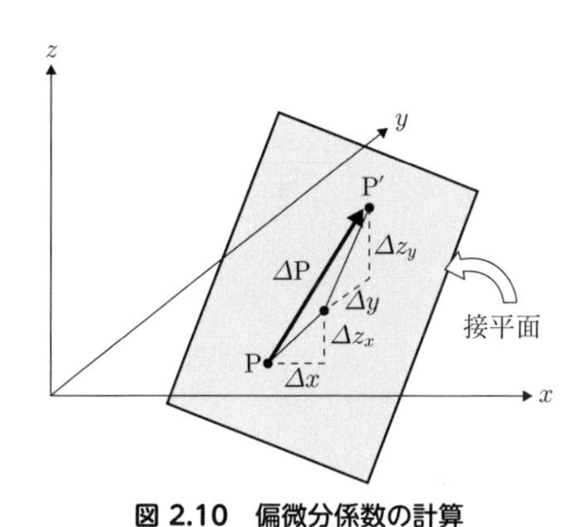

図 2.10 偏微分係数の計算

もう少し具体的なイメージが得られるように, 図 2.10 に点 P が, 接平面上を微小長さ ΔP 移動して, 点 P′ になった場合を考えます. なお, x 方向の微小変化を Δx, そのときの z 方向の微小変化を Δz_x で表します. また, その点から y 方向の微小変化を Δy, そのときの z 方向の微小変化を Δz_y で表しています. 点 P と点 P′ を座標で表せば, P $(a, b, f(a, b))$ と P′ $(a + \Delta x, b + \Delta y, f(a + \Delta x, b + \Delta y))$ となります. ここで, 点 P と点 P′ の z 方向の差を Δz とすれば

$$\Delta z = f(a + \Delta x, b + \Delta y) - f(a, b) \tag{2.33}$$

となり, この値が接平面の傾きを表しています. また, 図 2.10 から

$$\Delta z = \Delta z_x + \Delta z_y \tag{2.34}$$

であることがわかります.

Δz 全体の量は, x の変化による Δz_x と y の変化による Δz_y を足し合わせたものだということね.

ところで, 傾きとは, 単位長さあたりの増加率（負は減少率）を表していると考えることもできます. このことから微小変化 Δz_x は, （x 方向の傾き）×（x 方向の距離）で計算することができます. これを式で表せば

$$\Delta z_x = \frac{\partial f}{\partial x}\Delta x \tag{2.35}$$

となります. 同じように微小変化 Δz_y は

$$\Delta z_y = \frac{\partial f}{\partial y}\Delta y \tag{2.36}$$

となります. 式 (2.35) と式 (2.36) を式 (2.34) に代入すれば

$$\Delta z = \frac{\partial f}{\partial x}\Delta x + \frac{\partial f}{\partial y}\Delta y \tag{2.37}$$

となりますから, 上式と式 (2.33) から

$$f(a + \Delta x,\, b + \Delta y) - f(a,\, b) = \frac{\partial f}{\partial x}\Delta x + \frac{\partial f}{\partial y}\Delta y \tag{2.38}$$

が成り立ちます.

以上のように, 式 (2.38) によって接平面の傾きを求めることができます. そして, 式 (2.38) の右辺は, x 方向と y 方向の和の形になっています. したがって, x 方向と y 方向に関して, 別々に計算を行うことができます. すなわち, x 軸方向についての偏微分を考えるときには y を固定（y を定数とみなす）し, 逆に y 軸方向のときには x を固定（x を定数とみなす）し, それぞれを微分することになります. このことから, 1 変数関数の微分のときと同様に, 関数 $f(x,\, y)$, $g(x,\, y)$ が偏微分可能なとき, 関数の定数倍・和・差・積・商に関して以下の x に関する**偏微分法則**が成り立ちます.

（定数倍）
$$\frac{\partial}{\partial x}\{kf(x,y)\} = k\frac{\partial f(x,y)}{\partial x} \tag{2.39}$$

(和・差) $$\frac{\partial}{\partial x}\{f(x,y) \pm g(x,y)\} = \frac{\partial f(x,y)}{\partial x} \pm \frac{\partial g(x,y)}{\partial x} \tag{2.40}$$

(積) $$\frac{\partial}{\partial x}\{f(x,y) \cdot g(x,y)\}$$
$$= \frac{\partial f(x,y)}{\partial x} \cdot g(x,y) + f(x,y) \cdot \frac{\partial g(x,y)}{\partial x} \tag{2.41}$$

(商) $$\frac{\partial}{\partial x}\left\{\frac{f(x,y)}{g(x,y)}\right\}$$
$$= \frac{\dfrac{\partial f(x,y)}{\partial x} g(x,y) - f(x,y) \dfrac{\partial g(x,y)}{\partial x}}{g(x,y)^2} \tag{2.42}$$

また，y に関しても，まったく同様に

(定数倍) $$\frac{\partial}{\partial y}\{kf(x,\ y)\} = k\frac{\partial f(x,\ y)}{\partial y} \tag{2.43}$$

(和・差) $$\frac{\partial}{\partial y}\{f(x,\ y) \pm g(x,\ y)\} = \frac{\partial f(x,\ y)}{\partial y} \pm \frac{\partial g(x,\ y)}{\partial y} \tag{2.44}$$

(積) $$\frac{\partial}{\partial y}\{f(x,\ y) \cdot g(x,\ y)\}$$
$$= \frac{\partial f(x,\ y)}{\partial y} \cdot g(x,\ y) + f(x,\ y) \cdot \frac{\partial g(x,\ y)}{\partial y} \tag{2.45}$$

(商) $$\frac{\partial}{\partial y}\left\{\frac{f(x,\ y)}{g(x,\ y)}\right\}$$
$$= \frac{\dfrac{\partial f(x,\ y)}{\partial y} g(x,\ y) - f(x,\ y) \dfrac{\partial g(x,\ y)}{\partial y}}{g(x,\ y)^2} \tag{2.46}$$

が成り立ちます．

さらに，偏微分でも**合成関数の微分公式**が成り立ちます．例えば，2 変数関数 $z = f(x,\ y)$ が合成関数 $z = g(u)$，$u = h(x,\ y)$ として表されるとき

$$\frac{\partial z}{\partial x} = \frac{dz}{du} \cdot \frac{\partial u}{\partial x}, \qquad \frac{\partial z}{\partial y} = \frac{dz}{du} \cdot \frac{\partial u}{\partial y} \tag{2.47}$$

が成り立ちます．

例題 2.7

以下の関数について，(1)，(3) は x に関する偏微分，(2) は y に関する偏微分をそれぞれ求めなさい．

(1) $z = x^2 y$　　(2) $z = \dfrac{y^2-5}{2y} \log_e \dfrac{x^2}{\sqrt{5x+2}}$

(3) $z = \cos(-x^3y^2+y)$

答え

(1) $$\frac{\partial z}{\partial x} = (x^2)'y = 2xy$$

(2) $$\begin{aligned}\frac{\partial z}{\partial y} &= \frac{\left(y^2-5\right)' 2y - \left(y^2-5\right)(2y)'}{4y^2} \log_e \frac{x^2}{\sqrt{5x+2}} \\ &= \frac{4y^2-2y^2+10}{4y^2} \log_e \frac{x^2}{\sqrt{5x+2}} \\ &= \frac{y^2+5}{2y^2} \log_e \frac{x^2}{\sqrt{5x+2}}\end{aligned}$$

(3) $$\begin{aligned}\frac{\partial z}{\partial x} &= -\sin(-x^3y^2+y)\cdot\left(-x^3y^2+y\right)' \\ &= 3x^2y^2 \sin(-x^3y^2+y)\end{aligned}$$

高階の偏微分

多変数関数についても，1 変数関数と同様に，高階の導関数（**高階微分**）を定義することができます．具体的に関数 $z = f(x, y)$ の場合，2 階の偏微分は，それぞれ

$$\frac{\partial^2 z}{\partial x^2} = \frac{\partial}{\partial x}\left(\frac{\partial z}{\partial x}\right) = f_{xx} \tag{2.48}$$

$$\frac{\partial^2 z}{\partial y^2} = \frac{\partial}{\partial y}\left(\frac{\partial z}{\partial y}\right) = f_{yy} \tag{2.49}$$

$$\frac{\partial^2 z}{\partial y \partial x} = \frac{\partial}{\partial y}\left(\frac{\partial z}{\partial x}\right) = f_{xy} \tag{2.50}$$

$$\frac{\partial^2 z}{\partial x \partial y} = \frac{\partial}{\partial x}\left(\frac{\partial z}{\partial y}\right) = f_{yx} \tag{2.51}$$

などの記号で表されます．式 (2.50) と式 (2.51) の違いは微分の順序にあります．式 (2.50) は x に関して微分した後，y で微分することを表しています．式 (2.51) は逆の順序で微分しています．

一般的には，式 (2.50) と式 (2.51) は異なりますが，$f(x, y)$，f_{xy}，f_{yx} が切れ目なくつながっている連続関数で f_x，f_y，f_{xy}，f_{yx} が存在する場合には

$$f_{xy} = f_{yx} \tag{2.52}$$

が成り立ちます．ここで，上式は微分演算に関して交換則（x を微分してから y を微分するのと，y を微分してから x を微分するのが同じ結果となる）が成立することを示しています．そのため，連続な関数の偏微分は，微分の順序と無関係であることがわかります．このときさらに，3 階の偏微分を例にすれば

$$f_{xxy} = f_{xyx} = f_{yxx} \tag{2.53}$$

も成立します．

例題 2.8

次の関数の 2 階の偏導関数 (f_{xx}，f_{yy}，f_{xy}，f_{yx}) をそれぞれ求めなさい．

(1) $f(x, y) = x^3 - 3x^2y + 3xy^2 - y^3$　(2) $f(x, y) = \log_e xy$

答え

(1) x，y に関する 1 階微分は，それぞれ

$$f_x = 3x^2 - 6xy + 3y^2$$
$$f_y = -3x^2 + 6xy - 3y^2$$

となります．上のほうの x に関する 1 階微分の式をさらに，x，y で微分すれば

$$f_{xx} = 6x - 6y, \quad f_{xy} = -6x + 6y$$

と求められます．同様に，下のほうの y に関する 1 階微分の式をさらに，x，y で微分すれば

$$f_{yx} = -6x + 6y, \quad f_{yy} = 6x - 6y$$

と求められます．

(2)　x，y に関する 1 階微分は，それぞれ

$$f_x = \frac{1}{xy} \cdot \frac{d(xy)}{dx} = \frac{1}{x}$$

$$f_y = \frac{1}{xy} \cdot \frac{d(xy)}{dy} = \frac{1}{y}$$

となります．上のほうの x に関する 1 階微分の式をさらに，x，y で微分すれば

$$f_{xx} = -\frac{1}{x^2}, \quad f_{xy} = 0$$

と求められます．同様に，下のほうの y に関する 1 階微分の式をさらに，x，y で微分すれば，次のように求められます．

$$f_{yx} = 0, \quad f_{yy} = -\frac{1}{y^2}$$

2.3　積分の基礎

2.3.1　不定積分

積分は，関数の面積や体積などを求めるうえで重要です．本節では，積分の基本性質と具体的な計算方法を中心に説明していきます．

本章の冒頭でふれたとおり，積分は微分の逆の操作です．例えば，微分された関数 $f(x) = 2x$ があるとき，微分される前の関数 $F(x)$ はどのような形になるでしょうか？　これは，微分の逆を考えれば簡単な問題で $F_1(x) = x^2$ などがすぐにあげられると思います．それ以外にも図 2.11 に示すように無限に考えることができますが，一般化すると定数 C を用いて $x^2 + C$ と書けます．

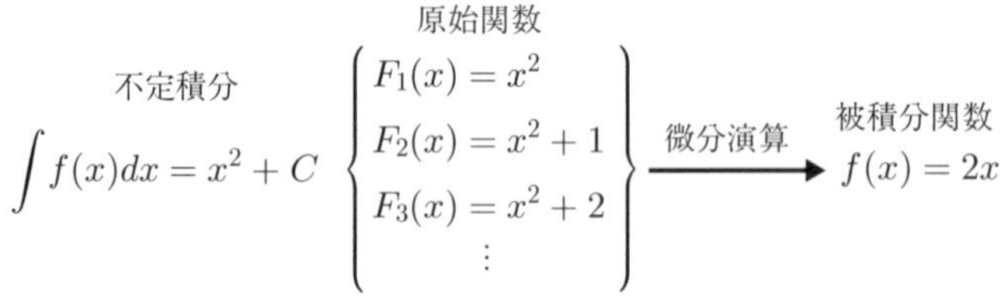

不定積分

$$\int f(x)dx = x^2 + C$$

原始関数

$$\left\{ \begin{array}{c} F_1(x) = x^2 \\ F_2(x) = x^2 + 1 \\ F_3(x) = x^2 + 2 \\ \vdots \end{array} \right\}$$

微分演算 →

被積分関数

$$f(x) = 2x$$

図 2.11　不定積分と原始関数および被積分関数

このとき，$F_1(x), F_2(x), \cdots$ のように，微分演算により $f(x)$ となるもとの関数を**原始関数**といいます．また，原始関数を一般化した関数（または，原始関数の集合）$x^2 + C$ を $f(x)$ の**不定積分**といい，$\int f(x)dx$ で表します．これに対し，与えられた関数 $f(x)$ は**被積分関数**と呼ばれます．

以上より，原始関数の 1 つを $F(x)$ と表せば，関数 $f(x)$ に対する不定積分は

$$\int f(x)dx = F(x) + C \tag{2.54}$$

と定義することができます．上式 (2.54) 中の定数 C のことを積分定数と呼びます．

不定積分では，以下の規則が成り立ちます．

$$\int kf(x)dx = k\int f(x)dx \tag{2.55}$$

$$\int \{f(x) \pm g(x)\}\,dx = \int f(x)dx \pm \int g(x)dx \tag{2.56}$$

ただし，上式 (2.55)，(2.56) 中の k は定数とします．また，積分は微分の逆であるため，2.1 節で解説したそれぞれの微分公式から，以下の積分公式が導かれます．ただし，以下の公式中では，積分定数 C を省略しています．

$$\int x^n dx = \frac{1}{n+1}x^{n+1} \quad (n \neq -1) \tag{2.57}$$

$$\int \sin x\,dx = -\cos x \tag{2.58}$$

$$\int \cos x\,dx = \sin x \tag{2.59}$$

$$\int \frac{1}{\cos^2 x}dx = \tan x \tag{2.60}$$

$$\int e^x dx = e^x \tag{2.61}$$

$$\int a^x dx = \frac{a^x}{\log_e a} \quad (a > 0,\ a \neq 1) \tag{2.62}$$

$$\int \frac{1}{x}dx = \log_e |x| \tag{2.63}$$

$$\int \frac{f'(x)}{f(x)}dx = \log_e |f(x)| \tag{2.64}$$

例題 2.9

次の関数の不定積分をそれぞれ求めなさい．

(1) $\displaystyle\int\left(x-\frac{2}{x}+\frac{5}{x^2}\right)dx$　　(2) $\displaystyle\int\frac{3\cos^3 x+1}{\cos^2 x}dx$

(3) $\displaystyle\int\frac{3x+3}{x^2+2x-3}dx$

答え

以下で，積分定数を C と表します．

(1)
$$\int\left(x-\frac{2}{x}+\frac{5}{x^2}\right)dx=\frac{1}{2}x^2-2\log_e|x|+5\left(-\frac{1}{x}\right)+C$$
$$=\frac{1}{2}x^2-2\log_e|x|-\frac{5}{x}+C$$

(2)
$$\int\frac{3\cos^3 x+1}{\cos^2 x}dx=\int\left(3\cos x+\frac{1}{\cos^2 x}\right)dx$$
$$=3\int\cos x\,dx+\int\frac{1}{\cos^2 x}dx$$
$$=3\sin x+\tan x+C$$

(3) $f(x)=x^2+2x-3$ とすれば，$f'(x)=2(x+1)$ となります．この関係式を用いれば，与式は
$$\int\frac{3x+3}{x^2+2x-3}dx=\int\frac{\frac{3}{2}f'(x)}{f(x)}dx=\frac{3}{2}\int\frac{f'(x)}{f(x)}dx$$
と表され，式 (2.64) を用いれば
$$\int\frac{3x+3}{x^2+2x-3}dx=\frac{3}{2}\log_e|x^2+2x-3|$$
と求められます．

(1)　置換積分

微分の場合と同様に，合成関数 $f(u)$，$u=g(x)$ が与えられたときの $f(u)$ の不定積分について考えてみましょう．$f(u)$ の不定積分は，式 (2.54) より

$$\int f(u)du=F(u)+C \tag{2.65}$$

と表すことができます．式 (2.65) の左辺を x で微分すると，合成関数の微分

公式より

$$\frac{d}{dx}\left\{\int f(u)du\right\} = \frac{d}{du}\left\{\int f(u)du\right\}\cdot\frac{du}{dx}$$
$$= f(u)\cdot\frac{du}{dx} \tag{2.66}$$

となります．同様に式 (2.65) の右辺側も x で微分すれば

$$\frac{d}{dx}\{F(u)+C\} = \frac{d}{dx}\{F(u)\} \tag{2.67}$$

が得られ，式 (2.66) と式 (2.67) を合わせて

$$f(u)\cdot\frac{du}{dx} = \frac{d}{dx}\{F(u)\} \tag{2.68}$$

となります．式 (2.68) を再び x で積分すれば

$$\int f(u)\cdot\frac{du}{dx}dx = F(u)+C \tag{2.69}$$

となります．したがって，式 (2.69) の右辺は式 (2.65) から $\int f(u)du$ であることと，$u = g(x)$ を用いることにより

$$\int f(g(x))\cdot\frac{dg(x)}{dx}dx = \int f(u)du \tag{2.70}$$

が得られます．

ここで，もともとの微分演算子の意味を考えると $\frac{du}{dx}$ を分数のように扱うことはできません．しかし，式 (2.70) から，$du = g'(x)dx$ が成り立つこと，また，u の定義から $\frac{du}{dx} = g'(x)$ が成り立つことから，dx と du に関して分数のような変形が可能であることがわかります．

また，変数 x と u を入れかえた合成関数 $f(x)$，$x = h(u)$ では

$$\int f(x)\,dx = \int f(h(u))\cdot\frac{dh(u)}{du}du \tag{2.71}$$

が成り立ち，先ほどと同様に $dx = h'(u)du$ と $\frac{dx}{du} = h'(u)$ から，こちらに関しても分数のような操作が可能であることがわかります．

式 (2.70) のように，$u = g(x)$ と置き換えて積分すること，および，式 (2.71) のように，$x = h(u)$ と置き換えて積分することを，**置換積分**と呼びます．

例 2.2　**式 (2.71) の利用方法**

次の例を用いて，前ページの式 (2.71) の利用法について説明をします．

(例)　$\displaystyle\int (2x+3)^4\ dx$

このような場合，$u=2x+3$ と置き u に関する積分ができれば，展開の手間が省けます．$u=2x+3$ より $x=\dfrac{u-3}{2}$，さらにこれを u で微分すれば，$\dfrac{dx}{du}=\dfrac{1}{2}$ となります．これらを用いて，式 (2.71) の右辺を計算すれば，

$$\begin{aligned}\int (2x+3)^4 dx &= \int u^4 \cdot \frac{1}{2} du \\ &= \frac{1}{2}\int u^4 du \\ &= \frac{1}{2}\cdot\frac{1}{5}u^5 + C \\ &= \frac{(2x+3)^5}{10} + C\end{aligned}$$

と求められます．考え方としては，$(2x+3)$ を u に置き換えたのと同様に，dx を $\dfrac{dx}{du}=\dfrac{1}{2}$ より $\dfrac{du}{2}$ に置き換えたと考えてもよいでしょう（図 2.12）．

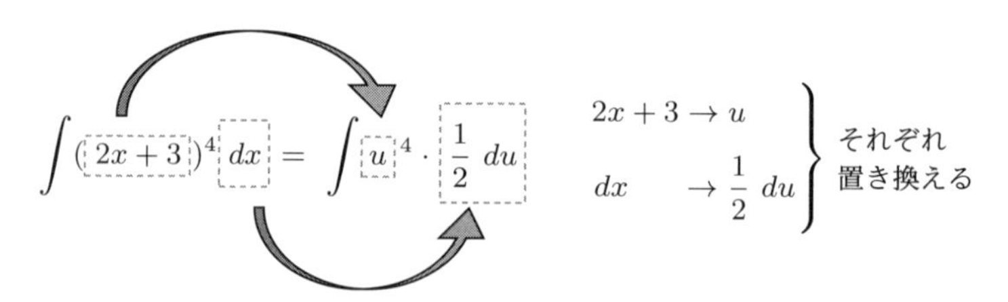

図 2.12　置換積分の考え方その 1

例 2.3　**式 (2.70) の利用方法**

次の例を用いて，67 ページの式 (2.70) の利用法について説明をします．

(例)　$\displaystyle\int x^2\sqrt{x^3+2}\ dx$

この例の場合には，式 (2.70) の左辺の形に変形します．つまり，$u=x^3+2$

とおけば，$\dfrac{du}{dx} = 3x^2$ となり，この式から $x^2 = \dfrac{du}{3dx}$ が得られます．これらの式を用いれば，

$$\int x^2\sqrt{x^3+2}\,dx = \int \sqrt{x^3+2}\cdot\frac{du}{3dx}dx$$

と書き直すことができます．この式を，式 (2.70) の右辺にもとづき計算すれば，

$$\begin{aligned}\frac{1}{3}\int u^{\frac{1}{2}}du &= \frac{1}{3}\cdot\frac{2}{3}u^{\frac{3}{2}}+C \\ &= \frac{2}{9}\left(x^3+2\right)^{\frac{3}{2}}+C\end{aligned}$$

と求めることができます．考え方としては，式 (2.71) の利用と同様に $x^2 = \dfrac{du}{3dx}$ より，x^2dx を $\dfrac{du}{3}$ と置き換えたと考えてもよいでしょう（図 2.13）．

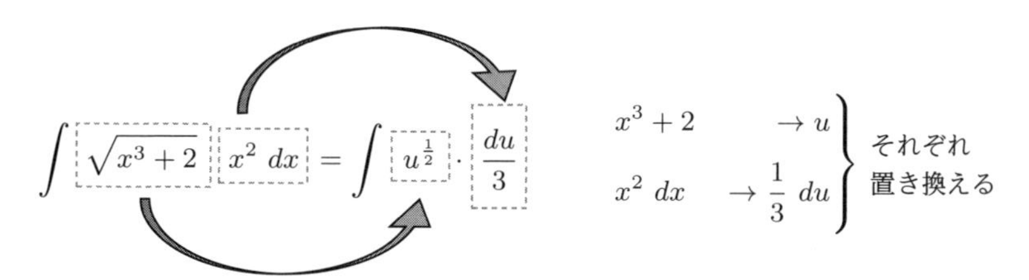

図 2.13　置換積分の考え方その 2

例題 2.10

次の関数の不定積分をそれぞれ求めなさい．ただし，(3)，(4) の a は定数とします．

(1) $\displaystyle\int(3x-5)^5dx$　　(2) $\displaystyle\int\frac{x}{\sqrt{1+2x^2}}dx$

(3) $\displaystyle\int\frac{1}{\sqrt{a^2-x^2}}dx$　　(4) $\displaystyle\int\frac{1}{(a^2+x^2)^{\frac{3}{2}}}dx$

答え

以下では，積分定数を C とします．

(1) $u = 3x - 5$ とし，この式を x に関して微分すれば

$$\frac{du}{dx} = 3 \quad \therefore \ dx = \frac{1}{3}du$$

となります．ここで，上式，および $u = 3x - 5$ を用いれば，与式は

$$\begin{aligned}\int (3x-5)^5 dx &= \int u^5 \left(\frac{1}{3}du\right) \\ &= \frac{1}{6}u^6 \cdot \frac{1}{3} + C \\ &= \frac{1}{18}(3x-5)^6 + C\end{aligned}$$

となります．

(2) $u = 1 + 2x^2$ とし，この式を x に関して微分すれば

$$\frac{du}{dx} = 4x \quad \therefore \ x\ dx = \frac{1}{4}du$$

となります．(1) と同様に上式を用いれば，与式は

$$\begin{aligned}\int \frac{x}{\sqrt{1+2x^2}}dx &= \int \frac{1}{\sqrt{u}} \left(\frac{1}{4}du\right) \\ &= 2u^{\frac{1}{2}} \cdot \frac{1}{4} + C \\ &= \frac{1}{2}\sqrt{1+2x^2} + C\end{aligned}$$

となります．

(3) $x = a \sin\theta$ とすると

$$\frac{dx}{d\theta} = a \cos\theta \quad \therefore \ dx = a\cos\theta\ d\theta$$

となります．上式，および $x = a\sin\theta$ を用いれば，与式は

$$\begin{aligned}\int \frac{1}{\sqrt{a^2 - x^2}}dx &= \int \frac{a\cos\theta}{\sqrt{a^2 - a^2\sin^2\theta}}d\theta \\ &= \int \frac{a\cos\theta}{\sqrt{a^2\left(1-\sin^2\theta\right)}}d\theta \\ &= \int \frac{a\cos\theta}{\sqrt{a^2\cos^2\theta}}d\theta \\ &= \int 1 \cdot d\theta = \theta + C\end{aligned}$$

となります．

ここで，$x = a \sin\theta$ より，逆関数を用いれば，$\theta = \sin^{-1}\left(\dfrac{x}{a}\right)$ と表されるため

$$\int \frac{1}{\sqrt{a^2 - x^2}}dx = \sin^{-1}\left(\frac{x}{a}\right) + C$$

と求められます．

(4) $x = a \tan\theta$ とすると

$$\frac{dx}{d\theta} = \frac{a}{\cos^2\theta} \qquad \therefore\ dx = \frac{ad\theta}{\cos^2\theta}$$

となります．上式および $x = a \tan\theta$ を用いれば，与式は

$$\begin{aligned}\int \frac{1}{(a^2 + x^2)^{\frac{3}{2}}}dx &= \int \frac{1}{\{a^2(1 + \tan^2\theta)\}^{\frac{3}{2}}} \cdot \frac{ad\theta}{\cos^2\theta} \\ &= \int \frac{1}{\left(\dfrac{a^2}{\cos^2\theta}\right)^{\frac{3}{2}}} \cdot \frac{ad\theta}{\cos^2\theta} \\ &= \int \frac{1}{\left(\dfrac{a}{\cos\theta}\right)^{2\cdot\frac{3}{2}}} \cdot \frac{ad\theta}{\cos^2\theta} \\ &= \int \frac{\cos^3\theta}{a^3} \cdot \frac{ad\theta}{\cos^2\theta} \\ &= \int \frac{\cos\theta}{a^2}d\theta = \frac{\sin\theta}{a^2} + C\end{aligned}$$

となります．ここで，$\tan\theta = \dfrac{x}{a}$ であることから，$\sin\theta = \dfrac{x}{\sqrt{a^2 + x^2}}$ となるため

$$\int \frac{1}{(a^2 + x^2)^{\frac{3}{2}}}dx = \frac{x}{a^2\sqrt{a^2 + x^2}} + C$$

と求められます．

$\tan\theta$ の定義より，θ は原点から点 (a, x) を結ぶ線分と x 軸とのなす角です．この 2 点間の距離は，三平方の定理より，$\sqrt{a^2 + x^2}$ と表されるため，$\sin\theta = \dfrac{x}{\sqrt{a^2 + x^2}}$ となります．

(2) 部分積分

45 ページで説明した積の導関数は

$$\frac{d}{dx}\{f(x)\cdot g(x)\} = \frac{df(x)}{dx}\cdot g(x) + f(x)\cdot\frac{dg(x)}{dx}$$

と表されました．この式の両辺を x で積分することにより，**部分積分**の公式

$$f(x)\cdot g(x) = \int f'(x)\cdot g(x)dx + \int f(x)\cdot g'(x)dx$$

$$\int f'(x)\cdot g(x)dx = f(x)\cdot g(x) - \int f(x)\cdot g'(x)dx \tag{2.72}$$

が得られます．この公式は，2 つの関数の積で表される積分を行う際に役立ちます．$f(x)$，$g(x)$ をどのように選ぶかについてですが，$f'(x)$ は $\sin x$, $\cos x$ などの周期関数や，積分しても形があまり変わらない e^x のような関数とするのがよいでしょう．また，$g(x)$ は公式の右辺第 2 項の $\int f(x)\cdot g'(x)dx$ が単純な形（積分しやすい式）になるような関数を選ぶとよいでしょう．

例 2.4

$\int 3x\cdot e^{2x}dx$ を部分積分法により計算してみましょう．この例題では，$f'(x)$ は，積分しても係数しか変わらない e^{2x} とし，$g(x)$ は，微分により定数となる $3x$ として，式 (2.72) を用いるのがよいでしょう．まず，$f'(x) = e^{2x}$ より，$f(x) = (\frac{1}{2})e^{2x}$ が得られるので，与式は

$$\int 3x\cdot e^{2x}dx = \int\left(\frac{1}{2}e^{2x}\right)'\cdot 3x\ dx \tag{2.73}$$

と書け，さらに式 (2.72) により

$$\begin{aligned}\int\left(\frac{1}{2}e^{2x}\right)'\cdot 3x\ dx &= \frac{1}{2}e^{2x}\cdot 3x - \int\frac{1}{2}e^{2x}\cdot(3x)'dx + C\\ &= \frac{1}{2}e^{2x}\cdot 3x - \frac{3}{2}\int e^{2x}dx + C\\ &= \frac{3}{2}xe^{2x} - \frac{3}{2}\cdot\frac{1}{2}e^{2x} + C\\ &= \frac{3}{2}xe^{2x} - \frac{3}{4}e^{2x} + C\end{aligned} \tag{2.74}$$

と求められます．逆に $f'(x) = 3x$，$g(x) = e^{2x}$ として，部分積分法を用いてしまうと，もとの式よりも余計に式が複雑になってしまい，うまくいきません．

例題 2.11

次の関数の不定積分をそれぞれ求めなさい．

(1) $\displaystyle\int x \sin 3x \, dx$　　(2) $\displaystyle\int \frac{x^2}{e^x} dx$

答え

(1) $f'(x) = \sin 3x$，$g(x) = x$ とすれば，$f(x) = -\left(\dfrac{1}{3}\right) \cos 3x$ となり，部分積分法を用いれば

$$\begin{aligned}\int x \sin 3x \, dx &= -\frac{1}{3}\cos 3x \cdot x - \int \left(-\frac{1}{3}\cos 3x\right)(x)' dx + C \\ &= -\frac{1}{3} x \cos 3x + \frac{1}{3}\int \cos 3x \, dx + C \\ &= -\frac{1}{3} x \cos 3x + \frac{1}{3}\left(\frac{1}{3}\sin 3x\right) + C \\ &= -\frac{1}{3} x \cos 3x + \frac{1}{9}\sin 3x + C\end{aligned}$$

と求められます．

(2) $f'(x) = e^{-x}$，$g(x) = x^2$ とすれば，$f(x) = -e^{-x}$ となり，部分積分法を用いれば

$$\begin{aligned}\int \frac{x^2}{e^x} dx &= -e^{-x} \cdot x^2 - \int \left(-e^{-x}\right)\left(x^2\right)' dx + C \\ &= -x^2 e^{-x} + 2\int x e^{-x} dx + C\end{aligned}$$

となります．上式の右辺第 2 項に対して，同様に，$f(x) = e^{-x}$，$g(x) = x$ として，部分積分法を用いれば

$$\begin{aligned}&-x^2 e^{-x} + 2\int x e^{-x} dx + C \\ &= -x^2 e^{-x} + 2\left\{\left(-e^{-x} \cdot x\right) - \int \left(-e^{-x}\right) dx\right\} + C \\ &= -x^2 e^{-x} - 2x e^{-x} - 2e^{-x} + C \\ &= -\left(x^2 + 2x + 2\right) e^{-x} + C\end{aligned}$$

と求められます．

2.3.2　定積分

関数 $f(x)$ の原始関数を $F(x)$ とするとき，関数 $f(x)$ の区間 $[a, b]$ における**定積分**は，次のように表されます．

$$\int_a^b f(x)dx = [F(x)]_a^b = F(b) - F(a) \tag{2.75}$$

定積分 $\int_a^b f(x)dx$ の意味は，$f(x)$ が積分区間 $[a, b]$ において $f(x) \geq 0$ であるならば，関数 $f(x)$ と x 軸によってはさまれる積分区間 $[a, b]$ 間の面積を表しています（図 2.14）．このときの積分区間 $[a, b]$ の a を定積分の**下端**，b を**上端**といいます．

定積分は和の極限を用いて定義することができます．先ほどの図 2.14 の積分区間 $[a, b]$ を n 個に分割し，その分点をそれぞれ，x_0 $(= a)$, $x_1, \ldots, x_{n-1}, x_n$ $(= b)$ とします．また，分点の間隔を

$$\Delta x_k = x_k - x_{k-1} \quad (k = 1, 2, \ldots, n) \tag{2.76}$$

と表します．

このとき，図 2.14 の積分領域は，図 2.15 に示す横の長さが Δx_k の長方形に分けられ，これら n 個の長方形の面積 S は

$$S = \sum_{k=1}^{n} f(x_k)\Delta x_k \tag{2.77}$$

となります．図 2.15 のとおり，この S と $\int_a^b f(x)dx$ は異なりますが，分割数 n を極限まで細かくすれば，$S \to \int_a^b f(x)dx$ となります．したがって

$$\int_a^b f(x)dx = \lim_{n\to\infty} \sum_{k=1}^{n} f(x_k)\Delta x_k \tag{2.78}$$

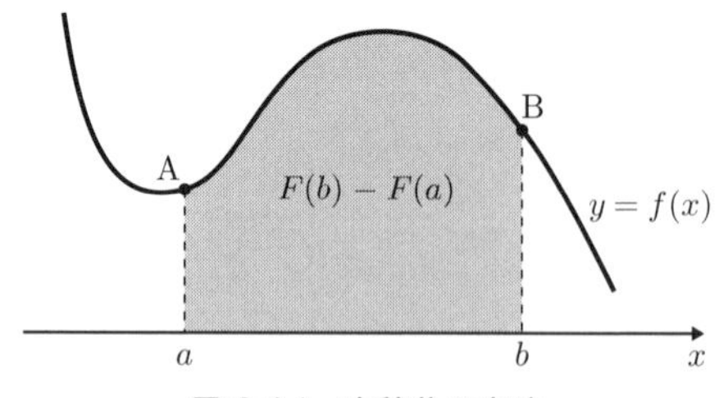

図 2.14　定積分の意味

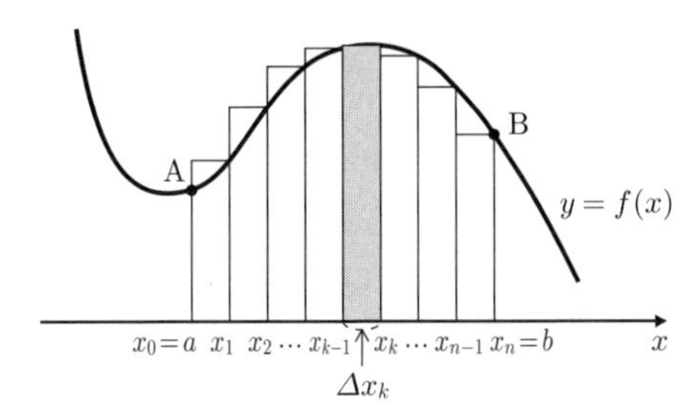

図 2.15　極限による積分の定義

が成り立ちます．この考え方は，2.4.2 項(86 ページ)の線積分において曲線の長さを求めるときにも役立ちます．

さて，不定積分のときと同様，定積分においても次の規則が成り立ちます．

$$\int_a^b kf(x)dx = k\int_a^b f(x)dx \tag{2.79}$$

$$\int_a^b \{f(x) \pm g(x)\}\,dx = \int_a^b f(x)dx \pm \int_a^b g(x)dx \tag{2.80}$$

ただし，式 (2.79) 中の k は定数とします．また，前ページの定積分の定義式 (2.75) より

$$\int_a^a f(x)dx = 0 \tag{2.81}$$

$$\int_b^a f(x)dx = -\int_a^b f(x)dx \tag{2.82}$$

が成り立つことが容易に確かめられます．また

$$\int_a^b f(x)dx = \int_a^c f(x)dx + \int_c^b f(x)dx \tag{2.83}$$

が成り立ちます．こちらの式は

$$(\text{右辺}) = F(c) - F(a) + F(b) - F(c) = F(b) - F(a) = (\text{左辺}) \tag{2.84}$$

と展開することで証明できます．

例題 2.12

次の関数の定積分をそれぞれ求めなさい．

(1) $\displaystyle\int_5^2 \frac{x^3+2x+5}{x}dx$　　(2) $\displaystyle\int_4^5 \frac{1}{(x+2)(x-3)}dx$

(3) $\displaystyle\int_0^{\frac{\pi}{4}} \cos\theta\, d\theta - \int_{\frac{\pi}{4}}^{\pi} \sin\left(\theta - \frac{\pi}{2}\right) d\theta$

(4) $\displaystyle\int_0^3 \frac{e^{3x}-e^{-3x}}{e^{-x}}dx$

答え

(1)

$$\begin{aligned}\int_5^2 \frac{x^3+2x+5}{x}dx &= \int_5^2 \left(x^2+2+\frac{5}{x}\right)dx\\ &= \left[\frac{x^3}{3}+2x+5\log_e|x|\right]_5^2\\ &= \frac{8}{3}+4+5\log_e 2-\left(\frac{125}{3}+10+5\log_e 5\right)\\ &= 5\log_e\frac{2}{5}-45\end{aligned}$$

(2) 与えられた被積分関数を部分分数に分解するため

$$\frac{1}{(x+2)(x-3)} = \frac{a}{x+2}+\frac{b}{x-3}$$

を満たす定数 a, b を求めれば，$a=-\frac{1}{5}$，$b=\frac{1}{5}$ となります．この結果より，与式は

$$\begin{aligned}\int_4^5 \frac{1}{(x+2)(x-3)}dx &= \frac{1}{5}\int_4^5 \left(\frac{1}{x-3}-\frac{1}{x+2}\right)dx\\ &= \frac{1}{5}\left[\log_e|x-3|-\log_e|x+2|\right]_4^5\\ &= \frac{1}{5}\left[\log_e\left|\frac{x-3}{x+2}\right|\right]_4^5\\ &= \frac{1}{5}\left(\log_e\frac{2}{7}-\log_e\frac{1}{6}\right)\\ &= \frac{1}{5}\log_e\frac{12}{7}\end{aligned}$$

となります．

こういう複雑な式には，最初のひと工夫が大切なんだね．

(3)　$\sin\left(\theta-\frac{\pi}{2}\right)=-\cos\theta$ であることから，与式は

$$\int_0^{\frac{\pi}{4}}\cos\theta\,d\theta-\int_{\frac{\pi}{4}}^{\pi}\sin\left(\theta-\frac{\pi}{2}\right)d\theta$$
$$=\int_0^{\frac{\pi}{4}}\cos\theta\,d\theta+\int_{\frac{\pi}{4}}^{\pi}\cos\theta\,d\theta$$

と表されます．また，75 ページの式 (2.83) より

$$\int_0^{\frac{\pi}{4}}\cos\theta\,d\theta+\int_{\frac{\pi}{4}}^{\pi}\cos\theta\,d\theta=\int_0^{\pi}\cos\theta\,d\theta$$
$$=[\sin\theta]_0^{\pi}=0$$

と求められます．

(4)　$$\int_0^3\frac{e^{3x}-e^{-3x}}{e^{-x}}dx=\int_0^3\left(e^{4x}-e^{-2x}\right)dx$$
$$=\left[\frac{1}{4}e^{4x}+\frac{1}{2}e^{-2x}\right]_0^3$$
$$=\frac{1}{4}e^{12}+\frac{1}{2}e^{-6}-\left(\frac{1}{4}+\frac{1}{2}\right)$$
$$=\frac{1}{4}\left(e^{12}+2e^{-6}-3\right)$$

ここで，注意することがあります．定積分においても置換積分は便利な方法ですが，積分区間が変化します．関数 $f(x)$，$x=g(t)$ における定積分の置換積分の式を以下に示します．

$$\int_a^b f(x)\,dx=\int_\alpha^\beta f(x)\cdot g'(t)\,dt \tag{2.85}$$

ここで，上式の左辺は x に関する積分の式，右辺は t に関する積分の式です．そのため，当然，積分区間は変化します．すなわち，右辺側の積分区間は

$$a = g(\alpha), \quad b = g(\beta) \tag{2.86}$$

を満たすような α，β に変換しなければなりません．

例題 2.13

次の関数の定積分をそれぞれ求めなさい．

(1) $\displaystyle\int_0^2 (2x-3)^5\, dx$　　(2) $\displaystyle\int_{-1}^3 3x\sqrt{x^2+3}\, dx$

(3) $\displaystyle\int_0^{\frac{3\pi}{2}} \frac{\sin x}{(\cos x-2)^2}\, dx$　　(4) $\displaystyle\int_0^{\sqrt{3}} \sqrt{4-x^2}\, dx$

答え

(1) 置換積分により積分します．$t = 2x-3$ とおけば，$dx = \dfrac{1}{2}dt$ となります．

$t = 2x-3$，$x = \dfrac{t}{2} + \dfrac{3}{2}$ だから，$dx = \dfrac{1}{2}dt$ だね．

また，$x=0$ のとき，$t = 2\cdot0-3 = -3$，$x=2$ のとき，$t = 2\cdot2-3 = 1$ であることから，t に関しての積分区間は，$-3 \to 1$ となります．したがって，与式を，t の関数として，積分すれば

$$\begin{aligned}\int_0^2 (2x-3)^5\, dx &= \int_{-3}^1 t^5 \left(\frac{1}{2}dt\right) \\ &= \frac{1}{2}\left[\frac{1}{6}t^6\right]_{-3}^1 \\ &= \frac{1}{12}\left\{(1)^6 - (-3)^6\right\} \\ &= -\frac{182}{3}\end{aligned}$$

と求められます．

(2) $t = x^2+3$ とおけば，$x\, dx = \dfrac{1}{2}dt$ となります．また，x の積分区間 $-1 \to 3$ に対応する t の積分区間は，$4 \to 12$ となります．したがっ

て，与式を t の関数として積分すれば

$$\int_{-1}^{3} 3x\sqrt{x^2+3}dx = \int_{4}^{12} 3\sqrt{t}\left(\frac{1}{2}dt\right)$$
$$= \frac{3}{2}\left[\frac{2}{3}t^{\frac{3}{2}}\right]_4^{12}$$
$$= 24\sqrt{3} - 8$$

と求められます．

(3) $t = \cos x - 2$ とおけば，$\sin x\ dx = -dt$ となります．また，x の積分区間 $0 \to \frac{3\pi}{2}$ に対応する t の積分区間は，$-1 \to -2$ となります．したがって，与式は

$$\int_{0}^{\frac{3\pi}{2}} \frac{\sin x}{(\cos x - 2)^2}\ dx = \int_{-1}^{-2} \frac{-dt}{t^2}$$
$$= \left[\frac{1}{t}\right]_{-1}^{-2}$$
$$= -\frac{1}{2} - (-1) = \frac{1}{2}$$

と求められます．

(4) $x = 2\sin\theta$ とおけば，$dx = 2\cos\theta\ d\theta$ となります．また，x の積分区間 $0 \to \sqrt{3}$ に対応する θ の積分区間は，$0 \to \frac{\pi}{3}$ となります．したがって，与式は

$$\int_{0}^{\sqrt{3}} \sqrt{4 - x^2}\ dx = \int_{0}^{\frac{\pi}{3}} \sqrt{4\left(1 - \sin^2\theta\right)}\ (2\cos\theta\ d\theta)$$
$$= 4\int_{0}^{\frac{\pi}{3}} \cos^2\theta\ d\theta$$

となります．ここで，倍角の公式から，$\cos^2\theta = \frac{\cos 2\theta + 1}{2}$ を用いれば

$$4\int_{0}^{\frac{\pi}{3}} \cos^2\theta\ d\theta = 4\int_{0}^{\frac{\pi}{3}} \frac{\cos 2\theta + 1}{2}d\theta$$
$$= 2\int_{0}^{\frac{\pi}{3}} (\cos 2\theta + 1)\ d\theta$$
$$= 2\left[\frac{\sin 2\theta}{2} + \theta\right]_0^{\frac{\pi}{3}} = \frac{\sqrt{3}}{2} + \frac{2}{3}\pi$$

と求められます．

2.4 多重積分および線積分，面積分

2.4.1 多重積分

2 変数関数に関する積分を**二重積分**，3 変数関数に関する積分を**三重積分**といい，これらを総称して，**多重積分**，または**重積分**といいます．

それでは，2 変数関数 $z = f(x, y)$ の二重積分を考えてみましょう．2.2 節 (55 ページ~) で説明したとおり，2 変数関数は曲面を表しています．したがって，x と y のそれぞれ別々の積分区間があります．そのため，この曲面（関数）に対して，x に関しては a から b，y に関しては c から d の範囲での定積分を，積分記号を重ねて

$$\int_c^d \int_a^b f(x, y)\, dxdy \tag{2.87}$$

と表します．また，x，y の積分区間により表される 2 次元領域を D で表すとき，式 (2.87) は

$$\iint_D f(x, y)\, dxdy \tag{2.88}$$

と表すこともできます．そして，式 (2.87), 式 (2.88) の積分は，$z = f(x, y) > 0$ のとき図 2.16 に示すような x-y 平面上の領域 D と曲面 $z = f(x, y)$ にはさまれる体積を表しています．

ここで，式 (2.87) の a，b，c，d が定数の場合，積分領域は長方形にしかなりませんが，積分領域は長方形である必要はなく，図 2.17 のように三角形や円などの領域に対しても積分することが可能です．このような領域を表す場合には，関数を使えばよいのです．つまり，x の値域が y の関数となったり，逆に y の値域が x の関数となります．すなわち，領域 D が

$$D = \{(x, y) | a \leq x \leq b,\ g_1(x) \leq y \leq g_2(x)\} \tag{2.89}$$

$$D = \{(x, y) | c \leq y \leq d,\ h_1(y) \leq x \leq h_2(y)\} \tag{2.90}$$

のいずれかで表されることになります．

以上のような領域に対して，積分を行う際には，累次積分と呼ばれる方法により計算します．累次積分の具体的な方法は，例えば，式 (2.89) の領域に対しては，必ず y に関する積分を行った後で，x に関する積分を行います．すなわ

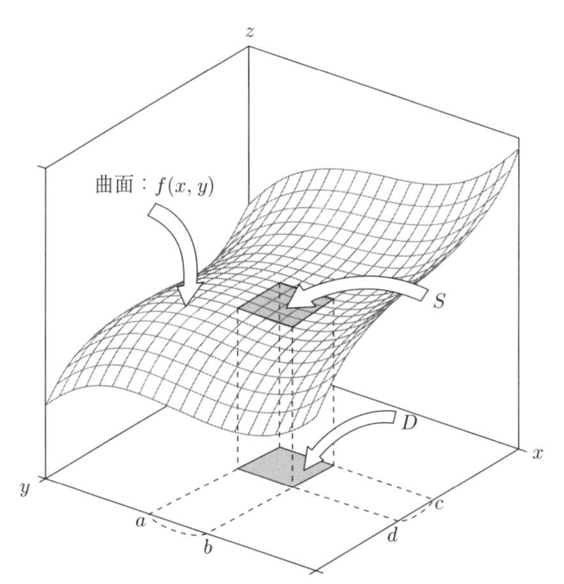

図 2.16　二重積分の意味

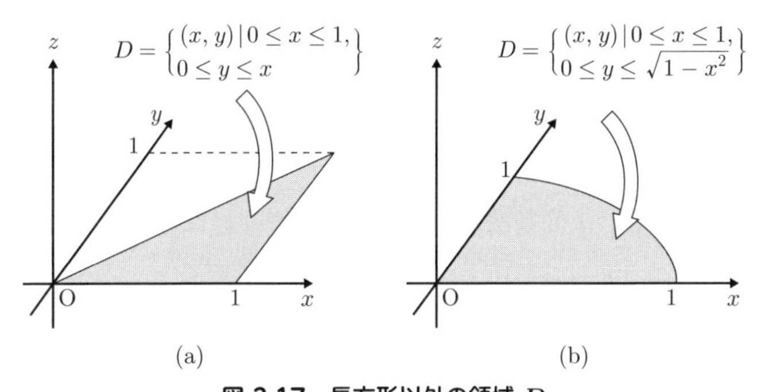

図 2.17　長方形以外の領域 D

$y = x$ と，x 軸にはさまれる積分領域の場合，
$y \leq x$ になりますね．

ち，次のような計算を行うことになります．

$$\iint_D f(x,\, y)\, dxdy = \int_a^b \left\{ \int_{g_1(x)}^{g_2(x)} f(x,\, y)\, dy \right\} dx$$

同じように，式 (2.90) の領域に対しては

$$\iint_D f(x,\, y)\, dxdy = \int_c^d \left\{ \int_{h_1(y)}^{h_2(y)} f(x,\, y)\, dx \right\} dy$$

とし，x に関する積分を先に行います．

例として，$f(x,\, y) = x^2 + 2xy$ に対して領域 $D = \{(x,\, y) | 0 \leq x \leq 1,\, 0 \leq y \leq x\}$（図 2.17(a)）における積分を行ってみます．これを式に表すと

$$\int_0^x \int_0^1 (x^2 + 2xy)\, dxdy$$

となります．ここで，x が y の範囲になっている，いいかえれば，y の値域が x の関数になっているので，y に関する積分から行います．すなわち，内と外の順番を入れかえて，

$$\begin{aligned} \int_0^1 \left\{ \int_0^x (x^2 + 2xy)\, dy \right\} dx &= \int_0^1 \left[x^2 y + xy^2 \right]_0^x dx \\ &= \int_0^1 2x^3 dx \end{aligned}$$

となります．あとは，1 変数関数の定積分と同様に計算して以下となります．

$$\int_0^1 2x^3 dx = \left[2 \cdot \frac{1}{4} x^4 \right]_0^1 = \left[\frac{1}{2} x^4 \right]_0^1 = \frac{1}{2}$$

例題 2.14

領域 $D = \{(x,\, y) | 1 \leq x \leq 2,\ 1 \leq y \leq -x + 3\}$ に関して，$f(x,\, y) = \dfrac{y}{x}$ の重積分 $\iint_D f(x,\, y)\, dxdy$ を求めなさい．

答え

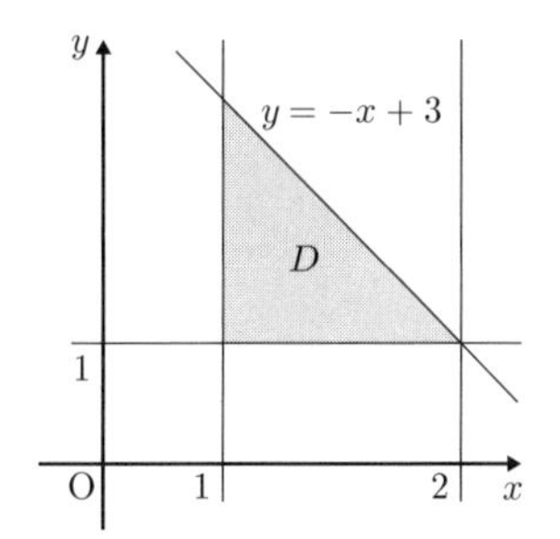

図 2.18　例題 2.14 の積分領域

積分領域を図示すると，図 2.18 のような三角形になります．ここで，y の積分区間が x の関数となっているため，はじめに y に対する積分を行います．

$$\begin{aligned}\int_1^2 \left\{\int_1^{-x+3} \frac{y}{x}dy\right\} dx &= \int_1^2 \left[\frac{y^2}{2x}\right]_1^{-x+3} dx \\ &= \int_1^2 \left\{\frac{(-x+3)^2-1}{2x}\right\} dx \\ &= \int_1^2 \left(\frac{x^2-6x+8}{2x}\right) dx \\ &= \frac{1}{2}\int_1^2 \left(x-6+\frac{8}{x}\right) dx\end{aligned}$$

次に，x に関して積分すれば

$$\begin{aligned}\frac{1}{2}\int_1^2 \left(x-6+\frac{8}{x}\right) dx &= \frac{1}{2}\left[\frac{1}{2}x^2-6x+8\log_e x\right]_1^2 \\ &= \frac{1}{2}\left\{(2-12+8\log_e 2)-\left(\frac{1}{2}-6+0\right)\right\} \\ &= 4\log_e 2-\frac{9}{4}\end{aligned}$$

と求められます．

例題 2.15

領域 $D = \left\{(x,\, y) | 0 \leq x \leq \sqrt{y(2-y)},\ 0 \leq y \leq 2\right\}$ に関して，$f(x,\, y) = 1$ の重積分 $\iint_D f(x,\, y)\, dxdy$ を求めなさい．

答え

まず，設問がどのような積分領域 D を表しているか考えてみましょう．$x \leq \sqrt{y(2-y)}$ の両辺を 2 乗し，変形していくと

$$x^2 \leq y(2-y)$$
$$x^2 + y^2 - 2y \leq 0$$

となり，さらに y の項に対して，$(y-a)^2$ の形になるような式変形を用いれば

$$x^2 + y^2 - 2y = x^2 + (y^2 - 2y + 1) - 1 = x^2 + (y-1)^2 - 1 \leq 0$$
$$x^2 + (y-1)^2 \leq 1$$

となるため，$x \leq \sqrt{y(2-y)}$ が中心点 $(0,\, 1)$，半径 1 の円の内部を表していることがわかります．また，問題の条件から $x \geq 0$，$y \geq 0$ であるため，円の右半分のみを表していることから，領域 D を図示すれば図 2.19 のようになります．

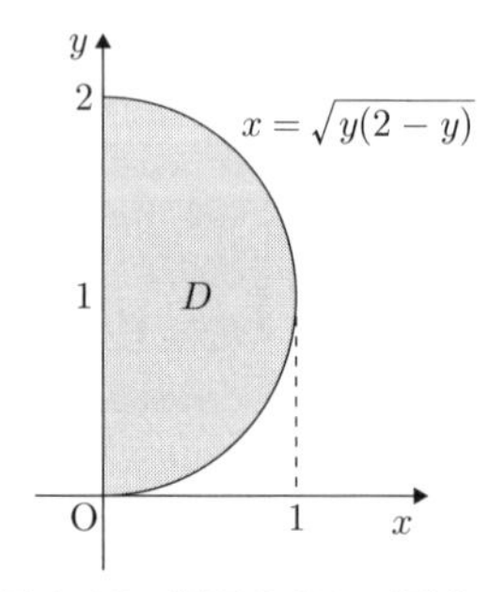

図 2.19　例題 2.15 の領域 D

領域 D がイメージできないときは，まずイメージできるように式を展開するんだね．

この問題では，x の区間が y の関数となっているため，x に関する積分から行っていきます．

$$\int_0^2 \left\{ \int_0^{\sqrt{y(2-y)}} 1dx \right\} dy = \int_0^2 [x]_0^{\sqrt{y(2-y)}} dy$$
$$= \int_0^2 \left(\sqrt{y(2-y)} \right) dy$$

次に，y に関しての積分を行うにあたり，先ほどと同様に $(y-a)^2$ の形になるように変形します．

$$\int_0^2 \left(\sqrt{y(2-y)} \right) dy = \int_0^2 \sqrt{1-(y-1)^2} dy$$

さらに，積分区間が半円であることにヒントを得て，$y-1=\sin\theta$ とすれば，積分区間は，$-\frac{\pi}{2} \to \frac{\pi}{2}$ に変化します．また，$y-1=\sin\theta$ を θ で微分すれば

$$dy = \cos\theta\ d\theta \tag{2.91}$$

となるので，y の積分の式は，θ により

$$\int_{-\frac{\pi}{2}}^{\frac{\pi}{2}} \sqrt{1-\sin^2\theta} \cos\theta\ d\theta = \int_{-\frac{\pi}{2}}^{\frac{\pi}{2}} \cos^2\theta\ d\theta$$

と表されます．ここまでくれば，倍角の公式を用いて

$$\int_{-\frac{\pi}{2}}^{\frac{\pi}{2}} \cos^2\theta\ d\theta = \frac{1}{2} \int_{-\frac{\pi}{2}}^{\frac{\pi}{2}} (\cos 2\theta + 1)\ d\theta$$
$$= \frac{1}{2} \left[\frac{1}{2} \sin 2\theta + \theta \right]_{-\frac{\pi}{2}}^{\frac{\pi}{2}}$$
$$= \frac{\pi}{2}$$

と求められます．

なお，図 2.19 の半円の面積を計算すると，$\frac{\pi}{2}$ となり，この問題で得られた積分の結果と一致します．つまり，被積分関数を $f(x,\,y)=1$ とすると，積分領域 D の面積を得ることができます．

2.4.2　線積分

電磁気学などにおいて，2 点間の電位差を求めるために用いられる**線積分**について説明します．

(1)　曲線の長さ

曲線の長さの求め方について考えていきます．始点と終点の x-y 座標がわかっている線分の長さを求める際には，三平方の定理を用いればよいことは知っていると思いますが，曲線の長さを求める際にも三平方の定理は大変役に立ちます．線分の場合，三平方の定理を用いて，座標上の異なる 2 点の距離は座標の変化量から求められます．

曲線の場合，各座標の変化をそれぞれ独立なものとして取り扱うために曲線上の各座標を媒介変数表示します．ここで，**媒介変数表示**とは，各座標の変化を共通の変数（**媒介変数**または**パラメータ**とも呼ばれます）により表すことです．

具体的には，図 2.20 に示すような曲線 C 上における任意の点の位置を表す位置ベクトルを，媒介変数 t により，次式のように表すことにします*1．

$$\boldsymbol{l}(t)=(x(t),\,y(t))$$

なお，曲線の式が $y=f(x)$ で与えられた場合でも，$x=t$，$y=f(t)$ と容易に媒介変数表示に直すことができます．

*1　本章では，高校の数学での表現方法に倣い，2 次元ベクトルを “$(x,\,y)$” としていますが，第 4 章では，電磁気学のテキストでよく用いられる “$x\boldsymbol{a_x}+y\boldsymbol{a_y}$” の形式で表すことにします．

ベクトルは，大きさだけでなく向きをもった量のことだね．

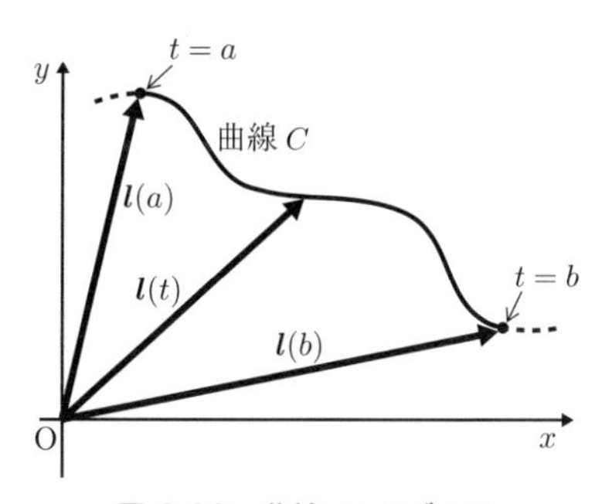

図 2.20　曲線 C のグラフ

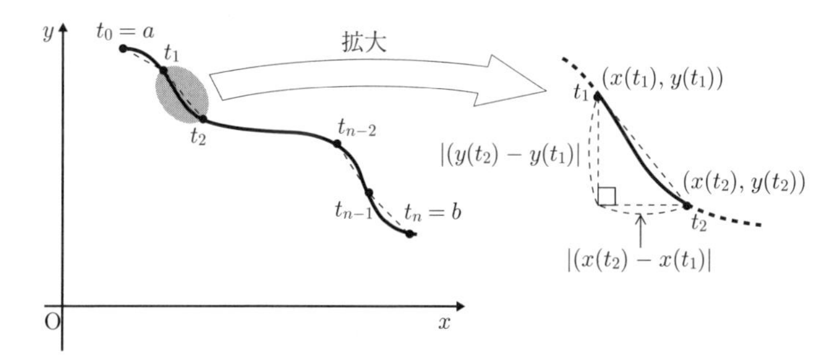

図 2.21　曲線 C の分割

それでは，曲線 C の $t = a$ から $t = b$ までの長さを求めてみましょう．まず，曲線を媒介変数 t により n 分割し，その分点を，$t_0(= a)$, t_1, $\cdots$, t_{n-1}, $t_n(= b)$ とします．図 2.21 より，t_1 から t_2 までの線分の長さは

$$\sqrt{\{x(t_2) - x(t_1)\}^2 + \{y(t_2) - y(t_1)\}^2}$$

と求められます．したがって，隣り合う分点をそれぞれ線で結んだときにできる，t_0 から t_n までの折れ線の長さは，分点間すべての和となるので

$$\sum_{k=1}^{n} \sqrt{\{x(t_k) - x(t_{k-1})\}^2 + \{y(t_k) - y(t_{k-1})\}^2} \tag{2.92}$$

となります．もちろん，上式 (2.92) と曲線の長さは異なりますが，分割数 n を極限まで細かくすれば，曲線の長さと一致します．したがって，曲線の長さを L と表せば

$$L = \lim_{n\to\infty} \sum_{k=1}^{n} \sqrt{\{x(t_k) - x(t_{k-1})\}^2 + \{y(t_k) - y(t_{k-1})\}^2} \tag{2.93}$$

が得られます．ここで，媒介変数 t の分割間隔を $\Delta t_k = t_k - t_{k-1}$ とすれば，式 (2.93) は

$$L = \lim_{n\to\infty} \sum_{k=1}^{n} \sqrt{\left\{\frac{x(t_k) - x(t_k - \Delta t_k)}{\Delta t_k}\right\}^2 + \left\{\frac{y(t_k) - y(t_k - \Delta t_k)}{\Delta t_k}\right\}^2} \Delta t_k \tag{2.94}$$

と書き直すことができます．上式 (2.94) の $\sqrt{\ }$ の部分は，媒介変数 t_k の関数であるため，式 (2.94) を次式のように表すことができます．

$$L = \lim_{n\to\infty} \sum_{k=1}^{n} f(t_k)\Delta t_k \tag{2.95}$$

すると，74 ページの定積分の定義の式 (2.78) より，上式 (2.95) は

$$\lim_{n\to\infty} \sum_{k=1}^{n} f(t_k)\Delta t_k = \int_a^b f(t)\ dt \tag{2.96}$$

と表すことができます．また，式 (2.94) の $\sqrt{\ }$ 内の式は，$n \to \infty$ とするとき，$\Delta t_k \to 0$ となることから，それぞれ

$$\lim_{\Delta t_k \to 0} \frac{x(t_k) - x(t_k - \Delta t_k)}{\Delta t_k} = x'(t) \tag{2.97}$$

$$\lim_{\Delta t_k \to 0} \frac{y(t_k) - y(t_k - \Delta t_k)}{\Delta t_k} = y'(t) \tag{2.98}$$

と微分演算子により表現することができます．したがって式 (2.96)，(2.97)，(2.98) を用いれば，式 (2.94) から曲線の長さを求める式

$$L = \int_a^b \sqrt{\{x'(t)\}^2 + \{y'(t)\}^2} dt \tag{2.99}$$

が導かれます．同様の方法により，三次元の場合にも

$$L = \int_a^b \sqrt{\{x'(t)\}^2 + \{y'(t)\}^2 + \{z'(t)\}^2} dt \tag{2.100}$$

と求められます．

ここで，位置ベクトル $\boldsymbol{l}(t)$ の微分 $\boldsymbol{l}'(t)$ を

$$\boldsymbol{l}'(t) = (x'(t), y'(t)) \tag{2.101}$$

とすれば，式 (2.99) は

$$L = \int_a^b |\boldsymbol{l}'(t)| \, dt \tag{2.102}$$

と表されます．また，曲線 C 全体の長さの場合には

$$L = \int_C |\boldsymbol{l}'(t)| \, dt \tag{2.103}$$

と表します．さらに，求める曲線が閉曲線の場合には

$$L = \oint_C |\boldsymbol{l}'(t)| \, dt \tag{2.104}$$

と表します．閉曲線とは曲線が閉じている曲線のことで，このとき，終点は始点になります．したがって，式 (2.104) の閉曲線に沿った線積分を**周回積分**といいます．また，$\boldsymbol{l}'(t)$ は曲線 C の，t における接線の方向となりますから**接線ベクトル**といいます．

ここで，$|\boldsymbol{l}'(t)| \, dt$ の意味を考えてみましょう．66 ページの置換積分のところで説明した微分演算子の性質（分数のような変形が可能）より

$$\begin{aligned} |\boldsymbol{l}'(t)| \, dt &= |\boldsymbol{l}'(t)dt| \qquad (\because \ |\boldsymbol{l}'(t)| \, dt > 0) \\ &= \left| \frac{d\boldsymbol{l}(t)}{dt} dt \right| \\ &= |d\boldsymbol{l}(t)| \end{aligned} \tag{2.105}$$

と変形されます．$d\boldsymbol{l}(t)$ の意味を考えると，媒介変数 t の微小変化量に対する $\boldsymbol{l}(t)$ の変化量なので

$$d\boldsymbol{l}(t) = \lim_{\Delta t \to 0} (\boldsymbol{l}(t + \Delta t) - \boldsymbol{l}(t)) = \boldsymbol{l}(t + dt) - \boldsymbol{l}(t) \tag{2.106}$$

となり，それを図示すると，図 2.22 のようになります．

したがって，$|\boldsymbol{l}'(t)| \, dt$ は，ベクトル $\boldsymbol{l}(t)$ と $\boldsymbol{l}(t + dt)$ により表される点にはさまれた微小部分の長さとなります．つまり，$|\boldsymbol{l}'(t)| \, dt$ は $d\boldsymbol{l}(t)$ のいいかえで

あり，$\boldsymbol{l}(t)$ を構成する微小要素を意味しています．また，$d\boldsymbol{l}$ のことを**微分線素**と呼ぶこともあります．

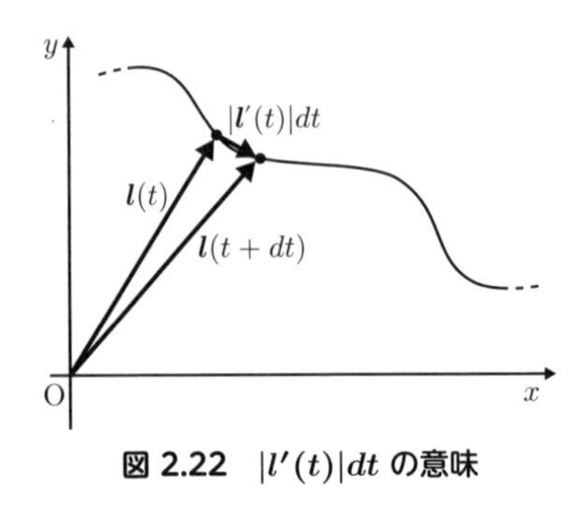

図 2.22　$|\boldsymbol{l}'(t)|dt$ の意味

例題 2.16

図 2.23 に示すような位置ベクトル $(\sqrt{1-t^2},\, t)$ が表す曲線において，$0 \leq t \leq 1$ の部分の長さを求めなさい．

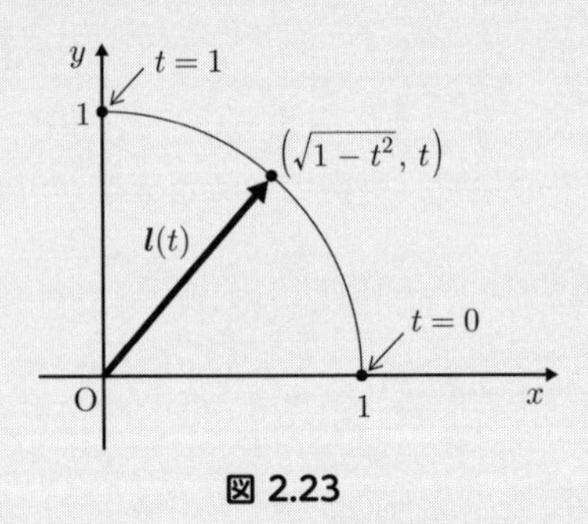

図 2.23

答え

位置ベクトルをそれぞれ媒介変数 t で微分すれば

$$
\begin{aligned}
x'(t) &= \frac{1}{2}\left(1-t^2\right)^{-\frac{1}{2}} \cdot (-2t) \\
&= -\frac{t}{\sqrt{1-t^2}}
\end{aligned}
$$

$$y'(t) = 1$$

となります．

これらの式を式 (2.99) (88 ページ)の，線分の長さを求める式に用いれば

$$\begin{aligned} L &= \int_0^1 \sqrt{\left(-\frac{t}{\sqrt{1-t^2}}\right)^2 + 1^2}\, dt \\ &= \int_0^1 \sqrt{\frac{t^2}{1-t^2} + 1}\, dt \\ &= \int_0^1 \frac{1}{\sqrt{1-t^2}}\, dt \end{aligned}$$

となります．上式は，例題 2.10 (3) （69 ページ）と同形の定積分であるため，$t = \sin\theta$ とおけば，θ に関する積分区間は，$0 \to \frac{\pi}{2}$ となります．また，このとき $dt = \cos\theta\, d\theta$ となることより，上式から

$$\begin{aligned} L &= \int_0^{\frac{\pi}{2}} \frac{1}{\sqrt{1-\sin^2\theta}} \cos\theta\, d\theta \\ &= [\theta]_0^{\frac{\pi}{2}} = \frac{\pi}{2} \end{aligned}$$

と求められます．図 2.23 からもわかるとおり，この長さは，$\frac{1}{4}$ 円の円周の長さとなっています．

例題 2.17

図 2.24 に示す直線 $y = \dfrac{3}{4}x + 1$ 上にある点 A から B までの長さを式 (2.99) (88 ページ) を用いて求めなさい．

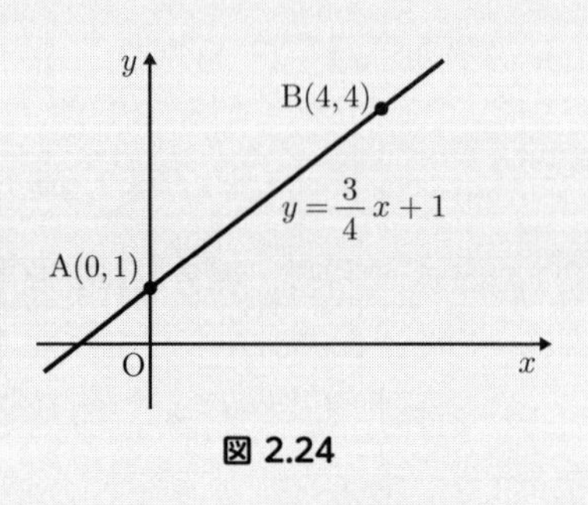

図 2.24

答え

$x = t$ とすれば，$y = \dfrac{3}{4}t + 1$ となるため，直線上の任意の点は，媒介変数により $(t,\ \dfrac{3}{4}t + 1)$ と表されます．また，図 2.24 より，点 A から B までの x の変域は，$0 \to 4$ です．いま $x = t$ としているため，t の変域も同様に $0 \to 4$ であり，したがって AB 間の長さ L は

$$
\begin{aligned}
L &= \int_0^4 \sqrt{(t')^2 + \left\{\left(\frac{3}{4}t + 1\right)'\right\}^2}\, dt \\
&= \int_0^4 \sqrt{1^2 + \left(\frac{3}{4}\right)^2}\, dt \\
&= \int_0^4 \sqrt{\frac{25}{16}}\, dt = \left[\frac{5}{4}t\right]_0^4 = 5
\end{aligned}
$$

と求められます．

ここまでで，曲線の長さを求めることができるようになりましたので，以下では本題の線積分の求め方について，スカラ関数とベクトル関数の場合に分けて説明していきます．「スカラ」，「ベクトル」という言葉は，第 4 章にも出て

きますが，**スカラ**とは，大きさのみを表した量であり，**ベクトル**とは，大きさと向きを表した量です．

例 2.5

温度，時間，電荷などはスカラで，力，速度，電界などはベクトルです．そして，スカラ関数とは，スカラ量を与える関数であり，ベクトル関数とは，ベクトル量を与える関数ということです．

(2)　スカラ関数の線積分

曲線 C を，ぐにゃぐにゃ曲がる水道管のように，各点において異なる密度の物質であるとして，この曲線 C の質量を求める方法について考えてみましょう．すなわち，曲線 C の媒介変数 t における密度関数が $f(t)$ として与えられているものとします．このとき，微小部分の長さ $|\boldsymbol{l}'(t)|dt$ の質量 $m(t)$ は

$$m(t) = f(t)|\boldsymbol{l}'(t)|\ dt \tag{2.107}$$

により求められます．これを曲線全体の重さにするには，式 (2.107) の媒介変数 t に関して積分すればよいので，曲線全体の重さ $M(t)$ は

$$M(t) = \int_C f(t)|\boldsymbol{l}'(t)|\ dt \tag{2.108}$$

となります．

ここでは，具体的にイメージしやすいように $f(t)$ を密度関数として説明しました．密度関数ではなく，これを一般的なスカラ関数として，式 (2.108) の右辺は，曲線 C に沿ったスカラ関数 f に関する線積分といいます．

(3)　ベクトル関数の線積分

先ほどのスカラ関数と同様に，ベクトル関数 $\boldsymbol{A}(t)$ の線積分について，考えてみます．ベクトル関数とは，図 2.25 に示すように座標平面上における各点が，矢印の向きと長さをもったものです．図 2.25 の矢印がベクトル関数 $\boldsymbol{A}(t)$ の概念を図示したものです．ベクトル関数 $\boldsymbol{A}(t)$ は，曲線 C を構成する点ごとに，異なる向きと大きさをもっています．そのため，線積分を行うには，曲線 C に沿った成分，すなわち，ベクトル関数 $\boldsymbol{A}(t)$ の C の接線ベクトル成分を求めます．$\boldsymbol{A}(t)$ と $\boldsymbol{l}'(t)$ のなす角を θ とし，接線ベクトル成分を式で表せば

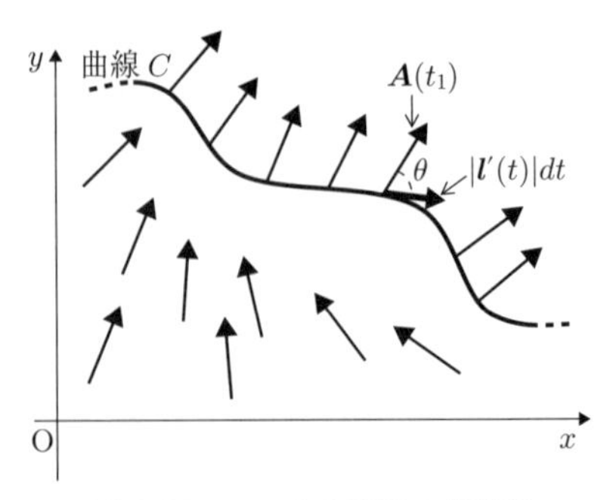

図 2.25　ベクトル関数の線積分

$$|\boldsymbol{A}(t)|\cos\theta \tag{2.109}$$

となります．ここで，第 4 章の 4.3.1 項（167 ページ～）で説明するベクトルのスカラ積（内積）より*2

$$\boldsymbol{A}(t)\cdot\boldsymbol{l}'(t) = |\boldsymbol{A}(t)||\boldsymbol{l}'(t)|\cos\theta$$

$$\cos\theta = \frac{\boldsymbol{A}(t)\cdot\boldsymbol{l}'(t)}{|\boldsymbol{A}(t)||\boldsymbol{l}'(t)|} \tag{2.110}$$

が得られます．この結果を式 (2.109) に用いれば

$$\boldsymbol{A}(t)\cdot\frac{\boldsymbol{l}'(t)}{|\boldsymbol{l}'(t)|} \tag{2.111}$$

となります．ここで，$\dfrac{\boldsymbol{l}'(t)}{|\boldsymbol{l}'(t)|}$ は大きさ 1 の単位ベクトルとなっています．したがって，曲線 C に沿った $\boldsymbol{A}(t)$ の成分を求めるためには，$\boldsymbol{A}(t)$ と単位接線ベクトル $\dfrac{\boldsymbol{l}'(t)}{|\boldsymbol{l}'(t)|}$ のスカラ積を計算すればよいということになります．

あとは，スカラ関数の線積分と同様に，曲線 C の全体における，式 (2.111) と $|\boldsymbol{l}'(t)|dt$ の積を求めればよいことから

$$\int_C \left(\boldsymbol{A}(t)\cdot\frac{\boldsymbol{l}'(t)}{|\boldsymbol{l}'(t)|}\right)|\boldsymbol{l}'(t)|\,dt = \int_C \boldsymbol{A}(t)\cdot\boldsymbol{l}'(t)\,dt \tag{2.112}$$

が導かれます．さらに上式は，式 (2.105) (89 ページ) を用いれば

$$\int_C \boldsymbol{A}(t)\cdot d\boldsymbol{l}(t) \tag{2.113}$$

*2　ここから数行の式の展開は難しく感じるかもしれません．ひとまず，式 (2.112)，(2.113)，(2.114) の結果を覚えておき，第 4 章を読んだ後にもう一度確認してみてください．

と表すこともできます．また，線分の長さのときと同様に曲線 C が閉曲線の場合には

$$\oint_C \boldsymbol{A}(t)\cdot d\boldsymbol{l}(t) \tag{2.114}$$

とします．

例題 2.18

以下の問いに答えなさい．

(1) 図 2.26(a) に示すように，曲線 $y=\sin x$ に沿って質量 m の物体を $x=\dfrac{\pi}{2}$ から $x=\pi$ の位置へ移動するとき，重力 mg（g は重力加速度）のする仕事量を線積分により求めなさい．

(2) 図 2.26(b) に示す斜面に沿って，物体を $x=\dfrac{\pi}{2}$ から $x=\pi$ の位置へ移動するとき，重力 mg のする仕事量を線積分により求めなさい．

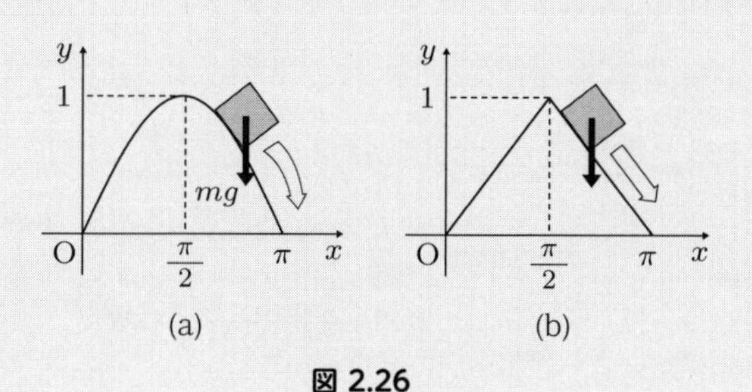

図 2.26

答え

(1) 曲線上の任意の点を表す位置ベクトル $\boldsymbol{l}(t)$ は，$x=t$ とすれば，$y=\sin t$ となるため，$\boldsymbol{l}(t)=(t,\ \sin t)$ となります．さらに，$\boldsymbol{l}(t)$ を微分すれば，$\boldsymbol{l}'(t)=(1,\ \cos t)$ が得られます．

また，重力場を表すベクトル関数 $\boldsymbol{A}(t)$ は，図 2.26 より，mg の力が $-y$ 軸方向に働いていることから，$\boldsymbol{A}(t)=(0,\ -mg)$ と表されます．

以上，得られた $\boldsymbol{l}'(t)$, $\boldsymbol{A}(t)$ を式 (2.112) に用いることにより，仕事

量 W は

$$W = \int_{\frac{\pi}{2}}^{\pi} \{0 \cdot 1 + (-mg) \cdot \cos t\}\, dt$$
$$= -mg\,[\sin t]_{\frac{\pi}{2}}^{\pi} = mg$$

と求められます．

(2)　物体が動く斜面は一次関数の $y = -\frac{2}{\pi}x + 2$ で表されるため，斜面の任意の点を表す位置ベクトル $\boldsymbol{l}(t)$ は，$x = t$ とすれば，$\boldsymbol{l}(t) = \left(t,\, -\frac{2}{\pi}t + 2\right)$ と表されます．(1) と同様に $\boldsymbol{l}(t)$ を微分すれば，$\boldsymbol{l}'(t) = \left(1,\, -\frac{2}{\pi}\right)$ が得られます．

重力場 $\boldsymbol{A}(t)$ については (1) と同様に $\boldsymbol{A}(t) = (0,\, -mg)$ と表されます．

したがって，仕事量 W は

$$W = \int_{\frac{\pi}{2}}^{\pi} \left\{0 \cdot 1 + (-mg) \cdot \left(-\frac{2}{\pi}\right)\right\} dt$$
$$= \frac{2mg}{\pi}\,[t]_{\frac{\pi}{2}}^{\pi} = mg$$

と求められます．

これら，(1)，(2) より，重力場が物体になす仕事は，移動経路によらず等しいことがわかるね．

2.4.3　面積分

ここでは，電磁気学においてある曲面内に含まれる電荷量を求める際に用いられる**面積分**について説明します．

(1)　面積ベクトル

まず，**面積ベクトル**について説明します．面積ベクトルというからには，面の大きさと面の向きをもつ，ベクトルだということは容易に想像できると思います．しかし，面の向きとは何でしょうか．面の向きとは，図 2.27 に示すよ

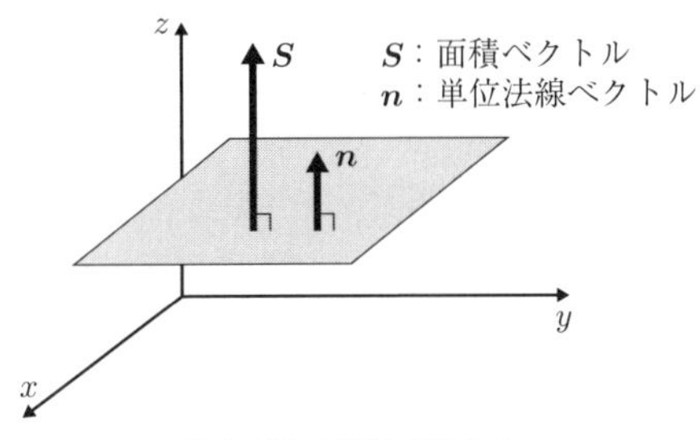

図 2.27　面積ベクトル

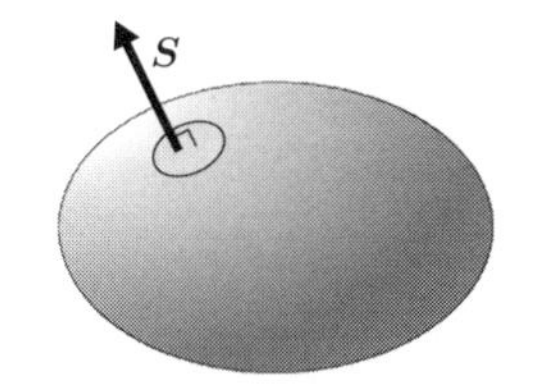

図 2.28　曲面における面積ベクトル

うに，「面に対して垂直な向き」のことです．また，面や線に対して垂直な線のことを**法線**と呼びます．したがって，平面の単位法線ベクトルを $\boldsymbol{n}$ とすれば，面積ベクトル $\boldsymbol{S}$ は

$$\boldsymbol{S} = S\boldsymbol{n} \tag{2.115}$$

と表されます．ただし，$S = |\boldsymbol{S}|$ で，これは面積の大きさを表すスカラ量です．また，面には表と裏がありますから，表面の単位法線ベクトルを $+\boldsymbol{n}$ とし，裏面は $-\boldsymbol{n}$ と表すことにします．

しかし，図 2.28 に示すような曲面に関する面積ベクトルの場合，法線ベクトルが各点で異なるために平面の場合と同様に考えることはできません．ただし，なめらかな曲面において，面積が ds の微小な領域は，ほぼ平面とみなすことができますから，微小領域ごとの面積ベクトル $\boldsymbol{S}$ は，次のように定義することができます．

$$d\boldsymbol{S} = ds\,\boldsymbol{n} \tag{2.116}$$

この $d\boldsymbol{S}$ は，式 (2.106) (89 ページ) で $d\boldsymbol{l}$ を微分線素と呼んだのと同様に，微小面積なので**微分面素**と呼ぶこともあります．

(2)　ベクトル関数の面積分

水などの流体の流量を例に面積分について説明します．流体の流速を表す三次元ベクトル関数 $\boldsymbol{V}$ が図 2.29 のように与えられているものとします．このとき，曲面 D を単位時間に通過する水の量 (流量) を求める方法について考えてみます．ただし，曲面 D は水の流れを止めるものではないとします．

まず，面積 ds の微小領域における単位時間の流量を求めてみましょう．微

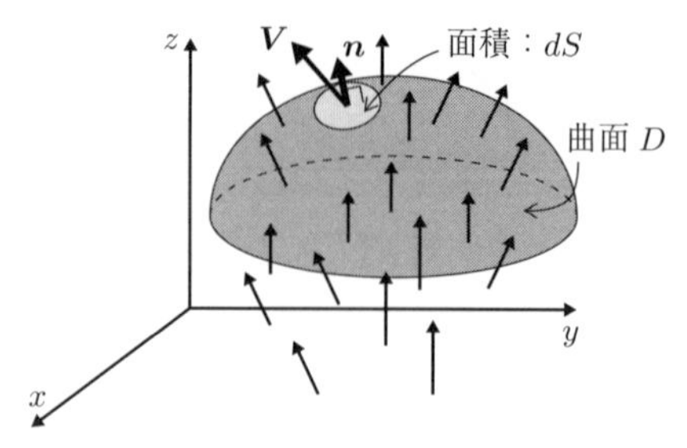

図 2.29　三次元ベクトル関数と曲面

小領域の単位法線ベクトルを $\boldsymbol{n}$ とし，この微小領域における流速 $\boldsymbol{v}$ が $\boldsymbol{n}$ と同じ向きであれば，この領域の流量は，$|\boldsymbol{v}|ds$ と表されます．

しかし，面の各点における流速の向きは，面に対して垂直であるとは限りません．つまり，同じ大きさのベクトルでも面に対して，垂直であれば流量は大きく，平行であれば流量は 0 となります．

したがって，流速ベクトルの $\boldsymbol{n}$ に沿った成分を求める必要があります．式 (2.111) (94 ページ)を用いれば，流速ベクトル $\boldsymbol{V}$ の $\boldsymbol{n}$ に沿った成分は

$$\boldsymbol{V} \cdot \boldsymbol{n} \tag{2.117}$$

と表されます．式 (2.117) は微小領域から流出する体積の高さ（図 2.30）に相当するため，微小領域での流量は

$$\boldsymbol{V} \cdot \boldsymbol{n}\, ds \tag{2.118}$$

と求められます．したがって，曲面 D 全体について求めるには

$$\int_D (\boldsymbol{V} \cdot \boldsymbol{n})\, ds \tag{2.119}$$

を計算すればよいということです．上式 (2.119) は, さらに式 (2.116) (97 ページ) を用いれば

$$\int_D \boldsymbol{V} \cdot d\boldsymbol{s} \tag{2.120}$$

と表すこともできます．また，面が閉曲面（境界のない，球やドーナツ状の曲面）の場合には，閉曲線の場合と同様に

$$\oint_D \boldsymbol{V} \cdot d\boldsymbol{s} \tag{2.121}$$

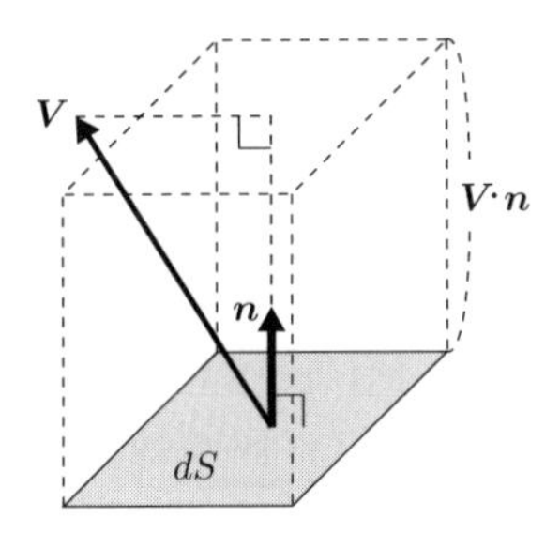

図 2.30 流量と面積ベクトル

と表します．閉曲面の場合，面積ベクトルの向きは $+\boldsymbol{n}$ を閉曲面の「内側から外側への向き」とし，$-\boldsymbol{n}$ を「外側から内側への向き」とします．

以上，具体例として $\boldsymbol{V}$ を三次元空間における流速ベクトルであるものとして説明しましたが，特に電磁気学では流速ベクトルが電束密度（電気力線）や磁束密度（磁力線）に相当しますので，単に流速ベクトルを力線と表現することもあります．

一般的なベクトル関数 $\boldsymbol{V}$ とした場合の前ページの式 (2.120) や式 (2.121) を曲面 D に関してのベクトル関数 V の面積分といいます．

なお，曲面 D が円柱表面や球面となるような場合には，実際に計算するには円柱座標または球座標に変換する必要があります．

このような場合の面積分に関しては，電磁気学の書籍等で確認することをお勧めします．

例題 2.19

A(0,1,5)，B(2,1,5)，C(2,4,5)，D(0,4,5) を頂点とする平面 S に関して，ベクトル関数 $\boldsymbol{V} = (x, y, xyz)$ の面積分を求めなさい．ただし，z 軸の正の向きを S の面積ベクトルの正の向きとします（図 2.31 参照）．

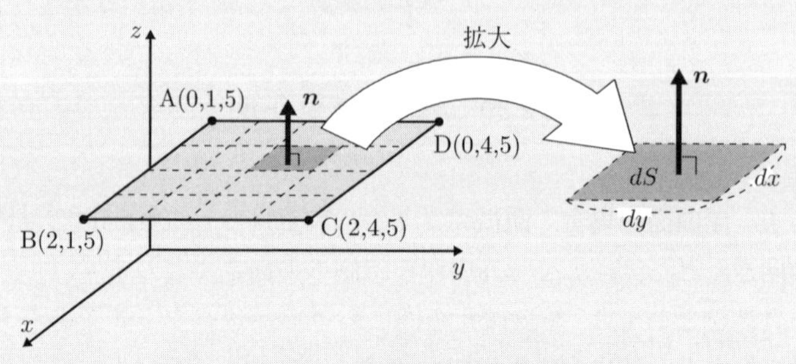

図 2.31　例題 2.19 の説明図

答え

平面 S は，z 軸に対して垂直であるため，平面 S の単位法線ベクトル $\boldsymbol{n}$ は，$\boldsymbol{n} = (0, 0, 1)$ となります．また，面 S を図 2.31 のように x 軸，y 軸に平行な直線で格子状に分割し，この分割を極限まで細かくしたときにできる微小領域の面積を ds とします．この微小領域の縦，横の長さをそれぞれ dx, dy とすれば，$ds = dx\,dy$ と表されます．これを用いて，式 (2.119) を計算すれば

$$\int_S (\boldsymbol{V} \cdot \boldsymbol{n})\, ds = \int_1^4 \int_0^2 (x \cdot 0 + y \cdot 0 + xyz \cdot 1)\, dxdy$$

となります．ここで，平面 S 上では，$z = 5$ であるため

$$\begin{aligned}\int_1^4 \int_0^2 (x \cdot 0 + y \cdot 0 + xyz \cdot 1)\, dxdy &= 5 \int_1^4 \int_0^2 xy\, dxdy \\ &= 5 \int_1^4 \left[\frac{x^2 y}{2} \right]_0^2 dy \\ &= 10 \left[\frac{y^2}{2} \right]_1^4 = 75\end{aligned}$$

と求められます．

章末問題

2.1　以下の関数の導関数を求めなさい．

(1) $f(x) = -x^3 - 5x + \dfrac{2}{x^2}$　　(2) $f(x) = 2xe^{-2x}$

(3) $f(x) = \dfrac{\cos x}{x}$　　(4) $f(x) = \log_e \dfrac{1}{x} \cdot \log_e x^2$

(5) $f(x) = \sqrt[3]{2x^2 - 3x}$　　(6) $f(x) = \tan ax$

2.2　以下の関数について，(1)(2) は 2 階微分，(3) は x に関する偏微分，(4) は y に関する偏微分をそれぞれ求めなさい．

(1) $f(x) = \cos^2 x$　　(2) $f(x) = (\log_e x)^2$

(3) $f(x, y) = \tan \dfrac{y}{x}$　　(4) $f(x, y) = \left(xy^2 + x^2y\right)^{2x}$

2.3　次の関数の不定積分をそれぞれ求めなさい．

(1) $\displaystyle\int (x+2)(x-1)\, dx$　(2) $\displaystyle\int \frac{x^3 + 5x + 2}{x+1} dx$　(3) $\displaystyle\int \frac{1}{(x+1)^5} dx$

(4) $\displaystyle\int \log_e 3x\, dx$　(5) $\displaystyle\int \sin^3 x\, dx$　(6) $\displaystyle\int \frac{x}{(a^2 + x^2)^{\frac{3}{2}}} dx$

2.4　次の関数の定積分をそれぞれ求めなさい．

(1) $\displaystyle\int_4^0 \frac{3e^x(x^2 - x)}{e^{2x} + 3e^x}\, dx - \int_0^4 \frac{e^{2x}(x^2 - x)}{e^x(e^x + 3)}\, dx$

(2) $\displaystyle\int_3^3 \frac{(x-3)^3}{x-2}\, dx$　(3) $\displaystyle\int_{\frac{\pi}{3}}^0 \cos^2 x \tan x\, dx$　(4) $\displaystyle\int_{-\frac{\pi}{4}}^{\frac{\pi}{2}} |\sin\theta|\, d\theta$

2.5　次の重積分をそれぞれ求めなさい．

(1) $\displaystyle\iint_D (x+y)^2 dxdy$　　$D = \{(x, y) | -1 \leq x \leq 1,\ 2 \leq y \leq 3\}$

(2) $\displaystyle\iint_D 1\, dxdy$　　$D = \left\{(x, y) | 0 \leq x \leq y,\ \ y \leq \sqrt{2 - x^2}\right\}$

2.6　次の式で表される曲線の長さをそれぞれ求めなさい．

(1)　$(\cos t, \sin t + t)$　;　$0 \leq t \leq \pi$

(2)　$\left(-t, \dfrac{1}{\sqrt{2}}t^2, \dfrac{t^3}{3}\right)$　;　$0 \leq t \leq 1$

2.7　電界 $\boldsymbol{E}$ の中で電荷 Q が受ける力 $\boldsymbol{F}$ は，$\boldsymbol{F} = Q\boldsymbol{E}$ と与えられる．いま，電界を表すベクトル関数が，$\left(x,\ \dfrac{y}{2} + 2x,\ 0\right)$ と与えられたとき，点電荷 $Q = 1$ を原点から点 (2,4,0) へ移動させるとするときの，電界による仕事量 W をベクトル関数の線積分の式 (2.112) を用いて求めなさい．

2.8　A(0,1,4)，B(2,1,4)，C(2,4,0)，D(0,4,0) を頂点とする平面 S に関して，ベクトル関数 $\boldsymbol{V} = (x,\ y,\ xyz)$ の面積分を求めなさい．

第 3 章

線形代数

電気工学の分野において連立一次方程式をいかに解くかというのは 1 つの重要な問題です．なぜなら，電気回路における重要な法則であるキルヒホッフの法則から電圧，電流に関する方程式を立てることができますが，電圧や電流などの未知の値を求める際，回路方程式を連立一次方程式として解くことになるからです．

また電圧，電流が交流の場合であっても，第 5 章で説明する複素数を用いることにより，直流の場合と同じように回路方程式を立てて，連立一次方程式を解くことが可能になります．

二元の連立一次方程式の解き方は，代入法や加減法などの方法を中学校で習ってきていると思いますが，連立方程式を本章で解説する行列により表すことで，さらに大規模な（もとの数が大きい）連立方程式にも対応することができるようになります．

3.1 行列の基本

3.1.1 行列の概念

数や文字式を長方形状に並べたものを**行列**といいます．すなわち，一般的な m 行 n 列の行列は次のように表されます．

$$
\boldsymbol{A} = \begin{pmatrix} a_{11} & a_{12} & \cdots & a_{1n} \\ a_{21} & a_{22} & \cdots & a_{2n} \\ \vdots & \vdots & \vdots & \vdots \\ a_{m1} & a_{m2} & \cdots & a_{mn} \end{pmatrix} \tag{3.1}
$$

式 (3.1) では，行数・列数と配置された文字式の関係をわかりやすくするため，各文字式の 1 つめの添え字はその文字式が配置された行数，2 つめの添え字は列数を表しています．すなわち，i 行 j 列 には，a_{ij} があることになります．

この a_{ij} を行列の (i, j) **成分**または (i, j) **要素**といいます．また，行列の 1 行分の成分を並べたベクトルを**行ベクトル**，1 列分の成分を並べたベクトルを**列ベクトル**といいます．つまり，式 (3.1) の第 i 行ベクトルは

$$
\begin{pmatrix} a_{i1} & a_{i2} & \cdots & a_{in} \end{pmatrix}
$$

となり，第 j 列ベクトルは

$$
\begin{pmatrix} a_{1j} \\ a_{2j} \\ \vdots \\ a_{mj} \end{pmatrix}
$$

となります．行列全体を表すときは文字として通常，$\boldsymbol{A}, \boldsymbol{B}, \boldsymbol{C}, \cdots$ などの大文字が使われます．また，スカラ量との区別をするために本書では，行列は太字で表記することにします．(i, j) 成分を代表の成分として，$\boldsymbol{A} = (a_{ij})$ と表される場合もあります．

式 (3.1) において，m は行数，n は列数を表しています．この行数，列数の組 (m, n) のことを行列の**型**といい，m 行 n 列の行列であれば，$m \times n$ 型行列や (m, n) 型行列と表現することもあります．そして，行数と列数の等しい行列，$m \times m$ 型行列を m 次**正方行列**といい，このときの m を行列の**次数**といいます．また，行列のすべての成分が 0 の行列を**零行列**といい，記号 $\boldsymbol{O}$ で表します．

ここで，行列 $\boldsymbol{A}$ と行列 $\boldsymbol{B}$ が同じ型で，かつ両方の行列の対応する成分がそれぞれ等しい，すなわち $a_{ij} = b_{ij}$ が成立するとき，行列 A と行列 B は等しい

といい，式では

$$A = B$$

と表すものとします．

例題 3.1

行列

$$\boldsymbol{A} = \begin{pmatrix} 1 & -3 & b & 6 \\ c & a^2 & -1 & 1 \\ 4 & 0 & 0 & d \end{pmatrix}$$

の (2, 3) 成分，第 2 行ベクトル，第 3 列ベクトルをそれぞれ示しなさい．

答え

(2, 3) 成分 -1，第 2 行ベクトル $\begin{pmatrix} c & a^2 & -1 & 1 \end{pmatrix}$，第 3 列ベクトル $\begin{pmatrix} b \\ -1 \\ 0 \end{pmatrix}$

例題 3.2

$$\boldsymbol{A} = \begin{pmatrix} b-c & 3b \\ a+d & c \end{pmatrix}, \quad \boldsymbol{B} = \begin{pmatrix} 14 & a \\ -6 & 5d \end{pmatrix}$$

と与えられたとき，$\boldsymbol{A} = \boldsymbol{B}$ を満たす a，b，c，d の値を求めなさい．

答え

行列の各成分が等しいことから

$$b - c = 14$$

$$3b = a$$

$$a + d = -6$$

$$c = 5d$$

がそれぞれ成り立ちます．第 2 式を第 3 式に，第 4 式を第 1 式に用いれば

$$3b + d = -6$$
$$b - 5d = 14$$

となり，上式を解くと，$d = -3$，$b = -1$ と求められます．残りの a，c に関してもはじめに得られた式の第 2 式と第 4 式を用いて，$a = -3$，$c = -15$ となります．

3.1.2　行列の基本演算

ここでは，行列の加法，減法，乗法の演算について説明していきます．

(1)　加法・減法

m 行 n 列の行列 $\boldsymbol{A}$，$\boldsymbol{B}$ がそれぞれ

$$\boldsymbol{A} = \begin{pmatrix} a_{11} & a_{12} & \cdots & a_{1n} \\ a_{21} & a_{22} & \cdots & a_{2n} \\ \vdots & \vdots & \vdots & \vdots \\ a_{m1} & a_{m2} & \cdots & a_{mn} \end{pmatrix}, \quad \boldsymbol{B} = \begin{pmatrix} b_{11} & b_{12} & \cdots & b_{1n} \\ b_{21} & b_{22} & \cdots & b_{2n} \\ \vdots & \vdots & \vdots & \vdots \\ b_{m1} & b_{m2} & \cdots & b_{mn} \end{pmatrix}$$

と与えられたとすると，行列 $\boldsymbol{A}$ と $\boldsymbol{B}$ の加法は

$$\boldsymbol{A} + \boldsymbol{B} = \begin{pmatrix} a_{11} + b_{11} & a_{12} + b_{12} & \cdots & a_{1n} + b_{1n} \\ a_{21} + b_{21} & a_{22} + b_{22} & \cdots & a_{2n} + b_{2n} \\ \vdots & \vdots & \vdots & \vdots \\ a_{m1} + b_{m1} & a_{m2} + b_{m2} & \cdots & a_{mn} + b_{mn} \end{pmatrix} \tag{3.2}$$

とします．また，行列 $\boldsymbol{A}$ と $\boldsymbol{B}$ の減法は

$$\boldsymbol{A} - \boldsymbol{B} = \begin{pmatrix} a_{11} - b_{11} & a_{12} - b_{12} & \cdots & a_{1n} - b_{1n} \\ a_{21} - b_{21} & a_{22} - b_{22} & \cdots & a_{2n} - b_{2n} \\ \vdots & \vdots & \vdots & \vdots \\ a_{m1} - b_{m1} & a_{m2} - b_{m2} & \cdots & a_{mn} - b_{mn} \end{pmatrix} \tag{3.3}$$

とします．ここで，式 (3.2)，式 (3.3) では，行列 $\boldsymbol{A}$ と $\boldsymbol{B}$ はともに m 行 n 列

で同じ型でした．一方，行列の型が異なる場合には，行列の加法・減法は行うことはできません．

また，行列の減法の定義から

$$
\boldsymbol{A}-\boldsymbol{A}=\begin{pmatrix} a_{11}-a_{11} & a_{12}-a_{12} & \cdots & a_{1n}-a_{1n} \\ a_{21}-a_{21} & a_{22}-a_{22} & \cdots & a_{2n}-a_{2n} \\ \vdots & \vdots & \vdots & \vdots \\ a_{m1}-a_{m1} & a_{m2}-a_{m2} & \cdots & a_{mn}-a_{mn} \end{pmatrix}
$$

$$
=\begin{pmatrix} 0 & 0 & \cdots & 0 \\ 0 & 0 & \cdots & 0 \\ \vdots & \vdots & \vdots & \vdots \\ 0 & 0 & \cdots & 0 \end{pmatrix}=\boldsymbol{O}
$$

となり，すべての成分が 0 であるため，$\boldsymbol{A}-\boldsymbol{A}=\boldsymbol{O}$ の関係が得られます．

さらに，式 (3.2) の行列を加える順序を逆にした，$\boldsymbol{B}+\boldsymbol{A}$ は行列の加法の定義から

$$
\boldsymbol{B}+\boldsymbol{A}=\begin{pmatrix} b_{11}+a_{11} & b_{12}+a_{12} & \cdots & b_{1n}+a_{1n} \\ b_{21}+a_{21} & b_{22}+a_{22} & \cdots & b_{2n}+a_{2n} \\ \vdots & \vdots & \vdots & \vdots \\ b_{m1}+a_{m1} & b_{m2}+a_{m2} & \cdots & b_{mn}+a_{mn} \end{pmatrix}
$$

となるため，$\boldsymbol{A}+\boldsymbol{B}=\boldsymbol{B}+\boldsymbol{A}$ が成り立ちます．したがって，行列の加法は交換則が成り立つということになります．

行列は型が同じなら，足し算，引き算ができるということだね．

(2)　乗法 (1)：行列のスカラ倍

行列 $\boldsymbol{A}$ をスカラ量（ベクトルではない数）k により k 倍することを $k\boldsymbol{A}$ と表し

$$kA = \begin{pmatrix} ka_{11} & ka_{12} & \cdots & ka_{1n} \\ ka_{21} & ka_{22} & \cdots & ka_{2n} \\ \vdots & \vdots & \vdots & \vdots \\ ka_{m1} & ka_{m2} & \cdots & ka_{mn} \end{pmatrix} \tag{3.4}$$

と定義します．$k=0$ のときは，式 (3.4) より，$kA = O$ が成立します．また，スカラ量を k_1，k_2，k_3 とすれば

$$(k_1 + k_2)A = k_1 A + k_2 A \tag{3.5}$$

$$k_3(A + B) = k_3 A + k_3 B \tag{3.6}$$

となり，分配則が成り立ちます（例題 3.4 参照）．

例題 3.3

行列

$$A = \begin{pmatrix} 1 & -3 \\ 4 & 3 \end{pmatrix}, \quad B = \begin{pmatrix} -3 & 5 \\ -2 & \frac{1}{2} \end{pmatrix}$$

とするとき

(1) $A + 2B$　　　(2) $3A - 4B$

を計算しなさい．

答え

(1)

$$A + 2B = \begin{pmatrix} 1 & -3 \\ 4 & 3 \end{pmatrix} + 2\begin{pmatrix} -3 & 5 \\ -2 & \frac{1}{2} \end{pmatrix}$$
$$= \begin{pmatrix} 1 & -3 \\ 4 & 3 \end{pmatrix} + \begin{pmatrix} -6 & 10 \\ -4 & 1 \end{pmatrix} = \begin{pmatrix} -5 & 7 \\ 0 & 4 \end{pmatrix}$$

(2)

$$3\boldsymbol{A}-4\boldsymbol{B}=3\begin{pmatrix}1 & -3\\ 4 & 3\end{pmatrix}-4\begin{pmatrix}-3 & 5\\ -2 & \dfrac{1}{2}\end{pmatrix}$$

$$=\begin{pmatrix}3 & -9\\ 12 & 9\end{pmatrix}-\begin{pmatrix}-12 & 20\\ -8 & 2\end{pmatrix}=\begin{pmatrix}15 & -29\\ 20 & 7\end{pmatrix}$$

例題 3.4

式 (3.5) および式 (3.6) が成立することを証明しなさい．

答え

行列 $\boldsymbol{A}$ の $(i,\ j)$ 成分を a_{ij}，行列 $\boldsymbol{B}$ の $(i,\ j)$ 成分を b_{ij} とします．式 (3.5) の左辺の $(i,\ j)$ 成分は，k_1, k_2 はスカラ量であることより

$$(k_1+k_2)a_{ij}=k_1a_{ij}+k_2a_{ij}$$

となり，同様に k_3 がスカラ量であることより，式 (3.6) の左辺の $(i,\ j)$ 成分は

$$k_3(a_{ij}+b_{ij})=k_3a_{ij}+k_3b_{ij}$$

となります．上の 2 式より，各式の $(i,\ j)$ 成分が等しいことから，式 (3.5)，式 (3.6) は成り立ちます．

(3) 乗法 (2)：行ベクトルと列ベクトル，行列と列ベクトル，行ベクトルと行列

行ベクトル $\boldsymbol{A}=(a_1\ \cdots\ a_n)$ と列ベクトル $\boldsymbol{B}=\begin{pmatrix}b_1\\ \vdots\\ b_n\end{pmatrix}$ との乗法は

$$\boldsymbol{AB}=\begin{pmatrix}a_1 & a_2 & \cdots & a_n\end{pmatrix}\begin{pmatrix}b_1\\ b_2\\ \vdots\\ b_n\end{pmatrix}=a_1b_1+a_2b_2\cdots a_nb_n \tag{3.7}$$

とします．ここで，式 (3.7) より，行ベクトルと列ベクトルの積は，スカラ量となります．式 (3.7) はベクトル $\boldsymbol{A}$ と $\boldsymbol{B}$ の成分数が等しいことを前提にしていますが，成分数が異なっている場合には乗法を定義できないことに注意してください．

大きさだけでなく，向きももつベクトルでも，
成分数が等しい行ベクトルと列ベクトルをかけ合わせると，
大きさだけのスカラ量になるのね．

次に $m \times n$ 型の行列 $\boldsymbol{A}$ と成分数 n の列ベクトル $\boldsymbol{B}$ との乗法は次式とします．

$$\boldsymbol{AB} = \begin{pmatrix} a_{11} & a_{12} & \cdots & a_{1n} \\ a_{21} & a_{22} & \cdots & a_{2n} \\ \vdots & \vdots & \vdots & \vdots \\ a_{m1} & a_{m2} & \cdots & a_{mn} \end{pmatrix} \begin{pmatrix} b_1 \\ b_2 \\ \vdots \\ b_n \end{pmatrix}$$

$$= \begin{pmatrix} a_{11}b_1 + a_{12}b_2 + \cdots + a_{1n}b_n \\ a_{21}b_1 + a_{22}b_2 + \cdots + a_{2n}b_n \\ \vdots \\ a_{m1}b_1 + a_{m2}b_2 + \cdots + a_{mn}b_n \end{pmatrix} \tag{3.8}$$

式 (3.8) より，行列と列ベクトルの積は，成分数が m の列ベクトルとなります．一方，$\boldsymbol{A}$ と $\boldsymbol{B}$ の順序を逆にした列ベクトル × 行列や，行列の列数と列ベクトルの成分数が異なる場合には，乗法を行うことができません．

対して，成分数 n の行ベクトル $\boldsymbol{B}$ と $m \times n$ 型の行列 $\boldsymbol{A}$ との乗法は次式とします．

$$\boldsymbol{AB} = \begin{pmatrix} b_1 & b_2 & \cdots & b_m \end{pmatrix} \begin{pmatrix} a_{11} & a_{12} & \cdots & a_{1n} \\ a_{21} & a_{22} & \cdots & a_{2n} \\ \vdots & \vdots & \vdots & \vdots \\ a_{m1} & a_{m2} & \cdots & a_{mn} \end{pmatrix}$$

$$= \begin{pmatrix} \sum_{i=1}^{m} a_{i1}b_i & \sum_{i=1}^{m} a_{i2}b_i & \cdots & \sum_{i=1}^{m} a_{in}b_i \end{pmatrix} \tag{3.9}$$

式 (3.9) より，行ベクトルと行列の積は，成分数が n の行ベクトルとなります．上と同様に $\boldsymbol{A}$ と $\boldsymbol{B}$ の順序を逆にした場合や，行ベクトルの成分数と行列の行数が異なる場合には，乗法を定義することができません．

$\sum_{i=1}^{m} a_{i1}b_i = a_{11}b_1 + a_{21}b_2 + a_{31}b_3 + \cdots + a_{m1}b_m$ だから，横の b と縦の a をそれぞれかけ合わせていくんだね．

(4) 乗法 (3)：行列と行列

$l \times m$ 型行列 $\boldsymbol{A}$ と $m \times n$ 型行列 $\boldsymbol{B}$ の乗法を次のように定義します．

$$\boldsymbol{AB} = \begin{pmatrix} a_{11} & a_{12} & \cdots & a_{1m} \\ a_{21} & a_{22} & \cdots & a_{2m} \\ \vdots & \vdots & \vdots & \vdots \\ a_{l1} & a_{l2} & \cdots & a_{lm} \end{pmatrix} \begin{pmatrix} b_{11} & b_{12} & \cdots & b_{1n} \\ b_{21} & b_{22} & \cdots & b_{2n} \\ \vdots & \vdots & \vdots & \vdots \\ b_{m1} & b_{m2} & \cdots & b_{mn} \end{pmatrix}$$

$$= \begin{pmatrix} \sum_{i=1}^{m} a_{1i}b_{i1} & \sum_{i=1}^{m} a_{1i}b_{i2} & \cdots & \sum_{i=1}^{m} a_{1i}b_{in} \\ \sum_{i=1}^{m} a_{2i}b_{i1} & \sum_{i=1}^{m} a_{2i}b_{i2} & \cdots & \sum_{i=1}^{m} a_{2i}b_{in} \\ \vdots & \vdots & \vdots & \vdots \\ \sum_{i=1}^{m} a_{li}b_{i1} & \sum_{i=1}^{m} a_{li}b_{i2} & \cdots & \sum_{i=1}^{m} a_{li}b_{in} \end{pmatrix} \tag{3.10}$$

式 (3.10) より，$l \times m$ 型行列と $m \times n$ 型行列の積は，$l \times n$ 型行列となります．

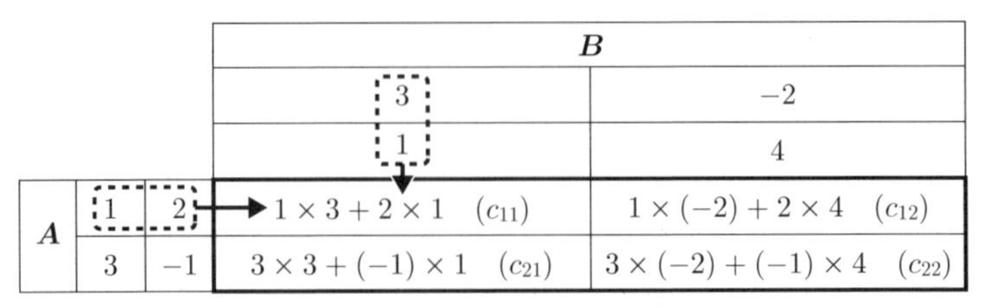

図 3.1　行列の積の計算例

例 3.1

次の二次正方行列 $\boldsymbol{A}$，$\boldsymbol{B}$ の積 $\boldsymbol{AB}$ について考えてみましょう．

$$\boldsymbol{A} = \begin{pmatrix} 1 & 2 \\ 3 & -1 \end{pmatrix}, \quad \boldsymbol{B} = \begin{pmatrix} 3 & -2 \\ 1 & 4 \end{pmatrix}$$

行列の積を計算するにあたり，図 3.1 のように行列 $\boldsymbol{A}$，$\boldsymbol{B}$ と積の各成分 c_{11}，c_{12}，c_{21}，c_{22} を並べておくと，積の成分と $\boldsymbol{A}$，$\boldsymbol{B}$ の関係がわかりやすくなります．行列の乗法の定義より，例えば積の成分 c_{11} は $\boldsymbol{A}$ の第 1 行ベクトルと $\boldsymbol{B}$ の第 1 列ベクトルの積となります．また，ほかも同様に

- c_{12} は $\boldsymbol{A}$ の第 1 行と $\boldsymbol{B}$ の第 2 列ベクトル
- c_{21} は $\boldsymbol{A}$ の第 2 行と $\boldsymbol{B}$ の第 1 列ベクトル
- c_{22} は $\boldsymbol{A}$ の第 2 行と $\boldsymbol{B}$ の第 2 列ベクトル

との積になっています．したがって，i 行 j 列の積の成分 c_{ij} は $\boldsymbol{A}$ の第 i 行ベクトルの各成分と $\boldsymbol{B}$ の第 j 列ベクトルの各成分との積となっています．

式 (3.10) の定義を利用することで，列ベクトルと行ベクトルの積についても計算することができます．以下のともに成分数が n の，列ベクトル $\boldsymbol{A}$ と，行ベクトル $\boldsymbol{B}$ の積 $\boldsymbol{AB}$ は，式 (3.10) にしたがえば，

$$\boldsymbol{AB} = \begin{pmatrix} a_1 \\ a_2 \\ \vdots \\ a_n \end{pmatrix} \begin{pmatrix} b_1 & b_2 & \cdots & b_n \end{pmatrix} = \begin{pmatrix} a_1 b_1 & a_1 b_2 & \cdots & a_1 b_n \\ a_2 b_1 & a_2 b_2 & \cdots & a_2 b_n \\ \vdots & \vdots & \vdots & \vdots \\ a_n b_1 & a_n b_2 & \cdots & a_n b_n \end{pmatrix}$$

となります．

以上，さまざまな行列 (ベクトル) に対する乗法について説明してきましたが，いずれの場合も行列の乗法が定義されるのは，A の列数と B の行数が等しい場合のみであることに注意してください．また，$\boldsymbol{AB}$ が定義されても，$\boldsymbol{BA}$ が定義できるとは限りません．さらに，$\boldsymbol{BA}$ が定義できた場合にも，一般に

$$\boldsymbol{AB} \neq \boldsymbol{BA}$$

であることにも気をつけてください．この例として，2 次正方行列

$$\boldsymbol{A} = \begin{pmatrix} a_{11} & a_{12} \\ a_{21} & a_{22} \end{pmatrix}, \quad \boldsymbol{B} = \begin{pmatrix} b_{11} & b_{12} \\ b_{21} & b_{22} \end{pmatrix}$$

の積を考えてみましょう．式 (3.10) の乗法の定義より

$$\begin{aligned} \boldsymbol{AB} &= \begin{pmatrix} a_{11} & a_{12} \\ a_{21} & a_{22} \end{pmatrix} \begin{pmatrix} b_{11} & b_{12} \\ b_{21} & b_{22} \end{pmatrix} \\ &= \begin{pmatrix} a_{11}b_{11} + a_{12}b_{21} & a_{11}b_{12} + a_{12}b_{22} \\ a_{21}b_{11} + a_{22}b_{21} & a_{21}b_{12} + a_{22}b_{22} \end{pmatrix} \end{aligned} \tag{3.11}$$

$$\begin{aligned} \boldsymbol{BA} &= \begin{pmatrix} b_{11} & b_{12} \\ b_{21} & b_{22} \end{pmatrix} \begin{pmatrix} a_{11} & a_{12} \\ a_{21} & a_{22} \end{pmatrix} \\ &= \begin{pmatrix} a_{11}b_{11} + a_{21}b_{12} & a_{12}b_{11} + a_{22}b_{12} \\ a_{11}b_{21} + a_{21}b_{22} & a_{12}b_{21} + a_{22}b_{22} \end{pmatrix} \end{aligned} \tag{3.12}$$

となり，式 (3.11) と式 (3.12) の各成分を比較すれば，$\boldsymbol{AB} \neq \boldsymbol{BA}$ であることがわかります．すなわち，行列の乗法は交換則が成り立たないということです．

また，乗法に関連して，スカラ量の場合，$AB = 0$ となるとき，$A = 0$ または $B = 0$ となりますが，行列の場合は，$\boldsymbol{AB} = \boldsymbol{O}$ となるとき，$\boldsymbol{A} \neq \boldsymbol{O}$ かつ $\boldsymbol{B} \neq \boldsymbol{O}$ となる場合があります．例えば

$$\boldsymbol{A} = \begin{pmatrix} -1 & 2 \\ -3 & 6 \end{pmatrix}, \quad \boldsymbol{B} = \begin{pmatrix} 2 & -4 \\ 1 & -2 \end{pmatrix}$$

とすれば，$\boldsymbol{AB} = \boldsymbol{O}$ となることが確かめられます．

次に分配則，結合則について説明します．乗法が定義される行列 $\boldsymbol{A}$，$\boldsymbol{B}$，$\boldsymbol{C}$ に関して，分配則

$$\boldsymbol{A}(\boldsymbol{B}+\boldsymbol{C}) = \boldsymbol{AB}+\boldsymbol{AC} \tag{3.13}$$

$$(\boldsymbol{B}+\boldsymbol{C})\boldsymbol{A} = \boldsymbol{BA}+\boldsymbol{CA} \tag{3.14}$$

は成り立ちますが，上述のとおり，交換則は成り立ちません．また，式 (3.13) = 式 (3.14) ではないことに注意してください．一方，結合則については

$$\boldsymbol{ABC} = \boldsymbol{A}(\boldsymbol{BC}) = (\boldsymbol{AB})\boldsymbol{C} \tag{3.15}$$

が成り立ちます．つまり，3 つ以上の行列があるとき，かけ算を行う順番によって答えは変わりません．

例題 3.5

$$\boldsymbol{A} = \begin{pmatrix} a_{11} & a_{12} \\ a_{21} & a_{22} \end{pmatrix}, \quad \boldsymbol{B} = \begin{pmatrix} b_{11} & b_{12} \\ b_{21} & b_{22} \end{pmatrix}, \quad \boldsymbol{C} = \begin{pmatrix} c_{11} & c_{12} \\ c_{21} & c_{22} \end{pmatrix}$$

として，式 (3.13) が成立することをそれぞれ証明しなさい．

答え

式 (3.13) の左辺は，行列の積の定義より

$$\begin{aligned}
&\boldsymbol{A}(\boldsymbol{B}+\boldsymbol{C}) \\
&= \begin{pmatrix} a_{11} & a_{12} \\ a_{21} & a_{22} \end{pmatrix} \begin{pmatrix} b_{11}+c_{11} & b_{12}+c_{12} \\ b_{21}+c_{21} & b_{22}+c_{22} \end{pmatrix} \\
&= \begin{pmatrix} a_{11}b_{11}+a_{12}b_{21}+a_{11}c_{11}+a_{12}c_{21} & a_{11}b_{12}+a_{12}b_{22}+a_{11}c_{12}+a_{12}c_{22} \\ a_{21}b_{11}+a_{22}b_{21}+a_{21}c_{11}+a_{22}c_{21} & a_{21}b_{12}+a_{22}b_{22}+a_{21}c_{12}+a_{22}c_{22} \end{pmatrix}
\end{aligned}$$

となります．また，右辺の $\boldsymbol{AB}$, $\boldsymbol{AC}$ は，それぞれ

$$\boldsymbol{AB} = \begin{pmatrix} a_{11}b_{11}+a_{12}b_{21} & a_{11}b_{12}+a_{12}b_{22} \\ a_{21}b_{11}+a_{22}b_{21} & a_{21}b_{12}+a_{22}b_{22} \end{pmatrix}$$

$$\boldsymbol{AC} = \begin{pmatrix} a_{11}c_{11}+a_{12}c_{21} & a_{11}c_{12}+a_{12}c_{22} \\ a_{21}c_{11}+a_{22}c_{21} & a_{21}c_{12}+a_{22}c_{22} \end{pmatrix}$$

となることから，$(\boldsymbol{AB}+\boldsymbol{AC})$ は，$\boldsymbol{A}(\boldsymbol{B}+\boldsymbol{C})$ と等しいことは明らかです．したがって，式 (3.13) は成り立ちます．

例題 3.6

次の行列の計算をしなさい．

(1) $\begin{pmatrix} 4 & -3 \end{pmatrix} \begin{pmatrix} 5 \\ \dfrac{3}{2} \end{pmatrix}$ (2) $\begin{pmatrix} -7 & 3 \end{pmatrix} \begin{pmatrix} -3 & 5 \\ 2 & -3 \end{pmatrix}$

(3) $\begin{pmatrix} 4 & -3 & 5 \\ -1 & 2 & 0 \end{pmatrix} \begin{pmatrix} 2 & 5 \\ -2 & -3 \\ 6 & \dfrac{2}{5} \end{pmatrix}$ (4) $\begin{pmatrix} 1 & -3 & 5 \\ 0 & -1 & 6 \\ 3 & 2 & 0 \end{pmatrix} \begin{pmatrix} 0 & 7 & 0 \\ -1 & 0 & 6 \\ -2 & 5 & -3 \end{pmatrix}$

(5) $\begin{pmatrix} 2 & 7 \\ -4 & 3 \end{pmatrix} \left\{ 2 \begin{pmatrix} 2 & 7 \\ -4 & 5 \end{pmatrix} + \begin{pmatrix} -3 & -14 \\ 8 & -9 \end{pmatrix} \right\}$

(6) $\begin{pmatrix} 3 \\ -4 \end{pmatrix} \begin{pmatrix} 2 & 1 \end{pmatrix}$

答え

(1) $4 \cdot 5 + (-3) \cdot \dfrac{3}{2} = \dfrac{31}{2}$

(2) $\begin{pmatrix} -7 \cdot (-3) + 3 \cdot 2 & -7 \cdot 5 + 3 \cdot (-3) \end{pmatrix} = \begin{pmatrix} 27 & -44 \end{pmatrix}$

(3)
$$\begin{pmatrix} 4 \cdot 2 - 3 \cdot (-2) + 5 \cdot 6 & 4 \cdot 5 - 3 \cdot (-3) + 5 \cdot \dfrac{2}{5} \\ -1 \cdot 2 + 2 \cdot (-2) + 0 \cdot 6 & -1 \cdot 5 + 2 \cdot (-3) + 0 \cdot \dfrac{2}{5} \end{pmatrix}$$
$$= \begin{pmatrix} 44 & 31 \\ -6 & -11 \end{pmatrix}$$

(4)
$$\begin{pmatrix} -3\cdot(-1)+5\cdot(-2) & 1\cdot7+5\cdot5 & -3\cdot6+5\cdot(-3) \\ -1\cdot(-1)+6\cdot(-2) & 6\cdot5 & -1\cdot6+6\cdot(-3) \\ 2\cdot(-1) & 3\cdot7 & 2\cdot6 \end{pmatrix}$$
$$= \begin{pmatrix} -7 & 32 & -33 \\ -11 & 30 & -24 \\ -2 & 21 & 12 \end{pmatrix}$$

(5)
$$\begin{pmatrix} 2 & 7 \\ -4 & 3 \end{pmatrix} \left\{ \begin{pmatrix} 4 & 14 \\ -8 & 10 \end{pmatrix} + \begin{pmatrix} -3 & -14 \\ 8 & -9 \end{pmatrix} \right\}$$
$$= \begin{pmatrix} 2 & 7 \\ -4 & 3 \end{pmatrix} \begin{pmatrix} 1 & 0 \\ 0 & 1 \end{pmatrix}$$
$$= \begin{pmatrix} 2\cdot1 & 7\cdot1 \\ -4\cdot1 & 3\cdot1 \end{pmatrix} = \begin{pmatrix} 2 & 7 \\ -4 & 3 \end{pmatrix}$$

(6)
$$\begin{pmatrix} 3\cdot2 & 3\cdot1 \\ (-4)\cdot2 & (-4)\cdot1 \end{pmatrix} = \begin{pmatrix} 6 & 3 \\ -8 & -4 \end{pmatrix}$$

3.1.3　さまざまな行列

行列の演算を行ううえで重要となる単位行列，逆行列，転置行列について説明します．

(1)　単位行列

対角成分 (a_{ii}) がすべて 1 で，ほかの要素がすべて 0 の正方行列

$$\boldsymbol{I} = \begin{pmatrix} 1 & 0 & \cdots & 0 \\ 0 & 1 & \cdots & 0 \\ & & \ddots & \\ 0 & 0 & \cdots & 1 \end{pmatrix} \tag{3.16}$$

を**単位行列**といい，記号 $\boldsymbol{I}$ で表すものとします．ここで，単位行列 $\boldsymbol{I}$ は乗法 $\boldsymbol{IA}$，$\boldsymbol{AI}$ が定義できる行列 $\boldsymbol{A}$ に対して

$$\boldsymbol{IA} = \boldsymbol{A}, \quad \boldsymbol{AI} = \boldsymbol{A} \tag{3.17}$$

の関係を満たしています．また，この関係から

$$\boldsymbol{I} = \boldsymbol{I}^2 = \boldsymbol{I}^3 = \cdots \tag{3.18}$$

が成り立つこともわかります．

(2) 逆行列

正方行列 $\boldsymbol{A}$ に対して

$$\boldsymbol{AB} = \boldsymbol{BA} = \boldsymbol{I} \tag{3.19}$$

の関係を満たす行列 $\boldsymbol{B}$ を行列 $\boldsymbol{A}$ の**逆行列**といい，記号 $\boldsymbol{A}^{-1}$ と表します＊1．

例 3.2

以下の 2 次正方行列 $\boldsymbol{A}$ に対する逆行列 $\boldsymbol{B}$ を求めてみましょう．

$$\boldsymbol{A} = \begin{pmatrix} a_{11} & a_{12} \\ a_{21} & a_{22} \end{pmatrix}, \quad \boldsymbol{B} = \begin{pmatrix} b_{11} & b_{12} \\ b_{21} & b_{22} \end{pmatrix}$$

式 (3.19) より，逆行列は，$\boldsymbol{AB} = \boldsymbol{I}$ を満たすことから，

$$\begin{pmatrix} a_{11} & a_{12} \\ a_{21} & a_{22} \end{pmatrix} \begin{pmatrix} b_{11} & b_{12} \\ b_{21} & b_{22} \end{pmatrix} = \begin{pmatrix} 1 & 0 \\ 0 & 1 \end{pmatrix}$$

$$\begin{pmatrix} a_{11}b_{11} + a_{12}b_{21} & a_{11}b_{12} + a_{12}b_{22} \\ a_{21}b_{11} + a_{22}b_{21} & a_{21}b_{12} + a_{22}b_{22} \end{pmatrix} = \begin{pmatrix} 1 & 0 \\ 0 & 1 \end{pmatrix}$$

が得られます．この式から，行列 $\boldsymbol{B}$ の各成分は，以下の連立方程式を満たす必要があります．

$$\begin{cases} a_{11}b_{11} + a_{12}b_{21} = 1 \\ a_{11}b_{12} + a_{12}b_{22} = 0 \\ a_{21}b_{11} + a_{22}b_{21} = 0 \\ a_{21}b_{12} + a_{22}b_{22} = 1 \end{cases}$$

この 4 つの式をそれぞれ b_{ij} について解くことにより，

$$\boldsymbol{B} = \frac{1}{a_{11}a_{22} - a_{12}a_{21}} \begin{pmatrix} a_{22} & -a_{12} \\ -a_{21} & a_{11} \end{pmatrix} \tag{3.20}$$

＊1　$\boldsymbol{A}^{-1}$ は「エー・インバース」と読みます．

と求められます．実際，式 (3.20) を用いて $\boldsymbol{BA}$ を計算すれば，単位行列となることが確かめられます．したがって，式 (3.20) は，$\boldsymbol{AB} = \boldsymbol{I}$ かつ $\boldsymbol{BA} = \boldsymbol{I}$ を満たしているため，$\boldsymbol{B}$ は 2 次正方行列 $\boldsymbol{A}$ の逆行列であることがわかります．ただし，式 (3.20) 中の係数分母部 $(a_{11}a_{22} - a_{12}a_{21})$ が 0 となるとき，分母が 0 の分数は定義できないので，逆行列は，存在しません．

また，$\boldsymbol{A} = \boldsymbol{O}$ とした場合，どのような行列をかけたとしても答えは零行列となるため，やはり逆行列は存在しません．このように，$\boldsymbol{A}^{-1}$ が存在しない場合があることに注意が必要です．3 次以上の逆行列の求め方については，3.2 節で連立方程式との関係と合わせて説明します．

(3)　転置行列

次に，転置行列について説明します．行列 $\boldsymbol{A}$ の i 行 j 列の成分と j 行 i 列の成分を入れ換えることを**転置**するといいます．また，行列 $\boldsymbol{A}$ のすべての成分に対して，転置した行列を**転置行列**といい，$\boldsymbol{A}^T$ で表します．

例 3.3

3 × 2 型行列

$$\boldsymbol{A} = \begin{pmatrix} a_{11} & a_{12} \\ a_{21} & a_{22} \\ a_{31} & a_{32} \end{pmatrix} \tag{3.21}$$

の転置行列は

$$\boldsymbol{A}^T = \begin{pmatrix} a_{11} & a_{21} & a_{31} \\ a_{12} & a_{22} & a_{32} \end{pmatrix} \tag{3.22}$$

となり，2 × 3 型行列となります．つまり，転置操作により，列ベクトル $\begin{pmatrix} a_1 \\ a_2 \end{pmatrix}$ は行ベクトル $(a_1\ a_2)$ に変換され，逆に行ベクトルは列ベクトルとなります．

転置操作に関して，以下の関係が成り立ちます．

$$\left(\boldsymbol{A}^T\right)^T = \boldsymbol{A} \tag{3.23}$$

$$(\boldsymbol{AB})^T = \boldsymbol{B}^T\boldsymbol{A}^T \tag{3.24}$$

式 (3.23) に関しては，1 回目の転置操作により，a_{ij} が j 行 i 列に移され，さらに 2 回目の転置操作により，j 行 i 列からもとの i 行 j 列に移されることから，成り立つことは明らかです．式 (3.24) については，例として

$$\boldsymbol{A} = \begin{pmatrix} a_{11} & a_{21} & a_{31} \\ a_{12} & a_{22} & a_{32} \end{pmatrix}, \quad \boldsymbol{B} = \begin{pmatrix} b_{11} & b_{12} \\ b_{21} & b_{22} \\ b_{31} & b_{32} \end{pmatrix} \tag{3.25}$$

について確かめてみましょう．まず，式 (3.24) の左辺側は

$$\boldsymbol{AB} = \begin{pmatrix} a_{11}b_{11} + a_{21}b_{21} + a_{31}b_{31} & a_{11}b_{12} + a_{21}b_{22} + a_{31}b_{32} \\ a_{12}b_{11} + a_{22}b_{21} + a_{32}b_{31} & a_{12}b_{12} + a_{22}b_{22} + a_{32}b_{32} \end{pmatrix}$$

$$(\boldsymbol{AB})^T = \begin{pmatrix} a_{11}b_{11} + a_{21}b_{21} + a_{31}b_{31} & a_{12}b_{11} + a_{22}b_{21} + a_{32}b_{31} \\ a_{11}b_{12} + a_{21}b_{22} + a_{31}b_{32} & a_{12}b_{12} + a_{22}b_{22} + a_{32}b_{32} \end{pmatrix}$$

となり，右辺側も同様に計算すれば

$$\begin{aligned} \boldsymbol{B}^T\boldsymbol{A}^T &= \begin{pmatrix} b_{11} & b_{21} & b_{31} \\ b_{12} & b_{22} & b_{32} \end{pmatrix} \begin{pmatrix} a_{11} & a_{12} \\ a_{21} & a_{22} \\ a_{31} & a_{32} \end{pmatrix} \\ &= \begin{pmatrix} a_{11}b_{11} + a_{21}b_{21} + a_{31}b_{31} & a_{12}b_{11} + a_{22}b_{21} + a_{32}b_{31} \\ a_{11}b_{12} + a_{21}b_{22} + a_{31}b_{32} & a_{12}b_{12} + a_{22}b_{22} + a_{32}b_{32} \end{pmatrix} \end{aligned}$$

となるため，式 (3.24) の関係が成り立つことがわかります．

例題 3.7

次の行列の計算をしなさい．

(1) $$\left\{ \begin{pmatrix} 8 & -5 \\ 2 & 1 \end{pmatrix} - \begin{pmatrix} 7 & -5 \\ 2 & 0 \end{pmatrix} \right\} \left\{ \begin{pmatrix} -1 & 3 & 5 \\ 2 & -2 & 0 \end{pmatrix} - \begin{pmatrix} -3 & 8 & -6 \\ 2 & -9 & 0 \end{pmatrix} \right\}$$

(2) $$\left\{ \begin{pmatrix} 4 & 0 \\ -3 & 1 \end{pmatrix} \begin{pmatrix} 1 & 3 \\ 0 & 4 \end{pmatrix}^T \right\}^5$$

答え

(1) $\begin{pmatrix}1 & 0\\0 & 1\end{pmatrix}\begin{pmatrix}2 & -5 & 11\\0 & 7 & 0\end{pmatrix}=\begin{pmatrix}2 & -5 & 11\\0 & 7 & 0\end{pmatrix}$

(2) $\left\{\begin{pmatrix}4 & 0\\-3 & 1\end{pmatrix}\begin{pmatrix}1 & 0\\3 & 4\end{pmatrix}\right\}^5=\begin{pmatrix}4 & 0\\0 & 4\end{pmatrix}^5=4^5\begin{pmatrix}1 & 0\\0 & 1\end{pmatrix}^5=\begin{pmatrix}1024 & 0\\0 & 1024\end{pmatrix}$

$\boldsymbol{I}^5=\boldsymbol{I}$ を使えば簡単に計算できるね.

例題 3.8

以下の行列の逆行列を求めよ.

(1) $\begin{pmatrix}-4 & 3\\-2 & 1\end{pmatrix}$　(2) $\begin{pmatrix}1 & -2\\-3 & 2\end{pmatrix}$　(3) $\begin{pmatrix}-3 & 6\\\frac{5}{2} & -5\end{pmatrix}$

答え

式 (3.20) を使い，それぞれ次のように計算します.

(1) $\begin{pmatrix}-4 & 3\\-2 & 1\end{pmatrix}^{-1}=\dfrac{1}{-4\cdot 1-3\cdot(-2)}\begin{pmatrix}1 & -3\\2 & -4\end{pmatrix}=\dfrac{1}{2}\begin{pmatrix}1 & -3\\2 & -4\end{pmatrix}$

(2) $\begin{pmatrix}1 & -2\\-3 & 2\end{pmatrix}^{-1}=\dfrac{1}{1\cdot 2-(-2)\cdot(-3)}\begin{pmatrix}2 & 2\\3 & 1\end{pmatrix}=-\dfrac{1}{4}\begin{pmatrix}2 & 2\\3 & 1\end{pmatrix}$

(3) 式 (3.20) の係数分母部（$a_{11}a_{22}-a_{12}a_{21}$）は,

$$(-3)(-5)-6\cdot\frac{5}{2}=0$$

となります．したがって，逆行列の係数分母部が 0 となるため，逆行列は存在しません.

例題 3.9

正方行列 $\boldsymbol{A}$，$\boldsymbol{B}$ に対して

$$(\boldsymbol{A}+\boldsymbol{B})^T = \boldsymbol{A}^T + \boldsymbol{B}^T$$

が成り立つことを証明しなさい．

答え

行列 $\boldsymbol{A}$，$\boldsymbol{B}$ の $(i,\,j)$ 成分をそれぞれ，a_{ij}，b_{ij} と表すものとします．このとき，$(\boldsymbol{A}+\boldsymbol{B})$ の $(i,\,j)$ 成分は，$a_{ij}+b_{ij}$ となります．さらに転置操作により，$(i,\,j)$ 成分と $(j,\,i)$ 成分が入れかわることから，$(\boldsymbol{A}+\boldsymbol{B})^T$ の $(i,\,j)$ 成分は，$a_{ji}+b_{ji}$ となります．

右辺の $\boldsymbol{A}^T+\boldsymbol{B}^T$ の $(i,\,j)$ 成分についても考えてみると，$a_{ji}+b_{ji}$ となることがわかります．したがって，$(i,\,j)$ 成分が等しいことから

$$(\boldsymbol{A}+\boldsymbol{B})^T = \boldsymbol{A}^T + \boldsymbol{B}^T$$

は成立します．

3.2 連立一次方程式と行列

ここでは，行列を使って連立一次方程式を解くうえで重要となる行列式と逆行列について説明します．二元の連立方程式

$$\begin{cases} a_{11}x_1 + a_{12}x_2 = b_1 \\ a_{21}x_1 + a_{22}x_2 = b_2 \end{cases}$$

を行列形式で表せば，3.1.2 項（106 ページ～）で説明した乗法の定義から

$$\begin{pmatrix} a_{11} & a_{12} \\ a_{21} & a_{22} \end{pmatrix} \begin{pmatrix} x_1 \\ x_2 \end{pmatrix} = \begin{pmatrix} b_1 \\ b_2 \end{pmatrix} \tag{3.26}$$

となります．式 (3.26) 左辺のような連立方程式の係数を成分とする行列を**係数行列**といいます．さて，式 (3.26) の両辺にそれぞれ左から，係数行列の逆行列をかけると次式が得られます．

$$\begin{pmatrix} a_{11} & a_{12} \\ a_{21} & a_{22} \end{pmatrix}^{-1} \begin{pmatrix} a_{11} & a_{12} \\ a_{21} & a_{22} \end{pmatrix} \begin{pmatrix} x_1 \\ x_2 \end{pmatrix} = \begin{pmatrix} a_{11} & a_{12} \\ a_{21} & a_{22} \end{pmatrix}^{-1} \begin{pmatrix} b_1 \\ b_2 \end{pmatrix}$$

ここで，逆行列の性質より，$\boldsymbol{A}^{-1}\boldsymbol{A} = \boldsymbol{I}$ であることを用いれば，上式は

$$\begin{pmatrix} x_1 \\ x_2 \end{pmatrix} = \begin{pmatrix} a_{11} & a_{12} \\ a_{21} & a_{22} \end{pmatrix}^{-1} \begin{pmatrix} b_1 \\ b_2 \end{pmatrix}$$

と書き直すことができます．

さらに上式に式 (3.20) (117 ページ)の逆行列を用いれば，

$$\begin{pmatrix} x_1 \\ x_2 \end{pmatrix} = \frac{1}{a_{11}a_{22} - a_{12}a_{21}} \begin{pmatrix} a_{22} & -a_{12} \\ -a_{21} & a_{11} \end{pmatrix} \begin{pmatrix} b_1 \\ b_2 \end{pmatrix} \tag{3.27}$$

となり，逆行列を使えば，連立方程式が一気に解けることは明らかでしょう．この関係は，n 元の連立方程式でも同様に成り立ちます．次に，逆行列を求めるうえで重要となる行列式について説明します．

3.2.1　行列式

(1)　二次の行列式

先ほどの式 (3.27) を展開すれば，

$$\begin{cases} x_1 = \dfrac{a_{22}b_1 - a_{12}b_2}{a_{11}a_{22} - a_{12}a_{21}} \\[2ex] x_2 = \dfrac{a_{11}b_2 - a_{21}b_1}{a_{11}a_{22} - a_{12}a_{21}} \end{cases} \tag{3.28}$$

となり，ともに分母が $(a_{11}a_{22} - a_{12}a_{21})$ となっています．この分母部分のことを，係数行列の**行列式**といい，もとの係数行列に｜　｜を付けて，次式のように表されます．

$$\begin{vmatrix} a_{11} & a_{12} \\ a_{21} & a_{22} \end{vmatrix} = a_{11}a_{22} - a_{12}a_{21} \tag{3.29}$$

行列を表す場合には，成分を (　) で囲みますが，行列式を表す場合には，｜　｜で囲むことに注意してください．また，式 (3.29) からわかるように，行列式は正方行列に対して，定義できる量です．

行列を $\boldsymbol{A}$ と表すとき，行列式は，$|\boldsymbol{A}|$ あるいは英語で行列式を determinant ということから $\det \boldsymbol{A}$ と表します．この行列式の値が 0 でないことが，逆行列が存在するための条件になるので，重要になります．

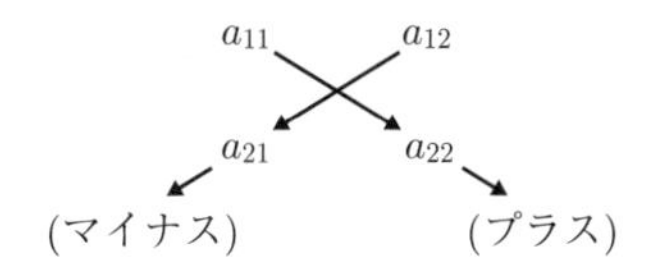

図 3.2 2 次行列式の覚え方

2 次正方行列の行列式の計算方法ですが，図 3.2 のように「左上から右下に向かう方向の積に正符号を付け，逆に右上から左下に向かう方向の積に負符号を付ける」と覚えておくとよいでしょう．その形から「たすき掛け」に計算するといわれることもあります．

(2) 三次の行列式

三次正方行列に対する行列式も，二次の場合と同様に，三元の連立方程式

$$\begin{pmatrix} a_{11} & a_{12} & a_{13} \\ a_{21} & a_{22} & a_{23} \\ a_{31} & a_{32} & a_{33} \end{pmatrix} \begin{pmatrix} x_1 \\ x_2 \\ x_3 \end{pmatrix} = \begin{pmatrix} b_1 \\ b_2 \\ b_3 \end{pmatrix} \tag{3.30}$$

の解の分母から，係数行列を $\boldsymbol{A}$ とすれば，行列式は

$$\begin{aligned} \det \boldsymbol{A} &= \begin{vmatrix} a_{11} & a_{12} & a_{13} \\ a_{21} & a_{22} & a_{23} \\ a_{31} & a_{32} & a_{33} \end{vmatrix} \\ &= a_{11}a_{22}a_{33} + a_{12}a_{23}a_{31} + a_{13}a_{32}a_{21} \\ &\quad - a_{11}a_{32}a_{23} - a_{12}a_{21}a_{33} - a_{13}a_{22}a_{31} \end{aligned} \tag{3.31}$$

と定義できます．この行列式の計算方法を覚えるのは少々大変ですが，二次の行列式と同様に，図 3.3(a) のように左上から右下に向かう方向の積ならば正符号，また図 3.3(b) のように右上から左下に向かう方向の積ならば負符号を付けると覚えておくとよいでしょう．ただし，図 3.2 や図 3.3 の計算方法は二次と三次の場合のみ成り立ち，四次以上の行列式では使うことができないので注意してください．

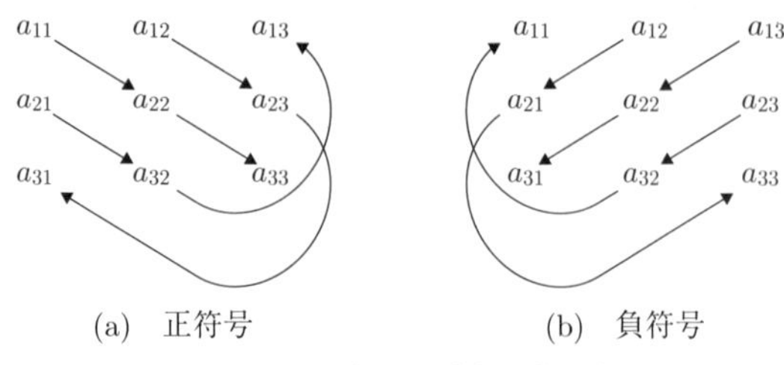

図 3.3　三次の行列式の覚え方

例題 3.10

次の行列式を計算しなさい．

(1) $\begin{vmatrix} 4 & -3 \\ 3 & -1 \end{vmatrix}$　　(2) $\begin{vmatrix} \cos\theta & \sin(-\theta) \\ \cos(-\theta) & \sin\theta \end{vmatrix}$

(3) $\begin{vmatrix} 1 & 5 & -4 \\ \dfrac{1}{2} & 2 & 3 \\ 7 & -3 & 2 \end{vmatrix}$　　(4) $\begin{vmatrix} 5 & 7 & 3 \\ 0 & 0 & 0 \\ 5 & 4 & 2 \end{vmatrix}$

答え

(1)　$4 \cdot (-1) - (-3) \cdot 3 = 5$

(2)　$\cos(-\theta) = \cos\theta$，$\sin(-\theta) = -\sin\theta$ であることより

$$\cos\theta \cdot \sin\theta - (-\sin\theta) \cdot \cos\theta = 2\sin\theta\cos\theta = \sin 2\theta$$

(3)　$$1 \cdot 2 \cdot 2 + 5 \cdot 3 \cdot 7 + (-4) \cdot (-3) \cdot \frac{1}{2} - \left\{(-4) \cdot 2 \cdot 7 + 3 \cdot (-3) \cdot 1 + 2 \cdot \frac{1}{2} \cdot 5\right\} = 175$$

(4)　$5 \cdot 0 \cdot 2 + 7 \cdot 0 \cdot 5 + 3 \cdot 4 \cdot 0 - \{5 \cdot 0 \cdot 2 + 7 \cdot 0 \cdot 5 + 3 \cdot 4 \cdot 0\} = 0$

(4) の結果より，行列内の行ベクトルまたは列ベクトルのうち，1 つでも零ベクトル（大きさが 0 のベクトル）が存在すると，行列式の値は 0 となることがわかります．

(3) 一般的な行列式の定義

ここまでで，二次と三次の正方行列の行列式を定義しました．次に，一般的な行列式の定義を示します．i 行 j 列の成分が a_{ij} で表される n 次正方行列 $\boldsymbol{A}$ の行列式は

$$\det \boldsymbol{A} = \sum_{(i_1 \cdots i_n)} \operatorname{sgn} \begin{pmatrix} 1 & 2 & \cdots & n \\ i_1 & i_2 & \cdots & i_n \end{pmatrix} a_{i_1 1} a_{i_2 2} \cdots a_{i_n n} \tag{3.32}$$

により定義できます．式 (3.32) の意味ですが，$\sum\limits_{(i_1 \cdots i_n)}$ は，数列 $\{1\ 2\ \cdots\ n\}$ に対して，有限回の交換により得られた数列を $\{i_1\ \cdots\ i_n\}$ とし，その並べ方 (順列) すべてに対して $\sum$ 内の和をとることを意味しています．また，sgn( ) は数列 $\{1\ 2\ \cdots\ n\}$ を $\{i_1\ i_2\ \cdots\ i_n\}$ に並べ替えるのに要する交換の回数を指数とする (-1) の累乗 (べき) を表しています．したがって，交換の回数が奇数回の場合には，負符号になり，偶数回の場合には，正符号となります．ここで，式 (3.32) の定義式より，n 次正方行列の行列式を求める場合，成分の積の項数は数列 $\{1\ 2\ \cdots\ n\}$ の順列の総数なので，$n!$ 個となります．

$\{1\ 2\ \cdots\ n\}$ をシャッフルしたものが $\{i_1\ \cdots\ i_n\}$ ということだね．

例 3.4

簡単な例で具体的に考えてみましょう．二次正方行列

$$\boldsymbol{A} = \begin{pmatrix} a_{11} & a_{12} \\ a_{21} & a_{22} \end{pmatrix}$$

の場合には，数列 $\{1\ 2\}$ の並べ方は，$\{1\ 2\}$, $\{2\ 1\}$ の 2 通りだけなので，式 (3.32) を適用すれば

$$\det \boldsymbol{A} = \operatorname{sgn} \begin{pmatrix} 1 & 2 \\ 1 & 2 \end{pmatrix} a_{11} a_{22} + \operatorname{sgn} \begin{pmatrix} 1 & 2 \\ 2 & 1 \end{pmatrix} a_{21} a_{12}$$

となります．第 1 項目の sgn( ) は，交換の回数が 0 回なので，sgn( ) $= +1$ となり，第 2 項目は，交換の回数が 1 回なので，sgn( ) $= -1$ となります．また，sgn( ) の 2 行目の数字は a の行数，1 行目が列数に対応しています．した

がって

$$\det \boldsymbol{A} = a_{11}a_{22} - a_{21}a_{12}$$

となり，式 (3.29) (122 ページ) と同じ結果が得られます．

例題 3.11

次の行列式の計算を式 (3.32) (125 ページ) により計算しなさい．

$$\begin{vmatrix} 2 & 0 & -2 \\ -1 & 1 & 5 \\ 3 & -3 & 1 \end{vmatrix}$$

答え

$$\begin{aligned} &\mathrm{sgn}\begin{pmatrix} 1\ 2\ 3 \\ 1\ 2\ 3 \end{pmatrix} 2 \cdot 1 \cdot 1 + \mathrm{sgn}\begin{pmatrix} 1\ 2\ 3 \\ 1\ 3\ 2 \end{pmatrix} 2 \cdot (-3) \cdot 5 + \mathrm{sgn}\begin{pmatrix} 1\ 2\ 3 \\ 2\ 1\ 3 \end{pmatrix} (-1) \cdot 0 \cdot 1 \\ &\quad + \mathrm{sgn}\begin{pmatrix} 1\ 2\ 3 \\ 2\ 3\ 1 \end{pmatrix} (-1) \cdot (-3) \cdot (-2) + \mathrm{sgn}\begin{pmatrix} 1\ 2\ 3 \\ 3\ 1\ 2 \end{pmatrix} 3 \cdot 0 \cdot 5 \\ &\quad + \mathrm{sgn}\begin{pmatrix} 1\ 2\ 3 \\ 3\ 2\ 1 \end{pmatrix} 3 \cdot 1 \cdot (-2) \\ &= 2 + (-1) \cdot (-30) + (-1) \cdot 0 + (-1)^2 \cdot (-6) + (-1)^2 \cdot 0 + (-1) \cdot (-6) \\ &= 32 \end{aligned}$$

sgn( ) の 2 行目の数字がかける要素の行数，
1 行目の数字が列数に対応しているんだね．

(4)　行列式の性質

式 (3.32) の定義式を用いて行列式を計算する場合，例えば五次の正方行列では，$5! = 120$ 個の成分の積を計算することになり，あまり効率的な方法ではありません．一方，次に説明する行列式の基本的な性質を知っていると，効率的に行列式を求められます．

性質 (1)

行列 $\boldsymbol{A}$ において，任意の 2 列を交換した行列を $\boldsymbol{A}'$ とするとき

$$\det \boldsymbol{A}' = -\det \boldsymbol{A} \tag{3.33}$$

が成り立つ．

この性質は，行列式の定義式 (3.32) より，容易に確かめることができます．行列 $\boldsymbol{A}$ の i 列と j 列を交換した行列 $\boldsymbol{A}'$ を

$$\boldsymbol{A}' = \begin{array}{c} \begin{matrix} 1 & \cdots & i & \cdots & j & \cdots & n \end{matrix} \\ \begin{pmatrix} a_{11} & \cdots & a_{1j} & \cdots & a_{1i} & \cdots & a_{1n} \\ \vdots & \vdots & \vdots & \vdots & \vdots & \vdots & \vdots \\ a_{n1} & \cdots & a_{nj} & \cdots & a_{ni} & \cdots & a_{nn} \end{pmatrix} \end{array}$$

とします．ただし，行列の上に示した文字は，列番号を表しています．$\boldsymbol{A}'$ の行列式は，式 (3.32) より

$$\begin{aligned} &\det \boldsymbol{A}' \\ &= \sum_{(k_1 \cdots k_n)} \mathrm{sgn}\begin{pmatrix} 1 & \cdots & i & \cdots & j & \cdots & n \\ k_1 & \cdots & k_j & \cdots & k_i & \cdots & k_n \end{pmatrix} a_{k_1 1} \cdots a_{k_j j} \cdots a_{k_i i} \cdots a_{k_n n} \end{aligned} \tag{3.34}$$

と表されます．上式 (3.34) の sgn( ) 内の i 番目と j 番目を交換すれば，もとの行列 $\boldsymbol{A}$ の行列式と等しくなることから

$$\begin{aligned} \det \boldsymbol{A}' &= \sum_{(k_1 \cdots k_n)} \left\{ -\,\mathrm{sgn}\begin{pmatrix} 1 & \cdots & i & \cdots & j & \cdots & n \\ k_1 & \cdots & k_i & \cdots & k_j & \cdots & k_n \end{pmatrix} a_{k_1 1} \cdots a_{k_n n} \right\} \\ &= -\det \boldsymbol{A} \end{aligned}$$

となり，式 (3.33) が成り立ちます．さらに，式 (3.33) から交換が u 回行われた場合には

$$\det \boldsymbol{A'} = (-1)^u \det \boldsymbol{A} \tag{3.35}$$

となることも明らかです.

性質 (2)

行列 $\boldsymbol{A}$ の列ベクトルのうち，どれか 2 つが等しいとき

$$\det \boldsymbol{A} = 0 \tag{3.36}$$

となる.

これを証明するにあたって，ここで行列の要素をすべてそのまま記述するのは煩雑ですから少し工夫して，行列 $\boldsymbol{A}$ の第 i 列ベクトルを $\boldsymbol{a_i} = (a_{1i} \quad \cdots \quad a_{ni})^T$ と表すことにします. すると，i 列と j 列の列ベクトルが等しい行列 $\boldsymbol{A}$ の行列式は，次のように表されます.

$$\det \boldsymbol{A} = \begin{vmatrix} \overset{1}{\boldsymbol{a}_1} & \cdots & \overset{i}{\boldsymbol{a}_i} & \cdots & \overset{j}{\boldsymbol{a}_i} & \cdots & \overset{n}{\boldsymbol{a}_n} \end{vmatrix}$$

ただし，行列式の上に示した文字は，先ほどと同様に列番号を表しています. $\boldsymbol{A}$ の i 列と j 列を交換した行列式ともとの行列式の関係は，性質 (1) より

$$\det \boldsymbol{A'} = - \det \boldsymbol{A}$$

なので,

$$\begin{vmatrix} \boldsymbol{a_1} & \cdots & \boldsymbol{a_i} & \cdots & \boldsymbol{a_i} \cdots & \boldsymbol{a_n} \end{vmatrix} = - \begin{vmatrix} \boldsymbol{a_1} & \cdots & \boldsymbol{a_i} & \cdots & \boldsymbol{a_i} \cdots & \boldsymbol{a_n} \end{vmatrix}$$

$$2 \begin{vmatrix} \boldsymbol{a_1} & \cdots & \boldsymbol{a_i} & \cdots & \boldsymbol{a_i} \cdots & \boldsymbol{a_n} \end{vmatrix} = 0$$

$$\begin{vmatrix} \boldsymbol{a_1} & \cdots & \boldsymbol{a_i} & \cdots & \boldsymbol{a_i} \cdots & \boldsymbol{a_n} \end{vmatrix} = 0$$

となり，性質 (2) が成り立ちます.

性質 (3)

任意のスカラ量を c とするとき

$$\begin{vmatrix} \boldsymbol{a_1} & \cdots & c\boldsymbol{a_i} & \cdots & \boldsymbol{a_n} \end{vmatrix} = c \begin{vmatrix} \boldsymbol{a_1} & \cdots & \boldsymbol{a_i} & \cdots & \boldsymbol{a_n} \end{vmatrix} \tag{3.37}$$

が成り立つ.

式 (3.37) の左辺を行列式の定義式より，変形すると

$$\det \boldsymbol{A} = \sum_{(k_1 \cdots k_n)} \mathrm{sgn} \begin{pmatrix} 1 & \cdots & n \\ k_1 & \cdots & k_n \end{pmatrix} a_{k_1 1} \cdots c a_{k_i i} \cdots a_{k_n n}$$

と表せます．このとき，$\sum$ を計算する際のすべての項に c がかけられているため

$$\begin{aligned} \det \boldsymbol{A} &= c \sum_{(k_1 \cdots k_n)} \mathrm{sgn} \begin{pmatrix} 1 & \cdots & n \\ k_1 & \cdots & k_n \end{pmatrix} a_{k_1 1} \cdots a_{k_i i} \cdots a_{k_n n} \\ &= c \begin{vmatrix} \boldsymbol{a_1} & \cdots & \boldsymbol{a_i} & \cdots & \boldsymbol{a_n} \end{vmatrix} \end{aligned}$$

となり，性質 (3) は成り立ちます.

性質 (4)

成分数 n の列ベクトルを $\boldsymbol{b}$ とし，行列 $\boldsymbol{A} = (\boldsymbol{a_1} \ \cdots \ \boldsymbol{a_i} + \boldsymbol{b} \ \cdots \ \boldsymbol{a_n})$ が与えられているとき

$$\begin{aligned} &\begin{vmatrix} \boldsymbol{a_1} & \cdots & \boldsymbol{a_i} + \boldsymbol{b} & \cdots & \boldsymbol{a_n} \end{vmatrix} \\ &= \begin{vmatrix} \boldsymbol{a_1} & \cdots & \boldsymbol{a_i} & \cdots & \boldsymbol{a_n} \end{vmatrix} + \begin{vmatrix} \boldsymbol{a_1} & \cdots & \boldsymbol{b} & \cdots & \boldsymbol{a_n} \end{vmatrix} \end{aligned} \tag{3.38}$$

が成り立つ.

性質 (3) と同様に行列式の定義式により，確かめられます.

性質 (5)

任意の列に対して，ほかの列をスカラ倍した列を加えても行列式の値は変わらない．すなわち

$$\left|\boldsymbol{a_1} \quad \cdots \quad \boldsymbol{a_i} + c\boldsymbol{a_j} \quad \cdots \quad \boldsymbol{a_n}\right| = \left|\boldsymbol{a_1} \quad \cdots \quad \boldsymbol{a_i} \quad \cdots \quad \boldsymbol{a_n}\right| \tag{3.39}$$

が成り立つ．

いま $\det \boldsymbol{A} = |\boldsymbol{a_1} \cdots \boldsymbol{a_i} \cdots \boldsymbol{a_n}|$ の第 j 列を c 倍して，第 i 列に加えた行列式を

$$\det \boldsymbol{A'} = \left|\boldsymbol{a_1} \quad \cdots \quad \boldsymbol{a_i} + c\boldsymbol{a_j} \quad \cdots \quad \boldsymbol{a_j} \quad \cdots \quad \boldsymbol{a_n}\right|$$

と表します．上式は，性質 (4) より

$$\det \boldsymbol{A'} = \left|\boldsymbol{a_1} \ \cdots \ c\boldsymbol{a_j} \ \cdots \ \boldsymbol{a_j} \ \cdots \ \boldsymbol{a_n}\right| + \left|\boldsymbol{a_1} \ \cdots \ \boldsymbol{a_i} \ \cdots \ \boldsymbol{a_j} \ \cdots \ \boldsymbol{a_n}\right|$$

となります．また，性質 (2) および (3) より，上式の右辺第 1 項目は

$$\left|\boldsymbol{a_1} \ \cdots \ c\boldsymbol{a_j} \ \cdots \ \boldsymbol{a_j} \ \cdots \ \boldsymbol{a_n}\right| = c\left|\boldsymbol{a_1} \ \cdots \ \boldsymbol{a_j} \ \cdots \ \boldsymbol{a_j} \ \cdots \ \boldsymbol{a_n}\right| = 0$$

となるため

$$\det \boldsymbol{A'} = \left|\boldsymbol{a_1} \quad \cdots \quad \boldsymbol{a_i} \quad \cdots \quad \boldsymbol{a_j} \quad \cdots \quad \boldsymbol{a_n}\right|$$

が成立します．

以上は，行列の列ベクトルの変形に関しての性質でしたが，行列式の定義が

$$\det \boldsymbol{A} = \sum_{(i_1 \cdots i_n)} \operatorname{sgn} \begin{pmatrix} 1 & 2 & \cdots & n \\ i_1 & i_2 & \cdots & i_n \end{pmatrix} a_{1i_1} a_{2i_2} \cdots a_{ni_n} \tag{3.40}$$

と書き直せることを用いれば，行ベクトルに関しても性質 (1)～(5) が成り立つことが確かめられます．

例題 3.12

$$\det \boldsymbol{A} = \begin{vmatrix} a_1 & a_2 & a_3 \\ b_1 & b_2 & b_3 \\ c_1 & c_2 & c_3 \end{vmatrix} = 3$$

が与えられたとき，次の (1) から (3) の行列式を求めなさい．

(1) $\begin{vmatrix} a_2 & -\dfrac{a_1}{2} & a_3 \\ b_2 & -\dfrac{b_1}{2} & b_3 \\ c_2 & -\dfrac{c_1}{2} & c_3 \end{vmatrix}$ (2) $\begin{vmatrix} 2a_3 & a_2 - 2a_1 & a_1 \\ 2b_3 & b_2 - 2b_1 & b_1 \\ 2c_3 & c_2 - 2c_1 & c_1 \end{vmatrix}$ (3) $\begin{vmatrix} 1 & \dfrac{a_2}{a_1} & \dfrac{a_3}{a_1} \\ b_1 & b_2 & b_3 \\ \dfrac{a_1}{a_2} & 1 & \dfrac{a_3}{a_2} \end{vmatrix}$

答え

(1) 行列式の性質 (3) より，

$$(\text{与式}) = -\frac{1}{2}\begin{vmatrix} a_2 & a_1 & a_3 \\ b_2 & b_1 & b_3 \\ c_2 & c_1 & c_3 \end{vmatrix}$$

と書き直されます．さらに，第 1 列目と第 2 列目を交換すれば，行列式の性質 (1) より，

$$\begin{aligned}(\text{与式}) &= -\frac{1}{2}\cdot(-1)\begin{vmatrix} a_1 & a_2 & a_3 \\ b_1 & b_2 & b_3 \\ c_1 & c_2 & c_3 \end{vmatrix} \\ &= -\frac{1}{2}\cdot(-1)\cdot 3 = \frac{3}{2}\end{aligned}$$

と求められます．

(2) 行列式の性質 (3) より，

$$(\text{与式}) = 2\begin{vmatrix} a_3 & a_2 - 2a_1 & a_1 \\ b_3 & b_2 - 2b_1 & b_1 \\ c_3 & c_2 - 2c_1 & c_1 \end{vmatrix}$$

と書き直されます．さらに，第 1 列目と第 3 列目を交換すれば，行列式の性質 (1) より，

$$(\text{与式}) = 2 \cdot (-1) \begin{vmatrix} a_1 & a_2 - 2a_1 & a_3 \\ b_1 & b_2 - 2b_1 & b_3 \\ c_1 & c_2 - 2c_1 & c_3 \end{vmatrix}$$

となります．上の行列式の第 2 列目は，第 1 列目を 2 倍して引いたものですが，この行列式は行列式の性質 (5) より $\det \boldsymbol{A}$ と等しいため，$(\text{与式}) = 2 \cdot (-1) \cdot 3 = -6$ と求められます．

(3)　与えられた行列式を以下のように変形すると，

$$(\text{与式}) = \frac{1}{a_1} \begin{vmatrix} a_1 & a_2 & a_3 \\ b_1 & b_2 & b_3 \\ \dfrac{a_1}{a_2} & 1 & \dfrac{a_3}{a_2} \end{vmatrix}$$

$$= \frac{1}{a_1 a_2} \begin{vmatrix} a_1 & a_2 & a_3 \\ b_1 & b_2 & b_3 \\ a_1 & a_2 & a_3 \end{vmatrix}$$

となります．上の行列式は，第 1 行目と第 3 行目が等しいため，行列式の性質 (2) より 0 となります．

(5)　余因子展開

高い次数の行列式を求める際に便利な方法である余因子展開について説明していきます．3 次正方行列 $\boldsymbol{A} = (a_{ij})$ の行列式は，129 ページの行列式の性質 (4) を用いれば

$$\det \boldsymbol{A} = \begin{vmatrix} a_{11} & a_{12} & a_{13} \\ 0 & a_{22} & a_{23} \\ 0 & a_{32} & a_{33} \end{vmatrix} + \begin{vmatrix} 0 & a_{12} & a_{13} \\ a_{21} & a_{22} & a_{23} \\ 0 & a_{32} & a_{33} \end{vmatrix} + \begin{vmatrix} 0 & a_{12} & a_{13} \\ 0 & a_{22} & a_{23} \\ a_{31} & a_{32} & a_{33} \end{vmatrix} \tag{3.41}$$

と表すことが可能です．このことから，一般の n 次正方行列の第 1 項目は，行列式の定義式より

$$\begin{vmatrix} a_{11} & a_{12} & \cdots & a_{1n} \\ 0 & a_{22} & \cdots & a_{2n} \\ \vdots & \vdots & \vdots & \vdots \\ 0 & a_{n2} & \cdots & a_{nn} \end{vmatrix} = a_{11} \begin{vmatrix} a_{22} & \cdots & a_{2n} \\ \vdots & \vdots & \vdots \\ a_{n2} & \cdots & a_{nn} \end{vmatrix} \tag{3.42}$$

と表せるため，次数が 1 つ下がります．さらに，第 i 項目に関しても同様の変形が可能です．第 1 項と同じ形にするため，$(i-1)$ 回の行の交換により，第 i 行ベクトルを第 1 行に移動します．すると，性質 (1) により，1 回の交換につき (-1) が 1 回かけられるため，第 i 項は

$$\begin{vmatrix} 0 & a_{12} & \cdots & a_{1n} \\ \vdots & \vdots & \vdots & \vdots \\ a_{i1} & a_{i2} & \cdots & a_{in} \\ \vdots & \vdots & \vdots & \vdots \\ 0 & a_{n2} & \cdots & a_{nn} \end{vmatrix} = (-1)^{i-1} \begin{vmatrix} a_{i1} & a_{i2} & \cdots & a_{in} \\ 0 & a_{12} & \cdots & a_{1n} \\ \vdots & \vdots & \vdots & \vdots \\ 0 & a_{i-1\ 1} & \cdots & a_{i-1\ n} \\ 0 & a_{i+1\ 1} & \cdots & a_{i+1\ n} \\ \vdots & \vdots & \vdots & \vdots \\ 0 & a_{n2} & \cdots & a_{nn} \end{vmatrix}$$

$$= (-1)^{i-1} a_{i1} \begin{vmatrix} a_{12} & \cdots & a_{1n} \\ \vdots & \vdots & \vdots \\ a_{n2} & \cdots & a_{nn} \end{vmatrix} < i \qquad (3.43)$$

と変形することができます．あとは，式 (3.42) と同様にして，次数を 1 つ下げることができます．ここで，式 (3.43) の "$< i$" は $\boldsymbol{a_i} = (a_{i1} \quad \cdots \quad a_{in})$ の行ベクトルが抜けていることを表しています．

上式 (3.43) を用いれば，もとの n 次正方行列の行列式は

$$\det \boldsymbol{A} = \sum_{i=1}^{n} (-1)^{i-1} a_{i1} \begin{vmatrix} a_{12} & \cdots & a_{1n} \\ \vdots & \vdots & \vdots \\ a_{n2} & \cdots & a_{nn} \end{vmatrix} < i \qquad (3.44)$$

により求めることができます．この式 (3.44) を，行列式 $\det \boldsymbol{A}$ の第 1 列に関する**余因子展開**といいます．これは，任意の列，行で展開することが可能で，第 i 行に関する余因子展開，第 j 列に関する余因子展開はそれぞれ次のように表されます．

$$\det \boldsymbol{A} = a_{i1}\varDelta_{i,1} + a_{i2}\varDelta_{i,2} \cdots a_{in}\varDelta_{i,n} \qquad (3.45)$$

$$\det \boldsymbol{A} = a_{1j}\varDelta_{1,j} + a_{2j}\varDelta_{2,j} \cdots a_{nj}\varDelta_{n,j} \qquad (3.46)$$

ただし

$$\Delta_{i,j} = (-1)^{i+j} \det \boldsymbol{A_{i,j}} \tag{3.47}$$

とし，$\det \boldsymbol{A_{i,j}}$ は，行列式 $\det \boldsymbol{A}$ の i 行 j 列の成分を除いてつくる $(n-1)$ 次の小行列式

$$\det \boldsymbol{A_{i,j}} = \begin{vmatrix} a_{11} & \cdots & a_{1\ j-1} & a_{1\ j+1} & \cdots & a_{1n} \\ \vdots & \vdots & \vdots & \vdots & \vdots & \vdots \\ a_{i-1\ 1} & \cdots & a_{i-1\ j-1} & a_{i-1\ j+1} & \cdots & a_{i-1\ n} \\ a_{i+1\ 1} & \cdots & a_{i+1\ j-1} & a_{i+1\ j+1} & \cdots & a_{i+1\ n} \\ \vdots & \vdots & \vdots & \vdots & \vdots & \vdots \\ a_{n\ 1} & \cdots & a_{n\ j-1} & a_{n\ j+1} & \cdots & a_{n\ n} \end{vmatrix} \tag{3.48}$$

とします．

余因子展開は行列の要素に 0 の多い行列の行列式を求めるときに，とくに有効な方法です．

また，(i, j) 成分を $(1, 1)$ 成分に移動するための交換回数は，$(i-1)+(j-1) = i+j-2$ 回ですので，本来であれば，式 (3.47) は，

$$\Delta_{i,j} = (-1)^{i+j-2} \det \boldsymbol{A_{i,j}}$$

とすべきですが，$(-1)^{-2} = 1$ であることから，式 (3.47) のように表しています．$\Delta_{i,j}$ を (i, j) **余因子**といいます．

余因子展開を用いることにより，n 次の行列式は，$(n-1)$ 次の行列式の計算になり，さらに $(n-1)$ 次の行列式を $(n-2)$ 次の行列式にすることも可能です．すなわち，複雑な高次の行列式を，簡単な低次の行列式の計算に置き換えることが可能となります．

例 3.5

以下の四次正方行列

$$\boldsymbol{A} = \begin{pmatrix} 0 & 1 & 2 & 0 \\ -2 & 3 & 1 & 0 \\ 0 & -4 & 0 & 5 \\ 1 & 2 & 1 & -3 \end{pmatrix} \tag{3.49}$$

について，余因子展開を用いて行列式を求めていきます．まず，第 1 行目に関して，次のように余因子展開します．

$$\begin{aligned} \det \boldsymbol{A} = &(-1)^{1+1} \cdot 0 \begin{vmatrix} 3 & 1 & 0 \\ -4 & 0 & 5 \\ 2 & 1 & -3 \end{vmatrix} + (-1)^{1+2} \cdot 1 \begin{vmatrix} -2 & 1 & 0 \\ 0 & 0 & 5 \\ 1 & 1 & -3 \end{vmatrix} \\ &+ (-1)^{1+3} \cdot 2 \begin{vmatrix} -2 & 3 & 0 \\ 0 & -4 & 5 \\ 1 & 2 & -3 \end{vmatrix} + (-1)^{1+4} \cdot 0 \begin{vmatrix} -2 & 3 & 1 \\ 0 & -4 & 0 \\ 1 & 2 & 1 \end{vmatrix} \end{aligned} \tag{3.50}$$

上の式の第 1 項，第 4 項は 0 ですので，書く必要はありませんが，余因子展開を理解してもらうために，あえて示しました．三次になりましたので，この段階で計算してもよいのですが，さらに式 (3.50) の第 2 項，第 3 項の行列式に対して，続いて第 1 行目で余因子展開すると

$$\begin{aligned} \det \boldsymbol{A} &= -\left\{-2 \begin{vmatrix} 0 & 5 \\ 1 & -3 \end{vmatrix} - \begin{vmatrix} 0 & 5 \\ 1 & -3 \end{vmatrix}\right\} + 2\left\{-2 \begin{vmatrix} -4 & 5 \\ 2 & -3 \end{vmatrix} - 3 \begin{vmatrix} 0 & 5 \\ 1 & -3 \end{vmatrix}\right\} \\ &= -\{-2(0-5) - (0-5)\} + 2\{-2(12-10) - 3(0-5)\} \\ &= 7 \end{aligned}$$

と求められます．

例題 3.13

次の行列式を 1 行に関する余因子展開と 1 列に関する余因子展開を用いて計算し，その結果が一致することを確認しなさい．

$$\begin{vmatrix} 1 & 0 & 3 & -2 \\ 2 & -3 & 0 & 5 \\ 0 & 0 & -3 & -2 \\ -1 & 2 & 0 & 4 \end{vmatrix}$$

答え

〔第 1 行で余因子展開〕

$$(-1)^2 \cdot 1 \begin{vmatrix} -3 & 0 & 5 \\ 0 & -3 & -2 \\ 2 & 0 & 4 \end{vmatrix} + (-1)^4 \cdot 3 \begin{vmatrix} 2 & -3 & 5 \\ 0 & 0 & -2 \\ -1 & 2 & 4 \end{vmatrix}$$

$$+ (-1)^5 \cdot (-2) \begin{vmatrix} 2 & -3 & 0 \\ 0 & 0 & -3 \\ -1 & 2 & 0 \end{vmatrix}$$

各行列式に対して，行または列の入れかえ操作を行えば，上式は次のように書き直されます．

$$(-1)^4 \cdot 1 \begin{vmatrix} -3 & 0 & -2 \\ 0 & -3 & 5 \\ 0 & 2 & 4 \end{vmatrix} + (-1)^5 \cdot 3 \begin{vmatrix} 0 & 0 & -2 \\ 2 & -3 & 5 \\ -1 & 2 & 4 \end{vmatrix}$$

$$+ (-1)^6 \cdot (-2) \begin{vmatrix} 0 & 0 & -3 \\ 2 & -3 & 0 \\ -1 & 2 & 0 \end{vmatrix}$$

さらに各項を余因子展開すれば

$$(-1)^4 \cdot 1 \cdot (-3) \begin{vmatrix} -3 & 5 \\ 2 & 4 \end{vmatrix} + (-1)^5 \cdot 3 \cdot (-2) \begin{vmatrix} 2 & -3 \\ -1 & 2 \end{vmatrix}$$

$$+ (-1)^6 \cdot (-2) \cdot (-3) \begin{vmatrix} 2 & -3 \\ -1 & 2 \end{vmatrix}$$

$$
\begin{aligned}
&= -3(-12-10) + 6(4-3) + 6(4-3) \\
&= 78
\end{aligned}
$$

と求められます．

〔第 1 列で余因子展開〕

$$
(-1)^2 \cdot 1 \begin{vmatrix} -3 & 0 & 5 \\ 0 & -3 & -2 \\ 2 & 0 & 4 \end{vmatrix} + (-1)^3 \cdot 2 \begin{vmatrix} 0 & 3 & -2 \\ 0 & -3 & -2 \\ 2 & 0 & 4 \end{vmatrix}
$$

$$
+ (-1)^5 \cdot (-1) \begin{vmatrix} 0 & 3 & -2 \\ -3 & 0 & 5 \\ 0 & -3 & -2 \end{vmatrix}
$$

先ほどと同様に，行と列を入れかえ，各項を余因子展開すれば

$$
(-1)^4 \cdot 1 \begin{vmatrix} -3 & 0 & -2 \\ 0 & -3 & 5 \\ 0 & 2 & 4 \end{vmatrix} + (-1)^3 \cdot 2 \begin{vmatrix} 0 & 3 & -2 \\ 0 & -3 & -2 \\ 2 & 0 & 4 \end{vmatrix}
$$

$$
\begin{aligned}
&+ (-1)^6 \cdot (-1) \begin{vmatrix} -3 & 0 & 5 \\ 0 & 3 & -2 \\ 0 & -3 & -2 \end{vmatrix} \\
&= 1 \cdot (-3)(-12-10) + (-2) \cdot 2(-6-6) + (-1) \cdot (-3)(-6-6) \\
&= 78
\end{aligned}
$$

となり，1 行目で余因子展開した結果と 1 列目の結果は等しくなることがわかります．

3.2.2　逆行列

すでに 3.1.3 項(2)(117 ページ～) で説明したとおり，**逆行列**とは，正方行列 $\boldsymbol{A}$ に対して

$$
\boldsymbol{AB} = \boldsymbol{BA} = \boldsymbol{I}
$$

を満たす行列 $\boldsymbol{B}$ のことです．

二次正方行列 $\boldsymbol{A}$ の逆行列は，式 (3.20) (117 ページ)で示したとおり，

$$\boldsymbol{A}^{-1} = \begin{pmatrix} a_{11} & a_{12} \\ a_{21} & a_{22} \end{pmatrix}^{-1} = \frac{1}{a_{11}a_{22} - a_{12}a_{21}} \begin{pmatrix} a_{22} & -a_{12} \\ -a_{21} & a_{11} \end{pmatrix}$$

となります．そして，前節の余因子を用いた次の方法により，任意の次数の逆行列でも求めることができます．

さて，式 (3.47) で定義された余因子を成分とする行列

$$\widetilde{\boldsymbol{A}} = \begin{pmatrix} \Delta_{1,1} & \Delta_{1,2} & \cdots & \Delta_{1,n} \\ \Delta_{2,1} & \Delta_{2,2} & \cdots & \Delta_{2,n} \\ \vdots & \vdots & \vdots & \vdots \\ \Delta_{n,1} & \Delta_{n,2} & \cdots & \Delta_{n,n} \end{pmatrix} \tag{3.51}$$

を行列 $\boldsymbol{A} = (a_{ij})$ の**余因子行列**といいます．ここで，行列 $\boldsymbol{A}$ と余因子行列の転置行列 $\widetilde{\boldsymbol{A}}^T$ の積は

$$\boldsymbol{A}\widetilde{\boldsymbol{A}}^T = \begin{pmatrix} a_{11} & a_{12} & \cdots & a_{1n} \\ a_{21} & a_{22} & \cdots & a_{2n} \\ \vdots & \vdots & \vdots & \vdots \\ a_{n1} & a_{n2} & \cdots & a_{nn} \end{pmatrix} \begin{pmatrix} \Delta_{1,1} & \Delta_{2,1} & \cdots & \Delta_{n,1} \\ \Delta_{1,2} & \Delta_{2,2} & \cdots & \Delta_{n,2} \\ \vdots & \vdots & \vdots & \vdots \\ \Delta_{1,n} & \Delta_{2,n} & \cdots & \Delta_{n,n} \end{pmatrix} \tag{3.52}$$

となります．この行列の (i, j) 成分は，$i \neq j$ と $i = j$（対角成分）の場合に分けられ，それぞれ次のように表されます．

$$a_{i1}\Delta_{j,1} + a_{i2}\Delta_{j,2} + \cdots + a_{in}\Delta_{j,n} \quad (i \neq j \text{ のとき}) \tag{3.53}$$

$$a_{i1}\Delta_{i,1} + a_{i2}\Delta_{i,2} + \cdots + a_{in}\Delta_{i,n} \quad (i = j \text{ のとき}) \tag{3.54}$$

$i = j$ のときの成分は，式 (3.45) (133 ページ)に示した余因子展開の式と一致しているため，$\det \boldsymbol{A}$ となります．また，$i \neq j$ のときの成分は，行列式

$$
\begin{array}{c|cccc|}
1 & a_{11} & a_{12} & \cdots & a_{1n} \\
 & & \cdots\cdots\cdots & & \\
i & a_{i1} & a_{i2} & \cdots & a_{in} \\
 & & \cdots\cdots\cdots & & \\
j & a_{i1} & a_{i2} & \cdots & a_{in} \\
 & & \cdots\cdots\cdots & & \\
n & a_{n1} & a_{n2} & \cdots & a_{nn}
\end{array}
\tag{3.55}
$$

を余因子展開した結果と等しいことがわかります*2．128 ページの行列式の性質 (2) より，i 行と j 行ベクトルが等しいため，この行列式は 0 となります．したがって式 (3.52) は

$$
\begin{aligned}
\boldsymbol{A}\widetilde{\boldsymbol{A}}^T &= \begin{pmatrix} \det \boldsymbol{A} & 0 & \cdots & 0 \\ 0 & \det \boldsymbol{A} & \cdots & 0 \\ \vdots & \vdots & \vdots & \vdots \\ 0 & 0 & \cdots & \det \boldsymbol{A} \end{pmatrix} \\
&= (\det \boldsymbol{A})\boldsymbol{I}
\end{aligned}
\tag{3.56}
$$

となります．さらに式 (3.56) は

$$
\boldsymbol{A}\left(\frac{\widetilde{\boldsymbol{A}}^T}{\det \boldsymbol{A}}\right) = \boldsymbol{I} \tag{3.57}
$$

と書くことができます．

また，前ページの式 (3.52) の積の式を $\widetilde{\boldsymbol{A}}^T\boldsymbol{A}$ として，同様の計算を行うことにより

$$
\left(\frac{\widetilde{\boldsymbol{A}}^T}{\det \boldsymbol{A}}\right)\boldsymbol{A} = \boldsymbol{I} \tag{3.58}
$$

が得られます．したがって，逆行列の定義より

$$
\boldsymbol{A}^{-1} = \frac{\widetilde{\boldsymbol{A}}^T}{\det \boldsymbol{A}} \tag{3.59}
$$

*2　左の 1，i，j，n は行番号を表します．

で求めることができます．なお，上式より，$\det \boldsymbol{A} \neq 0$ となることが逆行列が存在するための条件であることがわかります．

行列は右からかけた場合と左からかけた場合が異なるから，$\boldsymbol{A}\widetilde{\boldsymbol{A}}^T$ と $\widetilde{\boldsymbol{A}}^T\boldsymbol{A}$ の両方を調べる必要があるんだね．

例 3.6

三次正方行列

$$\boldsymbol{A} = \begin{pmatrix} 1 & 2 & 0 \\ -1 & 2 & 1 \\ 5 & 0 & -3 \end{pmatrix}$$

の逆行列を求めてみましょう．まず，$\det \boldsymbol{A}$ は，余因子展開により

$$\det \boldsymbol{A} = (-1)^{1+1} \cdot 1 \begin{vmatrix} 2 & 1 \\ 0 & -3 \end{vmatrix} + (-1)^{1+2} \cdot 2 \begin{vmatrix} -1 & 1 \\ 5 & -3 \end{vmatrix}$$
$$= -6 - 2(3-5) = -2$$

となります．また，余因子行列 $\widetilde{\boldsymbol{A}}$ は

$$\widetilde{\boldsymbol{A}} = \begin{pmatrix} \begin{vmatrix} 2 & 1 \\ 0 & -3 \end{vmatrix} & -\begin{vmatrix} -1 & 1 \\ 5 & -3 \end{vmatrix} & \begin{vmatrix} -1 & 2 \\ 5 & 0 \end{vmatrix} \\ -\begin{vmatrix} 2 & 0 \\ 0 & -3 \end{vmatrix} & \begin{vmatrix} 1 & 0 \\ 5 & -3 \end{vmatrix} & -\begin{vmatrix} 1 & 2 \\ 5 & 0 \end{vmatrix} \\ \begin{vmatrix} 2 & 0 \\ 2 & 1 \end{vmatrix} & -\begin{vmatrix} 1 & 0 \\ -1 & 1 \end{vmatrix} & \begin{vmatrix} 1 & 2 \\ -1 & 2 \end{vmatrix} \end{pmatrix}$$
$$= \begin{pmatrix} -6 & 2 & -10 \\ 6 & -3 & 10 \\ 2 & -1 & 4 \end{pmatrix}$$

となるため，$\boldsymbol{A}^{-1}$ は

$$A^{-1} = \frac{\widetilde{A}^T}{\det A} = -\frac{1}{2}\begin{pmatrix} -6 & 6 & 2 \\ 2 & -3 & -1 \\ -10 & 10 & 4 \end{pmatrix} = \begin{pmatrix} 3 & -3 & -1 \\ -1 & 1.5 & 0.5 \\ 5 & -5 & -2 \end{pmatrix}$$

と求められます．上式の値が正しいことは，$AA^{-1} = I$ となることからも確かめられます．

例題 3.14

次の行列の逆行列を求めなさい．

(1) $\begin{pmatrix} 1 & 4 & 6 \\ 0 & 2 & 5 \\ 0 & 0 & 3 \end{pmatrix}$　　(2) $\begin{pmatrix} -3 & 1 & 0 \\ 2 & -4 & -5 \\ 5 & 0 & 3 \end{pmatrix}$

答え

(1) 与えられた行列を A とすれば

$$\det A = 1 \cdot 2 \cdot 3 = 6$$

となります．また余因子行列は

$$\begin{pmatrix} 2 \cdot 3 & 0 & 0 \\ 4 \cdot 3 & 1 \cdot 3 & 0 \\ 4 \cdot 5 - 6 \cdot 2 & 1 \cdot 5 & 1 \cdot 2 \end{pmatrix} = \begin{pmatrix} 6 & 0 & 0 \\ -12 & 3 & 0 \\ 8 & -5 & 2 \end{pmatrix}$$

と求められます．$A^{-1} = \dfrac{\widetilde{A}^T}{\det A}$ より

$$A^{-1} = \frac{1}{6}\begin{pmatrix} 6 & -12 & 8 \\ 0 & 3 & -5 \\ 0 & 0 & 2 \end{pmatrix}$$

となります．

(2)
$$\det \boldsymbol{A} = -3 \begin{vmatrix} -4 & -5 \\ 0 & 3 \end{vmatrix} - 1 \begin{vmatrix} 2 & -5 \\ 5 & 3 \end{vmatrix} = 36 - (6 + 25) = 5$$

となります．また余因子行列は

$$\begin{pmatrix} -4 \cdot 3 & -(2 \cdot 3 + 5 \cdot 5) & 4 \cdot 5 \\ -1 \cdot 3 & -3 \cdot 3 & -(-1 \cdot 5) \\ 1 \cdot (-5) & -(-3) \cdot (-5) & (-3) \cdot (-4) - 1 \cdot 2 \end{pmatrix}$$
$$= \begin{pmatrix} -12 & -31 & 20 \\ -3 & -9 & 5 \\ -5 & -15 & 10 \end{pmatrix}$$

となることから

$$\boldsymbol{A}^{-1} = \frac{1}{5} \begin{pmatrix} -12 & -3 & -5 \\ -31 & -9 & -15 \\ 20 & 5 & 10 \end{pmatrix}$$

と求められます．

3.2.3　連立方程式の解法

(1)　クラメールの公式

n 元の連立一次方程式

$$\begin{pmatrix} a_{11} & a_{12} & \cdots & a_{1n} \\ a_{21} & a_{22} & \cdots & a_{2n} \\ \vdots & \vdots & \vdots & \vdots \\ a_{n1} & a_{n2} & \cdots & a_{nn} \end{pmatrix} \begin{pmatrix} x_1 \\ x_2 \\ \vdots \\ x_n \end{pmatrix} = \begin{pmatrix} b_1 \\ b_2 \\ \vdots \\ b_n \end{pmatrix} \tag{3.60}$$

が与えられるとき，この方程式の未知数 x_1 から x_n を行列を用いて求めてみましょう．

式 (3.60) の左辺係数行列を $\boldsymbol{A}$，未知変数を $\boldsymbol{x} = (x_1 \ \cdots \ x_n)^T$，右辺を $\boldsymbol{b} = (b_1 \ \cdots \ b_n)^T$ とすれば，

$$\boldsymbol{A}\boldsymbol{x} = \boldsymbol{b} \tag{3.61}$$

と表すことができます．上式 (3.61) を $\boldsymbol{x}$ について解くには，121 ページで説明したとおり，逆行列を両辺にそれぞれ左側からかければよく

$$\boldsymbol{x} = \boldsymbol{A}^{-1}\boldsymbol{b} \tag{3.62}$$

となります．また，上式 (3.62) の逆行列は，式 (3.59) (139 ページ)を用いることで

$$\boldsymbol{x} = \frac{\widetilde{\boldsymbol{A}}^T}{\det \boldsymbol{A}}\boldsymbol{b} = \frac{1}{\det \boldsymbol{A}}\widetilde{\boldsymbol{A}}^T\boldsymbol{b} \tag{3.63}$$

と表されます．ここで，$\widetilde{\boldsymbol{A}}^T\boldsymbol{b}$ は行列と列ベクトルの積なので，結果は列ベクトルになります．また，$\widetilde{\boldsymbol{A}}^T\boldsymbol{b}$ の第 i 行の成分を示すと

$$b_1\Delta_{1,i} + b_2\Delta_{2,i} + \cdots + b_n\Delta_{n,i} \tag{3.64}$$

となります．この式 (3.64) がどのような行列式の余因子展開によって得られるか考えてみましょう．式 (3.64) は，第 i 列の余因子に b_i がそれぞれかけられているため，以下の行列式

$$\begin{vmatrix} a_{11} & \cdots & a_{1\ i-1} & b_1 & a_{1\ i+1} & \cdots & a_{1n} \\ \vdots & \vdots & \vdots & \vdots & \vdots & \vdots & \vdots \\ a_{n1} & \cdots & a_{n\ i-1} & b_n & a_{n\ i+1} & \cdots & a_{nn} \end{vmatrix} \tag{3.65}$$

を余因子展開したものです．これにより，解 $\boldsymbol{x}$ の第 i 行目の x_i は

$$x_i = \frac{\begin{vmatrix} \boldsymbol{a_1} & \cdots & \boldsymbol{a_{i-1}} & \boldsymbol{b} & \boldsymbol{a_{i+1}} & \cdots & \boldsymbol{a_n} \end{vmatrix}}{\det \boldsymbol{A}} \quad (i = 1,\ 2,\ \cdots,\ n) \tag{3.66}$$

と求められます．式 (3.66) を**クラメールの公式**といいます．

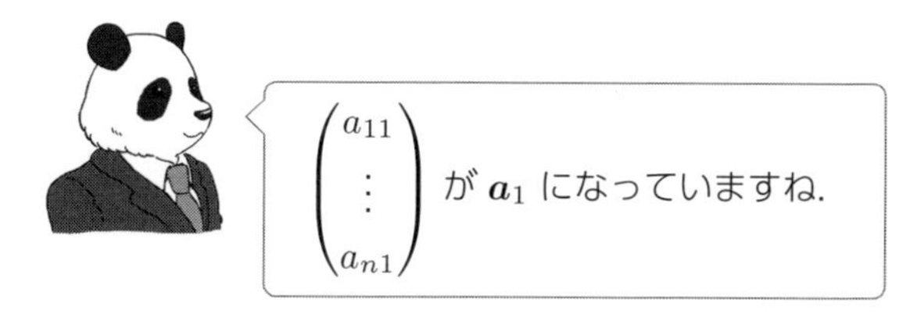

例えば，二元の連立一次方程式

$$\begin{pmatrix} a_{11} & a_{12} \\ a_{21} & a_{22} \end{pmatrix} \begin{pmatrix} x_1 \\ x_2 \end{pmatrix} = \begin{pmatrix} b_1 \\ b_2 \end{pmatrix}$$

にクラメールの公式を用いると

$$x_1 = \frac{\begin{vmatrix} b_1 & a_{12} \\ b_2 & a_{22} \end{vmatrix}}{\det \boldsymbol{A}}, \quad x_2 = \frac{\begin{vmatrix} a_{11} & b_1 \\ a_{21} & b_2 \end{vmatrix}}{\det \boldsymbol{A}}$$

と求めることができます．

(2)　消去法

クラメールの公式は解の構造を知るうえで重要となる式ですが，具体的な数値がわかっている連立方程式に対しては，あまり効率的な方法ではありません．そこで，大規模な連立一次方程式をコンピュータにより解く場合にも用いられる**消去法**（**掃出し法**）について説明します．

連立方程式の解は，任意の行の式を何倍かして，どれか 1 つの式に加えても変わりません．なぜなら，クラメールの公式により解は行列式で表すことができるので，130 ページの行列式の性質 (5) を満たすためです．したがって，n 元の連立方程式 (3.60) を解くためには，行列式の性質 (5) で行ったような行列の基本変形により

$$\begin{pmatrix} 1 & 0 & \cdots & 0 \\ 0 & 1 & \cdots & 0 \\ \vdots & \vdots & \ddots & \vdots \\ 0 & 0 & \cdots & 1 \end{pmatrix} \begin{pmatrix} x_1 \\ x_2 \\ \vdots \\ x_n \end{pmatrix} = \begin{pmatrix} {b_1}' \\ {b_2}' \\ \vdots \\ {b_n}' \end{pmatrix} \tag{3.67}$$

という形にすればよいことになります．${b_i}'$ は行列の基本変形によって変化した b_i であり，そのまま連立方程式の解になっています．

例 3.7

以下の三元の連立方程式

$$\begin{cases} x_1 + x_2 + x_3 = 2 \\ -x_2 + 2x_3 = 4 \\ -2x_1 + 5x_3 = -1 \end{cases}$$

を消去法により解きましょう．まず，これらの式の係数行列 $\boldsymbol{A}$ と右辺列ベクトル $\boldsymbol{b}$ を $[\boldsymbol{A}|\boldsymbol{b}]$ の形にして書き出します．

$$\left[\begin{array}{ccc|c} 1 & 1 & 1 & 2 \\ 0 & -1 & 2 & 4 \\ -2 & 0 & 5 & -1 \end{array}\right]$$

この式の左側3列が単位行列となるように以下のように変形します．

$$\left[\begin{array}{ccc|c} 1 & 1 & 1 & 2 \\ 0 & -1 & 2 & 4 \\ -2 & 0 & 5 & -1 \end{array}\right] \xrightarrow{①} \left[\begin{array}{ccc|c} 1 & 1 & 1 & 2 \\ 0 & -1 & 2 & 4 \\ 0 & 2 & 7 & 3 \end{array}\right] \xrightarrow{②} \left[\begin{array}{ccc|c} 1 & 1 & 1 & 2 \\ 0 & -1 & 2 & 4 \\ 0 & 0 & 11 & 11 \end{array}\right]$$

$$\xrightarrow{③} \left[\begin{array}{ccc|c} 1 & 1 & 1 & 2 \\ 0 & -1 & 2 & 4 \\ 0 & 0 & 1 & 1 \end{array}\right] \xrightarrow{④} \left[\begin{array}{ccc|c} 1 & 1 & 1 & 2 \\ 0 & -1 & 0 & 2 \\ 0 & 0 & 1 & 1 \end{array}\right] \xrightarrow{⑤} \left[\begin{array}{ccc|c} 1 & 1 & 1 & 2 \\ 0 & 1 & 0 & -2 \\ 0 & 0 & 1 & 1 \end{array}\right]$$

$$\xrightarrow{⑥} \left[\begin{array}{ccc|c} 1 & 0 & 0 & 3 \\ 0 & 1 & 0 & -2 \\ 0 & 0 & 1 & 1 \end{array}\right]$$

①　1行目を2倍して3行目に加える
②　2行目を2倍して3行目に加える
③　3行目を11で割る
④　3行目を(−2)倍して2行目に加える
⑤　2行目を(−1)倍する
⑥　2行目，3行目をそれぞれ(−1)倍し，1行目に加える

上式により

$$\begin{pmatrix} 1 & 0 & 0 \\ 0 & 1 & 0 \\ 0 & 0 & 1 \end{pmatrix} \begin{pmatrix} x_1 \\ x_2 \\ x_3 \end{pmatrix} = \begin{pmatrix} 3 \\ -2 \\ 1 \end{pmatrix}$$

と変形できたことにより，この連立方程式の解は，$\boldsymbol{x} = (3 \ \ -2 \ \ 1)^T$ と求められます．

また，ここでは詳しい説明はしませんが，ほかにもコンピュータにより大規模な連立方程式を解く方法として，ガウスの消去法やガウス–ザイデル法などさまざまな方法があります．

例題 3.15

次の連立方程式をクラメールの公式および消去法でそれぞれ解きなさい．

$$\begin{cases} 2x_1 - x_2 - x_3 = 0 \\ -x_1 + 2x_2 = 1 \\ -2x_2 + x_3 = -1 \end{cases}$$

答え

与えられた連立方程式を行列形式で表せば

$$\begin{pmatrix} 2 & -1 & -1 \\ -1 & 2 & 0 \\ 0 & -2 & 1 \end{pmatrix} \begin{pmatrix} x_1 \\ x_2 \\ x_3 \end{pmatrix} = \begin{pmatrix} 0 \\ 1 \\ -1 \end{pmatrix}$$

となります．上式の係数行列を $\boldsymbol{A}$，右辺の列ベクトルを $\boldsymbol{b}$ とします．

〔クラメールの公式〕

$$\det \boldsymbol{A} = 2 \cdot 2 \cdot 1 + (-1) \cdot (-2) \cdot (-1) - 1 \cdot (-1) \cdot (-1) = 1$$

クラメールの公式より

$$x_1 = \frac{1}{1} \begin{vmatrix} 0 & -1 & -1 \\ 1 & 2 & 0 \\ -1 & -2 & 1 \end{vmatrix} = 1, \quad x_2 = \frac{1}{1} \begin{vmatrix} 2 & 0 & -1 \\ -1 & 1 & 0 \\ 0 & -1 & 1 \end{vmatrix} = 1$$

$$x_3 = \frac{1}{1} \begin{vmatrix} 2 & -1 & 0 \\ -1 & 2 & 1 \\ 0 & -2 & -1 \end{vmatrix} = 1$$

と求められます．

〔消去法〕

$$\left[\begin{array}{ccc|c} 2 & -1 & -1 & 0 \\ -1 & 2 & 0 & 1 \\ 0 & -2 & 1 & -1 \end{array}\right] \xrightarrow{①} \left[\begin{array}{ccc|c} 1 & -\frac{1}{2} & -\frac{1}{2} & 0 \\ -1 & 2 & 0 & 1 \\ 0 & -2 & 1 & -1 \end{array}\right]$$

$$\xrightarrow{②}\left[\begin{array}{ccc|c} 1 & -\frac{1}{2} & -\frac{1}{2} & 0 \\ 0 & \frac{3}{2} & -\frac{1}{2} & 1 \\ 0 & -2 & 1 & -1 \end{array}\right]\xrightarrow{③}\left[\begin{array}{ccc|c} 1 & -\frac{1}{2} & -\frac{1}{2} & 0 \\ 0 & 1 & -\frac{1}{3} & \frac{2}{3} \\ 0 & -2 & 1 & -1 \end{array}\right]$$

$$\xrightarrow{④}\left[\begin{array}{ccc|c} 1 & 0 & -\frac{2}{3} & \frac{1}{3} \\ 0 & 1 & -\frac{1}{3} & \frac{2}{3} \\ 0 & -2 & 1 & -1 \end{array}\right]\xrightarrow{⑤}\left[\begin{array}{ccc|c} 1 & 0 & -\frac{2}{3} & \frac{1}{3} \\ 0 & 1 & -\frac{1}{3} & \frac{2}{3} \\ 0 & 0 & \frac{1}{3} & \frac{1}{3} \end{array}\right]$$

$$\xrightarrow{⑥}\left[\begin{array}{ccc|c} 1 & 0 & -\frac{2}{3} & \frac{1}{3} \\ 0 & 1 & -\frac{1}{3} & \frac{2}{3} \\ 0 & 0 & 1 & 1 \end{array}\right]\xrightarrow{⑦}\left[\begin{array}{ccc|c} 1 & 0 & 0 & 1 \\ 0 & 1 & -\frac{1}{3} & \frac{2}{3} \\ 0 & 0 & 1 & 1 \end{array}\right]\xrightarrow{⑧}\left[\begin{array}{ccc|c} 1 & 0 & 0 & 1 \\ 0 & 1 & 0 & 1 \\ 0 & 0 & 1 & 1 \end{array}\right]$$

① 1 行目を $\frac{1}{2}$ 倍する
② 1 行目を 2 行目に加える
③ 2 行目を $\frac{2}{3}$ 倍する
④ 2 行目を $\frac{1}{2}$ 倍し，1 行目に加える
⑤ 2 行目を 2 倍し，3 行目に加える
⑥ 3 行目を 3 倍する
⑦ 3 行目を $\frac{2}{3}$ 倍し，1 行目に加える
⑧ 3 行目を $\frac{1}{3}$ 倍し，2 行目に加える

得られた結果より，$(x_1\ x_2\ x_3)^T = (1\ 1\ 1)^T$ であることがわかります．

3.3 固有値，固有ベクトル

電気回路において，抵抗だけでなく，コイルやコンデンサなどの素子がある場合の回路方程式は，微分方程式となります．この微分方程式を解く場合に行列の対角化という方法が重要となります．**対角化**とは，ある正方行列 $\boldsymbol{A}$ を

$\boldsymbol{S}^{-1}\boldsymbol{A}\boldsymbol{S}$ とすることにより，以下のような対角要素以外の要素がすべて 0 の行列である，**対角行列$\boldsymbol{\Lambda}$**[*3]に変換することです．

$$\boldsymbol{\Lambda} = \begin{pmatrix} \lambda_1 & 0 & \cdots & 0 \\ 0 & \lambda_2 & \cdots & 0 \\ \vdots & \vdots & \vdots & \vdots \\ 0 & 0 & \cdots & \lambda_n \end{pmatrix} \tag{3.68}$$

このとき

$$\boldsymbol{S}^{-1}\boldsymbol{A}\boldsymbol{S} = \boldsymbol{\Lambda} \tag{3.69}$$

を満たす行列 $\boldsymbol{A}$ を**対角可能行列**，$\boldsymbol{\Lambda}$ の対角要素 λ_j $(j = 1, 2, \ldots, n)$ を**固有値**といいます．

まずは，固有値 λ_j を求める方法について，考えてみましょう．式 (3.69) の両辺にそれぞれ，左から行列 $\boldsymbol{S}$ をかければ

$$\boldsymbol{A}\boldsymbol{S} = \boldsymbol{S}\boldsymbol{\Lambda}$$

となります．ここで，$\boldsymbol{S}$ の第 j 列ベクトルを $\boldsymbol{s_j}$ と表し，対角行列を $\mathrm{diag}(\lambda_1\ \lambda_2\ \cdots\ \lambda_n)$ と表せば

$$\boldsymbol{A}\,(\boldsymbol{s_1}\ \boldsymbol{s_2}\ \cdots\ \boldsymbol{s_n}) = (\boldsymbol{s_1}\ \boldsymbol{s_2}\ \cdots\ \boldsymbol{s_n})\,\mathrm{diag}(\lambda_1\ \lambda_2\ \cdots\ \lambda_n)$$

となります[*4]．さらに対角行列は，対角要素以外の要素がすべて 0 であることより，上式の右辺は

$$\boldsymbol{A}\,(\boldsymbol{s_1}\ \boldsymbol{s_2}\ \cdots\ \boldsymbol{s_n}) = (\lambda_1\boldsymbol{s_1}\ \lambda_2\boldsymbol{s_2}\ \cdots\ \lambda_n\boldsymbol{s_n}) \tag{3.70}$$

と表されます．式 (3.70) より，両辺の第 j 列に関して

$$\begin{aligned} \boldsymbol{A}\boldsymbol{s_j} &= \lambda_j\boldsymbol{s_j} \\ (\boldsymbol{A} - \lambda_j\boldsymbol{I})\,\boldsymbol{s_j} &= \boldsymbol{0} \end{aligned} \tag{3.71}$$

が成立します．式 (3.71) が $\boldsymbol{s_j} = \boldsymbol{0}$ 以外の解をもつためには，$\det(\boldsymbol{A} - \lambda_j\boldsymbol{I}) = 0$ でなければなりません．したがって，$\lambda_j \to \lambda$ とした方程式

*3　$\boldsymbol{\Lambda}$ はギリシャ文字のラムダの大文字です．
*4　“diag” は，“diagonal” の略で「対角の」という意味です．

$$\det\,(\boldsymbol{A} - \lambda \boldsymbol{I}) = 0 \tag{3.72}$$

の解が固有値となります．このときの方程式 (3.72) のことを**固有方程式**（**特性方程式**）といい，対角行列に変換させるための行列 $\boldsymbol{S}$ の列ベクトル $\boldsymbol{s}_j$ を**固有ベクトル**といいます．

$\boldsymbol{s}_j = \boldsymbol{0}$ じゃないときを考えているから，
$\det(\boldsymbol{A} - \lambda_j \boldsymbol{I}) = 0$ だね．

また，対角行列に変換させるための行列 $\boldsymbol{S}$ は，得られた固有値を用いて，式 (3.72) を解くことにより，求められます．

例 3.8

次の二次正方行列

$$\boldsymbol{A} = \begin{pmatrix} 3 & -1 \\ 4 & -2 \end{pmatrix}$$

の固有値および固有ベクトルを求めてみましょう．まず固有方程式より

$$\begin{vmatrix} 3-\lambda & -1 \\ 4 & -2-\lambda \end{vmatrix} = 0$$

$$(3-\lambda)(-2-\lambda) - 4 \cdot (-1) = 0$$

$$(\lambda - 2)(\lambda + 1) = 0$$

となるので，固有値は，$\lambda_1 = 2$，$\lambda_2 = -1$ とわかります．

これらの固有値それぞれに対して，固有ベクトルを求めることができます．λ_1 より，得られる固有ベクトルを $(s_{11}\ s_{21})^T$，同様に λ_2 より，得られる固有ベクトルを $(s_{12}\ s_{22})^T$ と表すことにします．$\lambda_1 = 2$ のときの式 (3.71) は

$$\left\{\begin{pmatrix} 3 & -1 \\ 4 & -2 \end{pmatrix} - \begin{pmatrix} 2 & 0 \\ 0 & 2 \end{pmatrix}\right\}\begin{pmatrix} s_{11} \\ s_{21} \end{pmatrix} = \begin{pmatrix} 0 \\ 0 \end{pmatrix}$$

$$\begin{pmatrix} 1 & -1 \\ 4 & -4 \end{pmatrix}\begin{pmatrix} s_{11} \\ s_{21} \end{pmatrix} = \begin{pmatrix} 0 \\ 0 \end{pmatrix}$$

となります．上式より，得られる

$$s_{11} - s_{21} = 0 \quad \text{または} \quad 4s_{11} - 4s_{21} = 0$$

を解けば，任意定数 c により固有ベクトルは

$$\begin{pmatrix} s_{11} \\ s_{21} \end{pmatrix} = c \begin{pmatrix} 1 \\ 1 \end{pmatrix}$$

と求められます．

固有ベクトルには，任意定数 c を付けるんだね．

同様に，$\lambda = -1$ に関しても，式 (3.71) を計算すれば

$$\begin{pmatrix} 4 & -1 \\ 4 & -1 \end{pmatrix} \begin{pmatrix} s_{12} \\ s_{22} \end{pmatrix} = \begin{pmatrix} 0 \\ 0 \end{pmatrix}$$

となることより

$$\begin{pmatrix} s_{12} \\ s_{22} \end{pmatrix} = c \begin{pmatrix} 1 \\ 4 \end{pmatrix}$$

と求められます．求められた固有ベクトルより，変換行列 $\boldsymbol{S}$ は

$$\boldsymbol{S} = \begin{pmatrix} 1 & 1 \\ 1 & 4 \end{pmatrix}$$

と求められます．

確認のため，行列 $\boldsymbol{A}$ が変換行列 $\boldsymbol{S}$ により，対角行列となることを示しましょう．

$$\begin{aligned} \boldsymbol{S}^{-1}\boldsymbol{A}\boldsymbol{S} &= \frac{1}{3} \begin{pmatrix} 4 & -1 \\ -1 & 1 \end{pmatrix} \begin{pmatrix} 3 & -1 \\ 4 & -2 \end{pmatrix} \begin{pmatrix} 1 & 1 \\ 1 & 4 \end{pmatrix} \\ &= \frac{1}{3} \begin{pmatrix} 8 & -2 \\ 1 & -1 \end{pmatrix} \begin{pmatrix} 1 & 1 \\ 1 & 4 \end{pmatrix} \end{aligned}$$

$$= \frac{1}{3}\begin{pmatrix} 6 & 0 \\ 0 & -3 \end{pmatrix}$$

$$= \begin{pmatrix} 2 & 0 \\ 0 & -1 \end{pmatrix}$$

例 3.9

次に，固有方程式の解が重解となる場合について説明します．三次正方行列

$$\boldsymbol{A} = \begin{pmatrix} 2 & 0 & 1 \\ 1 & 1 & 1 \\ 1 & 0 & 2 \end{pmatrix}$$

の固有値および固有ベクトルを求めてみましょう．

先ほどと同様に固有方程式を立てて

$$\begin{vmatrix} 2-\lambda & 0 & 1 \\ 1 & 1-\lambda & 1 \\ 1 & 0 & 2-\lambda \end{vmatrix} = 0$$

$$-(\lambda-3)(\lambda-1)^2 = 0$$

となるので，固有値は，$\lambda_1 = 3$，$\lambda_2 = 1$（重解）とわかります．また，$\lambda_1 = 3$ に対する固有ベクトルは

$$\begin{pmatrix} 2-3 & 0 & 1 \\ 1 & 1-3 & 1 \\ 1 & 0 & 2-3 \end{pmatrix}\begin{pmatrix} s_{11} \\ s_{21} \\ s_{31} \end{pmatrix} = \begin{pmatrix} 0 \\ 0 \\ 0 \end{pmatrix}$$

により求められます．上式より

$$\begin{cases} -s_{11} + s_{31} = 0 \\ s_{11} - 2s_{21} + s_{31} = 0 \end{cases}$$

となり，$s_{11} = s_{21} = s_{31}$ の関係が得られるため，固有ベクトルは，任意定数 c を用いて

$$\begin{pmatrix} s_{11} \\ s_{21} \\ s_{31} \end{pmatrix} = c\begin{pmatrix} 1 \\ 1 \\ 1 \end{pmatrix} \tag{3.73}$$

と表されます．

次に，$\lambda_2 = 1$（重解）に対する固有ベクトルを求めましょう．λ_1 と同様に

$$\begin{pmatrix} 2-1 & 0 & 1 \\ 1 & 1-1 & 1 \\ 1 & 0 & 2-1 \end{pmatrix} \begin{pmatrix} s_{12} \\ s_{22} \\ s_{32} \end{pmatrix} = \begin{pmatrix} 0 \\ 0 \\ 0 \end{pmatrix}$$

から

$$s_{12} + s_{32} = 0 \tag{3.74}$$

の関係式が導かれます．ここで，重解に対する固有ベクトルは 2 つ存在するため，3 つあるうちのもう 1 つの固有ベクトルも同様となり，

$$s_{13} + s_{33} = 0 \tag{3.75}$$

を満たします．式 (3.74)，(3.75) を満たすベクトルは複数ありますが，変換行列 $\boldsymbol{S}$ は逆行列が存在するため，次の条件を満たす必要があります．

① $\boldsymbol{s_2} \neq \boldsymbol{0}$ かつ $\boldsymbol{s_3} \neq \boldsymbol{0}$
② $\boldsymbol{s_2} \neq k\boldsymbol{s_3}$

すなわち，逆行列が存在するためには，行列式が 0 以外の値をとらなければいけません．①の条件は行列式の定義より，行列内に 1 つでも零ベクトルが含まれると，行列式が 0 となることから導かれ，また，②の条件は行列式の性質 (2)(3) により，行列内の任意の列ベクトルがほかの列ベクトルの定数倍（$\times k$）となる場合には，行列式が 0 となることから導かれます．

式 (3.74)，(3.75) を満たし，かつ条件①②を満たす固有ベクトルは，例えば

$$\begin{pmatrix} s_{12} \\ s_{22} \\ s_{32} \end{pmatrix} = c \begin{pmatrix} -1 \\ 0 \\ 1 \end{pmatrix}, \quad \begin{pmatrix} s_{13} \\ s_{23} \\ s_{33} \end{pmatrix} = c \begin{pmatrix} 0 \\ 1 \\ 0 \end{pmatrix} \tag{3.76}$$

などがあげられます．

例題 3.16

次の行列の固有値および固有ベクトルを求めなさい．

(1) $\begin{pmatrix} 2 & 3 \\ 2 & 1 \end{pmatrix}$　　(2) $\begin{pmatrix} 1 & -2 & 1 \\ -1 & -2 & 3 \\ -1 & 1 & 2 \end{pmatrix}$

答え

(1)　固有方程式より

$$\begin{vmatrix} 2-\lambda & 3 \\ 2 & 1-\lambda \end{vmatrix} = 0$$

$$(2-\lambda)(1-\lambda) - 3 \cdot 2 = 0$$

$$\lambda^2 - 3\lambda - 4 = 0$$

$$(\lambda - 4)(\lambda + 1) = 0$$

となるため，固有値は $\lambda = 4,\ -1$ と求められます．

固有ベクトルを $(s_1\ s_2)^T$ と表せば，$\lambda = 4,\ -1$ に対する固有ベクトルは

①　$\lambda = 4$ のとき

$$\begin{pmatrix} -2 & 3 \\ 2 & -3 \end{pmatrix} \begin{pmatrix} s_1 \\ s_2 \end{pmatrix} = \begin{pmatrix} 0 \\ 0 \end{pmatrix}$$

$$-2s_1 + 3s_2 = 0$$

$$(s_1\ s_2)^T = c(3\ 2)^T$$

②　$\lambda = -1$ のとき

$$\begin{pmatrix} 3 & 3 \\ 2 & 2 \end{pmatrix} \begin{pmatrix} s_1 \\ s_2 \end{pmatrix} = \begin{pmatrix} 0 \\ 0 \end{pmatrix}$$

$$3s_1 + 3s_2 = 0$$

$$(s_1\ s_2)^T = c(-1\ 1)^T$$

と求められます．

(2)　(1) と同様に固有方程式より

$$\begin{vmatrix} 1-\lambda & -2 & 1 \\ -1 & -2-\lambda & 3 \\ -1 & 1 & 2-\lambda \end{vmatrix} = 0$$

となり，上式を解くことにより，固有値は $\lambda = 1, \pm 2\sqrt{2}$ と求められます．

固有ベクトルを $(s_1\ s_2\ s_3)^T$ と表せば，$\lambda = 1, \pm 2\sqrt{2}$ に対する固有ベクトルは，それぞれ以下のように求められます．

① $\lambda = 1$ のとき

$$\begin{pmatrix} 0 & -2 & 1 \\ -1 & -3 & 3 \\ -1 & 1 & 1 \end{pmatrix} \begin{pmatrix} s_1 \\ s_2 \\ s_3 \end{pmatrix} = \begin{pmatrix} 0 \\ 0 \\ 0 \end{pmatrix}$$

となり，上式より

$$\begin{cases} -2s_2 + s_3 = 0 \\ -s_1 - 3s_2 + 3s_3 = 0 \\ -s_1 + s_2 + s_3 = 0 \end{cases}$$

が得られます．第 1 式より，$s_3 = 2s_2$，また第 1 式を第 2 式に用いることにより，$s_1 = 3s_2$ となることから，$(s_1\ s_2\ s_3)^T = c(3\ 1\ 2)^T$ と求められます．

② $\lambda = 2\sqrt{2}$ のとき

$$\begin{pmatrix} 1-2\sqrt{2} & -2 & 1 \\ -1 & -2-2\sqrt{2} & 3 \\ -1 & 1 & 2-2\sqrt{2} \end{pmatrix} \begin{pmatrix} s_1 \\ s_2 \\ s_3 \end{pmatrix} = \begin{pmatrix} 0 \\ 0 \\ 0 \end{pmatrix}$$

となり，上式より

$$\begin{cases} (1-2\sqrt{2})s_1 - 2s_2 + s_3 = 0 \\ -s_1 - (2+2\sqrt{2})s_2 + 3s_3 = 0 \\ -s_1 + s_2 + (2-2\sqrt{2})s_3 = 0 \end{cases}$$

が得られます．第 3 式より

$$s_1 = s_2 + (2-2\sqrt{2})s_3$$

となり，上式を第 1 式に用いれば

$$s_2 = (-5 + 4\sqrt{2})s_3$$

となります．上式から，$s_3 = 1$ とすれば，$s_2 = -5 + 4\sqrt{2}$ となり，また，得られた s_2，s_3 を第 3 式に用いれば，$s_1 = -3 + 2\sqrt{2}$ となります．

したがって，$(s_1\ s_2\ s_3)^T = c(-3 + 2\sqrt{2}\quad -5 + 4\sqrt{2}\ \ 1)^T$ と求められます．

③　$\lambda = -2\sqrt{2}$ のとき

$$\begin{pmatrix} 1 + 2\sqrt{2} & -2 & 1 \\ -1 & -2 + 2\sqrt{2} & 3 \\ -1 & 1 & 2 + 2\sqrt{2} \end{pmatrix} \begin{pmatrix} s_1 \\ s_2 \\ s_3 \end{pmatrix} = \begin{pmatrix} 0 \\ 0 \\ 0 \end{pmatrix}$$

となり，上式より

$$\begin{cases} (1 + 2\sqrt{2})s_1 - 2s_2 + s_3 = 0 \\ -s_1 - (2 - 2\sqrt{2})s_2 + 3s_3 = 0 \\ -s_1 + s_2 + (2 + 2\sqrt{2})s_3 = 0 \end{cases}$$

が得られます．第 3 式より

$$s_1 = s_2 + (2 + 2\sqrt{2})s_3$$

となり，上式を第 1 式に用いれば

$$s_2 = (-5 - 4\sqrt{2})s_3$$

となります．上式から，$s_3 = 1$ とすれば，$s_2 = -5 - 4\sqrt{2}$ となり，また，得られた s_2，s_3 を第 3 式に用いれば，$s_1 = -3 - 2\sqrt{2}$ となります．

したがって，$(s_1\ s_2\ s_3)^T = c(-3 - 2\sqrt{2}\quad -5 - 4\sqrt{2}\ \ 1)^T$ と求められます．

章末問題

3.1　二次正方行列

$$\boldsymbol{A}=\begin{pmatrix}1 & 2\\ 3 & -1\end{pmatrix},\quad \boldsymbol{B}=\begin{pmatrix}2 & 1\\ 0 & -2\end{pmatrix},\quad \boldsymbol{C}=\begin{pmatrix}-2 & 0\\ 0 & -1\end{pmatrix}$$

とするとき，以下の行列の計算をしなさい．

(1) $\boldsymbol{A}-\boldsymbol{B}$　(2) $(\boldsymbol{A}+\boldsymbol{B})^2$　(3) $\boldsymbol{A}^2+2\boldsymbol{A}\boldsymbol{B}+\boldsymbol{B}^2$
(4) $\boldsymbol{C}^5$　(5) $\boldsymbol{C}(\boldsymbol{A}-2\boldsymbol{B})$　(6) $(\boldsymbol{A}-2\boldsymbol{B})\boldsymbol{C}$

3.2　次の行列の計算をしなさい．

(1) $\begin{pmatrix}7 & 0 & 1 & -1\\ 0 & 2 & -1 & 3\end{pmatrix}\begin{pmatrix}1 & 6 & 0 & -5\\ 9 & 2 & 0 & -1\end{pmatrix}^T$

(2) $\left\{\begin{pmatrix}3 & 5\\ 1 & 2\end{pmatrix}\begin{pmatrix}2 & -5\\ -1 & 3\end{pmatrix}\right\}^7$

(3) $\left\{\begin{pmatrix}3 & -1 & 2\\ 5 & 1 & 4\\ 2 & -7 & 1\end{pmatrix}-\dfrac{1}{3}\begin{pmatrix}9 & 15 & 6\\ -3 & 3 & -21\\ 6 & 12 & 3\end{pmatrix}^T\right\}\begin{pmatrix}7 & -4 & -14\\ -3 & 9 & 2\\ 1 & -8 & -7\end{pmatrix}$

3.3　次の行列の行列式を求めなさい．

(1) $\begin{vmatrix}5 & -2 & 3\\ 3 & 2 & 0\\ -1 & 4 & 2\end{vmatrix}$　(2) $\begin{vmatrix}x & 0 & x\\ 0 & y & z\\ z & 0 & y\end{vmatrix}$　(3) $\begin{vmatrix}b & a+b & a\\ c & b+c & b\\ c & c & 0\end{vmatrix}$

(4) $\begin{vmatrix}1 & 1 & 1\\ x & y & z\\ x^2 & y^2 & z^2\end{vmatrix}$　(5) $\begin{vmatrix}7 & -2 & 0 & 0\\ 6 & -5 & 0 & 0\\ -9 & -4 & 3 & -1\\ -1 & 2 & 2 & -4\end{vmatrix}$

3.4　次の行列に対して，逆行列が存在するかどうかを調べ，存在する場合には逆行列を求めなさい．

(1) $\begin{pmatrix} -1 & 2 \\ 1 & 3 \end{pmatrix}$　　(2) $\begin{pmatrix} 1-\sin^2\theta & \cos 2\theta & \cos\theta \\ \sin\theta & 0 & \tan\theta \\ \sin 2\theta & \tan\theta & 2\sin\theta \end{pmatrix}$

(3) $\begin{pmatrix} 1 & 3 & 0 \\ 0 & 2 & 1 \\ -2 & -1 & 2 \end{pmatrix}$　　(4) $\begin{pmatrix} a & 0 & 0 & 0 \\ 0 & b & 0 & 0 \\ 0 & 0 & c & 0 \\ 0 & 0 & 0 & d \end{pmatrix}$

3.5　次の連立方程式の解をクラメールの公式および消去法により，それぞれ求めなさい．

(1) $\begin{cases} 2x_1 + x_2 + x_3 = 4 \\ x_1 + 2x_2 + x_3 = -2 \\ x_1 + x_2 + 2x_3 = -2 \end{cases}$　　(2) $\begin{cases} -2x_3 + 2x_4 = -3 \\ 5x_1 - 2x_2 = 1 \\ -12x_2 + 16x_3 - 18x_4 = -3 \\ 10x_1 - 2x_2 - x_3 = 3 \end{cases}$

3.6　次の行列の固有値，固有ベクトルを求めなさい．

(1) $\begin{pmatrix} 17 & 16 \\ 8 & 9 \end{pmatrix}$　　(2) $\begin{pmatrix} 4 & -3 & -3 \\ -3 & 4 & 3 \\ 3 & -3 & -2 \end{pmatrix}$

3.7　三次正方行列

$$\boldsymbol{A} = \begin{pmatrix} -2 & 2 & 1 \\ -1 & 2 & 1 \\ -4 & 6 & -3 \end{pmatrix}$$

について

(1)　行列 $\boldsymbol{A}$ の固有値，固有ベクトルを求めなさい．

(2)　(1) の結果を利用し，$\boldsymbol{A}^n$ を求めなさい．

MEMO

第4章

ベクトル解析

ベクトル解析は,「電磁気学」を学ぶうえで理解しておかなければならない項目の１つです.

高校の物理などでベクトル量とは,大きさと方向をもつ量であり,大きさだけをもつ量をスカラ量ということは習ったと思います.

大学や高専で学ぶ理工系の学問,例えば電磁気学で扱う電界や磁界などは,大きさだけでなく方向ももっていますので,電磁気学を学ぶうえでベクトルに関する演算は十分に慣れておく必要があります.

4.1 電気工学とベクトル解析,場(界)の概念

今日,私たちにとって日常生活でテレビ,PC あるいはスマートフォンなどはあたりまえの存在になっています.これらは電磁気学の発展による恩恵の賜物といっても過言ではありません.そして,電磁波(電波)が空間をどのように伝わるかを解析する場合にはベクトルの考え方が重要になります.ただし高校では主に 2 次元のベクトルについて学んだと思いますが,私たちが生活している空間は三次元空間です.したがって,ベクトルの方向も三次元空間を意識したものでないと現実的ではありません.

ここでベクトルは,大きさを表すスカラ量に,方向を表す単位ベクトル(後述)の積の形で記述されます.例えば,15(北東)とか 28(南西)のような感じです．この方向を示す(　)内の文字が単位ベクトルの役目です．数学ですから具体的には，なんらかの変数名になりますが，あってもなくてもスカラ量に影響を与えないものでなければなりません．つまり，この変数の大きさは，必ず 1 になるようにします．

また，電磁気学では，よく「場」とか「界」という言葉が用いられます．実際，電場または電界，磁場または磁界という 2 通りのいい方を耳にしたこともあると思います[*1]．この場とか界という言葉は，まったく同じものを意味するのですが，歴史的背景と学問分野によって，どちらをもっぱら使うかが分かれます．ですから電場も電界もまったく同じ意味なのです．

さて，場とか界は，そのものが作用している空間（あるいは領域）を指します．重力場ならば，重力が作用している空間を指すわけです．このとき対象としているものが温度などのようなスカラ量であれば，**スカラ場**または**スカラ界**といいます．これに対し，対象としているものが力や速度などのベクトル量であれば，**ベクトル場**または**ベクトル界**といいます．

4.2　ベクトルの構造

前章までと同じですが，スカラ量を表す文字には細字 A, B, C, a, b, c などを用い，ベクトル量を表す文字には太字 $\boldsymbol{A}, \boldsymbol{B}, \boldsymbol{C}, \boldsymbol{a}, \boldsymbol{b}, \boldsymbol{c}$ などを用いてスカラとベクトルを区別することにします．

4.2.1　単位ベクトルとベクトルの大きさ

図 4.1 のような x-y 座標に任意のベクトル $\boldsymbol{C}$ があるとします．

$\boldsymbol{C}$ の大きさ（長さ）を C とします．そして，ベクトル $\boldsymbol{C}$ は，数学的に次式のように定義します．

$$\boldsymbol{C} = C\boldsymbol{a} \quad (= |\boldsymbol{C}|\boldsymbol{a}) \tag{4.1}$$

ただし，上式の $\boldsymbol{a}$ を，**単位ベクトル**と呼びます．前述した 15(北東) の「北東」に相当します．そして単位ベクトルは，大きさが 1 のベクトルのことです．もちろんベクトルですから方向をもっています．この方向は，$\boldsymbol{C}$ と同一です．

＊1　重力場に対して重力界とは一般にいいません．

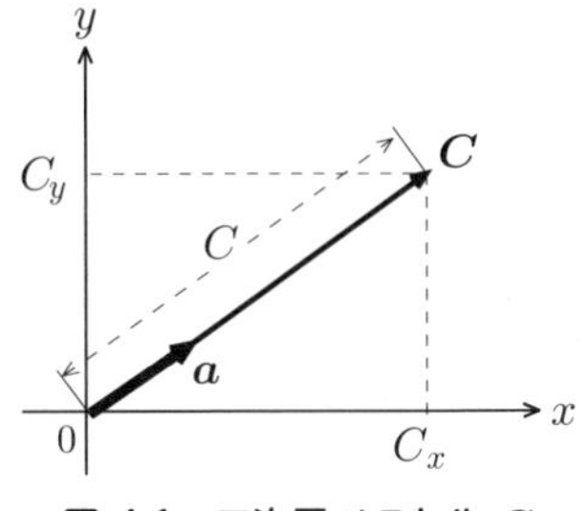

図 4.1　二次元ベクトル C

式 (4.1) に示したようにベクトルは，ベクトルの大きさを表す C（スカラ量）と，方向を示す単位ベクトル $\boldsymbol{a}$ の積の形で表します．これが基本的なベクトルの表現方法です．次に，この式 (4.1) の最後の (　) 内の $|\boldsymbol{C}|$ ですが，このように $\boldsymbol{C}$ に絶対値の記号 |　| を付けてベクトル $\boldsymbol{C}$ の大きさを表します．これは図 4.1 からもわかるように三平方の定理を使って，

$$|\boldsymbol{C}| = C = \sqrt{{C_x}^2 + {C_y}^2} \tag{4.2}$$

となることから，マイナスになることはなく，このような記号が使われています．また，単位ベクトル $\boldsymbol{a}$ は，式 (4.1) を変形すれば，

$$\boldsymbol{a} = \frac{\boldsymbol{C}}{|\boldsymbol{C}|} = \frac{\boldsymbol{C}}{C} \tag{4.3}$$

で求めることができます．

4.2.2　ベクトルの成分

電磁気学では，よくベクトルの**成分**といういい方をします．まず，ベクトルの分解について考えてみましょう．図 4.1 を例にとります．図 4.1 の $\boldsymbol{C}$ を x 軸上と y 軸上に分解したものを図 4.2 に示します．x 軸上のベクトルを $\boldsymbol{A}$，y 軸上のベクトルを $\boldsymbol{B}$ としています．この図は次のことを表しています．

> もし，ある物体が原点 0 にあり，$\boldsymbol{C}$ という力がこの物体に加わったときと，$\boldsymbol{A}$ と $\boldsymbol{B}$ という 2 つの力が物体に同時に加わったときの物体の動きは同じになる．

この文章は，ベクトルの和の物理的な意味を表しています．囲み枠内の文章

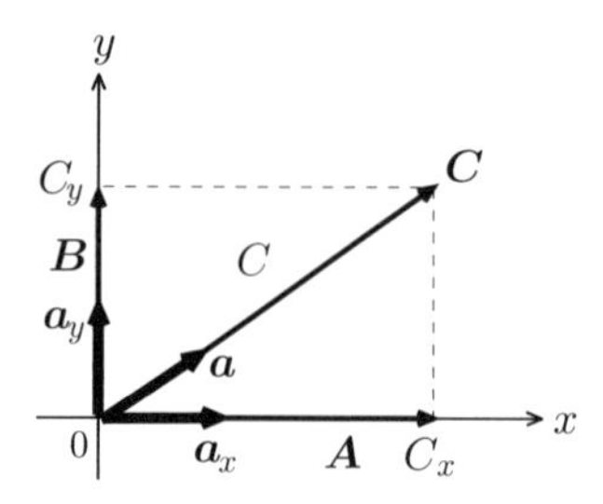

図 4.2　ベクトル C をベクトル A とベクトル B に分解

を式で表せば,

$$\boldsymbol{C} = \boldsymbol{A} + \boldsymbol{B} \tag{4.4}$$

と書くことができ，当然ですが式 (4.6) に一致します．そして，この式 (4.4) の右辺を式 (4.1) のようにベクトルの大きさと x 軸方向と y 軸方向の単位ベクトル $\boldsymbol{a}_x$，$\boldsymbol{a}_y$ を使った式の形に書きかえれば，図 4.2 からも明らかなように,

$$\boldsymbol{C} = C_x\boldsymbol{a}_x + C_y\boldsymbol{a}_y \tag{4.5}$$

となります．この式 (4.5) の形は，ベクトルを三次元で扱うときの基本的な考え方になります．

三次元では $\boldsymbol{C} = C_x\boldsymbol{a}_x + C_y\boldsymbol{a}_y$ が $\boldsymbol{C} = C_x\boldsymbol{a}_x + C_y\boldsymbol{a}_y + C_z\boldsymbol{a}_z$ になります.

ここで着目してもらいたいのは，単位ベクトル $\boldsymbol{a}_x$ と $\boldsymbol{a}_y$ が互いに直交している点です．単位ベクトルどうしは必ずしも直交していないといけないわけではありませんが，ベクトルの計算を行う際には，お互いに直交しているベクトルを扱ったほうが便利だからです．そして，このように座標軸上の値を使って表したものをベクトルの成分と呼びます．

つまり，式 (4.5) を言葉にすれば，「$\boldsymbol{C}$ は，大きさ C_x の x 成分と，大きさ C_y の y 成分からなるベクトルである.」といういい方をします．

4.2.3　ベクトルの和と差の概念

いま，図 4.3(a) のように 2 つの任意のベクトル $\boldsymbol{A}$，$\boldsymbol{B}$ があるとします．ここで図に示すように，ベクトルを表す矢印の矢のほうを終点，逆のほうを始点と呼ぶことにします．この 2 つのベクトルの和 $\boldsymbol{A}+\boldsymbol{B}$ は，次のように求められます．

まず，ベクトルは平行移動しても変わりませんから，$\boldsymbol{B}$ の始点を $\boldsymbol{A}$ の終点になるように平行移動します（図 4.3(a) 参照）．次に，$\boldsymbol{A}$ の始点から $\boldsymbol{B}$ の終点に向かう新しい $\boldsymbol{C}$ というベクトルを描きます（図 4.3(b) 参照）．この $\boldsymbol{C}$ を $\boldsymbol{A}$ と $\boldsymbol{B}$ のベクトルの和と呼び，式では，

$$\boldsymbol{C} = \boldsymbol{A} + \boldsymbol{B} \tag{4.6}$$

のように書きます．次にベクトルの差ですが，$c = a - b$ という演算は，$c = a + (-b)$ と等価ですから，$-\boldsymbol{B}$ というベクトルは，$\boldsymbol{B}$ と大きさが同じで方向が逆のベクトルを表しています．したがって，$\boldsymbol{A}-\boldsymbol{B}$ の演算は，図 4.3 の和の場合と同じようにして図 4.4 のようになります．

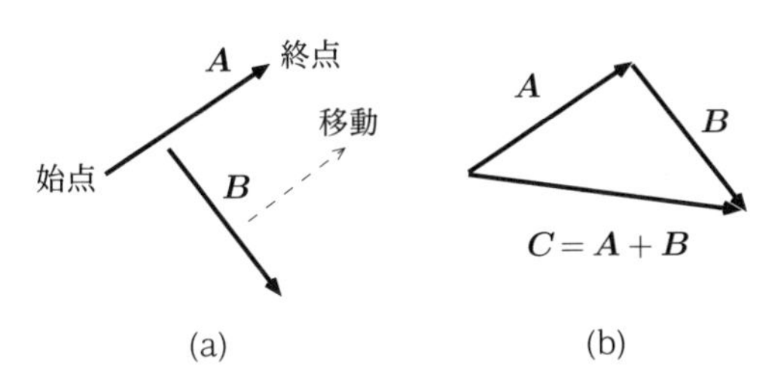

図 4.3　ベクトル A とベクトル B の和

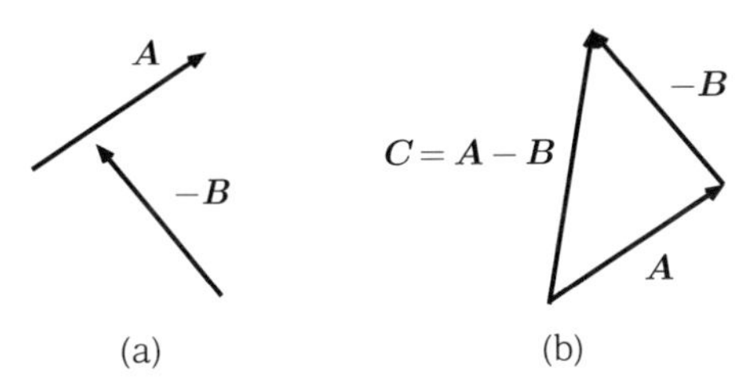

図 4.4　ベクトル A とベクトル B の差，またはベクトル A とベクトル $-B$ の和

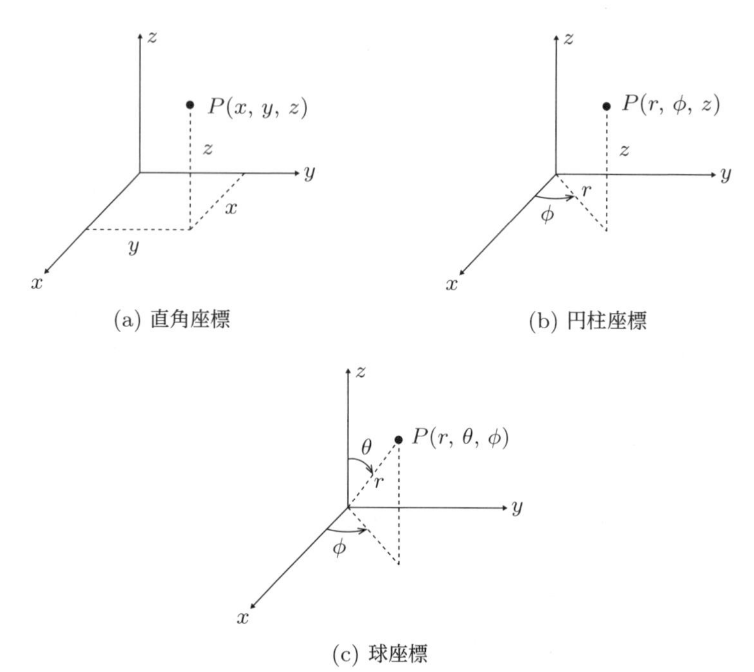

図 4.5　電磁気学でよく用いられる 3 種類の座標系

4.2.4　さまざまな座標系

ここからは，三次元のベクトルを扱うことになりますが，最も一般的に用いられる座標系は，二次元のときに使った x-y 座標を単純に三次元に拡張した**直角座標（カルテシアン座標）**です．

このほかにも電磁気学では，**円柱座標**や**球座標**といった座標系もよく用いられています．その理由は，例えば，直線状の電荷によってつくられる電界の様子を解析するには，円柱座標を用いたほうが便利ですし，点電荷がつくる電界の場合は球座標を用いたほうが便利なためです．

それぞれの座標系がどのようなものであるかを図 4.5 に示します*2．図 4.5(a)〜(c) の各点 P は三次元空間において，同じ点を表しています．また，点 P は三次元空間に存在していますから，どの座標系でも 3 つの要素を

*2　この 3 つ直角座標，円柱座標，球座標の座標系は単位ベクトルが互いに直交なので，3 つをまとめて**直交座標**と呼びます．

使えば点 P を一義的に定めることができます．直角座標では，図 4.5(a) のように x, y, z を用いて P を 1 点に定められます．すなわち，$P(x, y, z)$ となります．対して，図 4.5(b) の円柱座標では，P から x-y 平面に下ろした垂線の長さを z，その交点から原点までの距離を r とし，x 軸から r の角度を ϕ とします．この 3 つの要素を使って $P(r, \phi, z)$ で点 P の位置が定まります．最後の図 4.5(c) の球座標は，ϕ は円柱座標と同じですが，原点から P までの距離を r とし，その線分と z 軸の角度を θ として，この 3 つの要素 $P(r, \theta, \phi)$ で点 P の位置を定めます．

以上のように，どの座標系であっても 3 つの要素を使うことで，三次元空間の点 P の位置を確定することができます．電磁気学では，一般にこの 3 つの座標系が用いられますが，円柱座標と球座標については専門書にゆずり，本書では以下，図 4.5(a) の直角座標のみを扱うことにします．

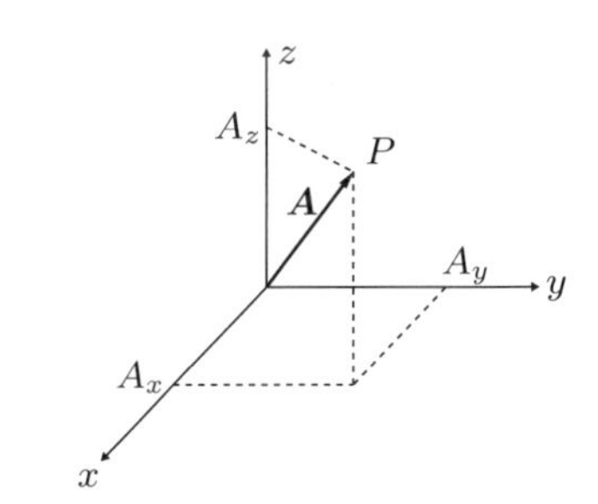

図 4.6　直角座標の三次元のベクトル $\boldsymbol{A}$

それでは，具体的に三次元のベクトルの話しに入りましょう．ここで，図 4.6 のように原点から点 P に向かうベクトルを $\boldsymbol{A}$ とします．$\boldsymbol{A}$ の各成分の大きさを，それぞれ A_x, A_y, A_z とすれば，二次元のときの式 (4.5) (162 ページ) と同じように，

$$\boldsymbol{A} = A_x\boldsymbol{a}_x + A_y\boldsymbol{a}_y + A_z\boldsymbol{a}_z \tag{4.7}$$

と書くことができます．ここで，各単位ベクトルを $\boldsymbol{i}, \boldsymbol{j}, \boldsymbol{k}$ とし

$$\boldsymbol{A} = A_x\boldsymbol{i} + A_y\boldsymbol{j} + A_z\boldsymbol{k} \tag{4.8}$$

と表記することもあります．さらに，二次元の三平方の定理を三次元に拡張し

て考えれば，ベクトル $\boldsymbol{A}$ の大きさは，

$$|\boldsymbol{A}| = A = \sqrt{{A_x}^2 + {A_y}^2 + {A_z}^2} \tag{4.9}$$

となります．

また，式 (4.7) の三次元のベクトルであっても $\boldsymbol{A}$ と同一方向の単位ベクトル $\boldsymbol{a}$ を用いれば，式 (4.1) (160 ページ) と同じ表現のしかたで式 (4.7) は，

$$\boldsymbol{A} = A\boldsymbol{a} \tag{4.10}$$

と表すことができます．

式(4.7) と式(4.10) のどちらの表現でも，右辺は必ず大きさを表すスカラ量と，方向を示す単位ベクトルの組み合わせになっているね．

例題 4.1

$\boldsymbol{A} = 3\boldsymbol{a}_x + 3\boldsymbol{a}_y + 3\boldsymbol{a}_z$ を式 (4.10) の形式で表しなさい．

答え

まず，このベクトルの大きさは，

$$|\boldsymbol{A}| = A = \sqrt{3^2 + 3^2 + 3^2} = 3\sqrt{3}$$

です．次に，単位ベクトル $\boldsymbol{a}_n$ は式 (4.3) (161 ページ) より，

$$\boldsymbol{a}_n = \frac{\boldsymbol{A}}{|\boldsymbol{A}|} = \frac{3\boldsymbol{a}_x + 3\boldsymbol{a}_y + 3\boldsymbol{a}_z}{3\sqrt{3}} = \frac{\boldsymbol{a}_x + \boldsymbol{a}_y + \boldsymbol{a}_z}{\sqrt{3}}$$

となります．したがって，

$$\boldsymbol{A} = 3\sqrt{3}\left(\frac{\boldsymbol{a}_x + \boldsymbol{a}_y + \boldsymbol{a}_z}{\sqrt{3}}\right)$$

のように答えが得られます．

> 答えの ( ) 内の $\sqrt{3}$ を外に出して，$\boldsymbol{A} = 3\,(\boldsymbol{a}_x + \boldsymbol{a}_y + \boldsymbol{a}_z)$ としてしまうと $(\boldsymbol{a}_x + \boldsymbol{a}_y + \boldsymbol{a}_z)$ のベクトルの大きさは $\sqrt{3}$ となってしまい，単位ベクトルではなくなってしまうことに注意してください．

4.3　ベクトルの積

まず，スカラ a とベクトル $\boldsymbol{A}$ の積は，

$$a\boldsymbol{A} = aA_x\boldsymbol{a}_x + aA_y\boldsymbol{a}_y + aA_z\boldsymbol{a}_z \tag{4.11}$$

のように各成分の値を a 倍することなります．次に，ベクトル $\boldsymbol{A}$ とベクトル $\boldsymbol{B}$ の和と差は，

$$\boldsymbol{A} \pm \boldsymbol{B} = (A_x \pm B_x)\boldsymbol{a}_x + (A_y \pm B_y)\boldsymbol{a}_y + (A_z \pm B_z)\boldsymbol{a}_z \tag{4.12}$$

のように $\boldsymbol{A}$ と $\boldsymbol{B}$ の各成分ごとに和（または差）を計算することになります．

ベクトルの演算には，そのほかにスカラ積とベクトル積と呼ばれる 2 種類の積の演算があります．以下，この 2 つについて説明します．

4.3.1　スカラ積

スカラ積は，**内積** (inner product) や**ドット積**とも呼ばれます．スカラ積と呼ばれる理由は，演算の結果がスカラ量となるからです．

> 電磁気学の試験などで学生の答えに $A = a\boldsymbol{a}_x + b\boldsymbol{a}_y + c\boldsymbol{a}_z$ のようなものをしばしば目にします．この答えがまちがいであることは一目瞭然です．左辺が A というスカラ量であるのに対し，右辺はベクトル量となっているので，この式の「=」は成り立ちません．スカラ積と呼ぶことで，自分自身でまちがいに気が付く可能性が高くなります．

このスカラ積は，普通のかけ算と似ていますのでベクトル積に比べると理解しやすいと思います．ただし，スカラ積は，対象がベクトルですから，大きさだけでなく方向を考慮したかけ算といえます．

$\boldsymbol{A}$ と $\boldsymbol{B}$ のスカラ積の答えが C であるとき，スカラ積は，

$$C = \boldsymbol{A} \cdot \boldsymbol{B} \tag{4.13}$$

のように記述します．演算記号が「·」なのでドット積とも呼ばれます．また，スカラ積では交換則が成り立ち，$\boldsymbol{A} \cdot \boldsymbol{B} = \boldsymbol{B} \cdot \boldsymbol{A}$ となります．では，もう少し話を具体的にしたいのですが，式が長くなり煩雑ですので二次元のベクトルで考えることにします．$\boldsymbol{A} = A_x \boldsymbol{a}_x + A_y \boldsymbol{a}_y$，$\boldsymbol{B} = B_x \boldsymbol{a}_x + B_y \boldsymbol{a}_y$ とします．このとき，$\boldsymbol{A}$ と $\boldsymbol{B}$ のスカラ積は，

$$\boldsymbol{A} \cdot \boldsymbol{B} = A_x B_x + A_y B_y \tag{4.14}$$

となります．なぜ, このような答えになるのでしょう．ここで普通のかけ算で,

$$(a+b)(c+d) = ac + ad + bc + bd \tag{4.15}$$

となることは知っています．これと同様に考えれば,

$$\begin{aligned} &\{A_x \boldsymbol{a}_x + A_y \boldsymbol{a}_y\} \cdot \{B_x \boldsymbol{a}_x + B_y \boldsymbol{a}_y\} \\ &= A_x B_x (\boldsymbol{a}_x \cdot \boldsymbol{a}_x) + A_x B_y (\boldsymbol{a}_x \cdot \boldsymbol{a}_y) + A_y B_x (\boldsymbol{a}_y \cdot \boldsymbol{a}_x) + A_y B_y (\boldsymbol{a}_y \cdot \boldsymbol{a}_y) \end{aligned} \tag{4.16}$$

のように書くことができます．ただし，スカラ量に関しては普通のかけ算でよいのですがベクトル量（ここでは単位ベクトル）については，スカラ積を行いますので，( ) を付けて示してあります．

前に 4.2.2 項(161 ページ)で,「ベクトルの計算を行う際には，お互いに直交しているベクトルを扱ったほうが便利だからです.」と述べました．$\boldsymbol{a}_x \cdot \boldsymbol{a}_y$ の計算をするため，直交した 2 つの単位ベクトル $\boldsymbol{a}_x$ と $\boldsymbol{a}_y$ を図 4.7(a) に示します．

この図で，$\boldsymbol{a}_y$ の始点方向から見下ろすようにみると，この 2 つのベクトルは，図 4.7(b) のように見えます．$\otimes$ 印は，方向を示す記号で図 4.8 に示した弓矢の矢を前方から見た場合（$\odot$）と，後方から見た場合（$\otimes$）の後方に相当しています．

この結果，図 4.7(b) において $\boldsymbol{a}_x$ の大きさ（長さ）は単位ベクトルですから

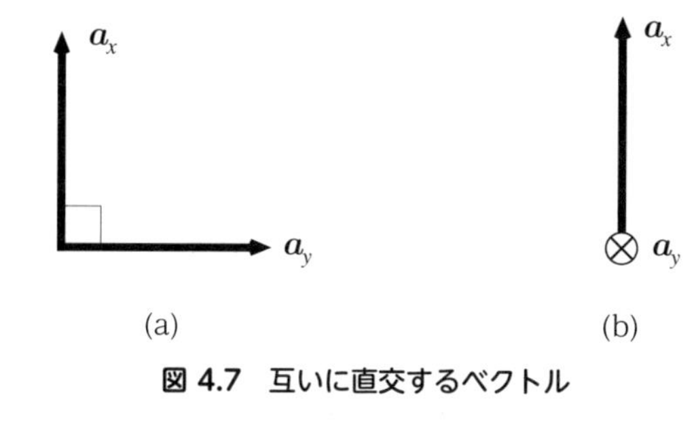

図 4.7 互いに直交するベクトル

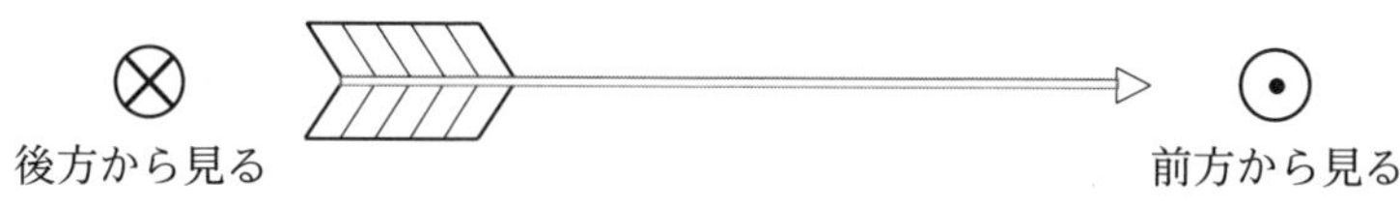

図 4.8 方向を示す記号 $\otimes$ と $\odot$

1 ですが，$\boldsymbol{a}_y$ は $\otimes$ のように点に見えます．点なので，その大きさ（長さ）は 0 となります．したがって，普通の計算のように $1 \times 0 = 0$ となります．図では示しませんが $\boldsymbol{a}_x \cdot \boldsymbol{a}_x$ であれば，同じ方向に 1 が 2 つあるので $1 \times 1 = 1$ となることは明らかです．以上のことから式 (4.16) において，同方向の単位ベクトルの場合は 1，直交した単位ベクトルの場合は 0 となり，最終的に式 (4.14) のようにスカラ積の演算結果は，スカラ量となります．

さらに，異なったアプローチから，スカラ積では，

$$\boldsymbol{A} \cdot \boldsymbol{B} = AB \cos\theta \tag{4.17}$$

という式も成り立ちます．この式が成り立つのであれば，式 (4.14) と式 (4.17) から $A_xB_x + A_yB_y = AB\cos\theta$ の関係も成り立ちます．そこで，図 4.9(a) のような任意のベクトル $\boldsymbol{A}$ と $\boldsymbol{B}$ を考えます．また，2 つのベクトルのなす角を θ とします．

ここで，$\cos\theta$ の計算を行うために $\boldsymbol{B}$ が x 軸上にくるように $\boldsymbol{A}$ と $\boldsymbol{B}$ の両方を回転させます（図 4.9(b)）．通常，ベクトルを回転させるともとのベクトルと違ったものになってしまいますが，$\boldsymbol{A}$ と $\boldsymbol{B}$ の両方を同じだけ回転させているので，2 つのベクトルの関係は変化しません．このようにすると，図 4.9(b) において，$\boldsymbol{A}$ は x, y の両方の成分をもち，$\boldsymbol{B}$ は x 成分のみとなることに注意してください．

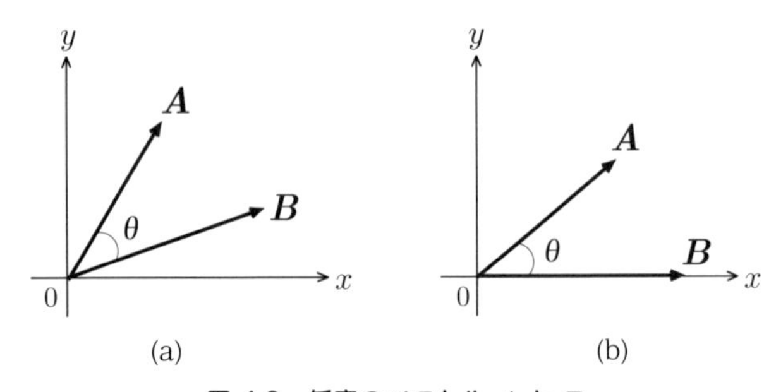

図 4.9　任意のベクトル A と B

したがって，$\boldsymbol{A} = A_x\boldsymbol{a}_x + A_y\boldsymbol{a}_y$ であり，$\boldsymbol{B} = B_x\boldsymbol{a}_x$ となります．そして，それぞれの大きさは，$A = \sqrt{{A_x}^2 + {A_y}^2}$，$B = \sqrt{{B_x}^2} = B_x$ です．

よって，式 (4.14) より，

$$\boldsymbol{A} \cdot \boldsymbol{B} = A_x B_x \tag{4.18}$$

また，式 (4.17) より，

$$\boldsymbol{A} \cdot \boldsymbol{B} = \sqrt{{A_x}^2 + {A_y}^2} B_x \cos\theta \tag{4.19}$$

となります．ここで，図 4.9(b) の $\boldsymbol{A}$ について着目すれば，

$$\cos\theta = \frac{A_x}{\sqrt{{A_x}^2 + {A_y}^2}} \tag{4.20}$$

ですから，これを式 (4.19) に代入すれば，

$$\boldsymbol{A} \cdot \boldsymbol{B} = \sqrt{{A_x}^2 + {A_y}^2} B_x \frac{A_x}{\sqrt{{A_x}^2 + {A_y}^2}} = A_x B_x \tag{4.21}$$

となります．式 (4.18) と式 (4.21) が同じ結果となりました．このことから $A_x B_x + A_y B_y = AB\cos\theta$ が成り立つことがわかります．以上の議論は，二次元で行いましたが，三次元でも成り立ちます．

そして，式 (4.7) (165 ページ)で定義した直角座標の 3 つの単位ベクトル $\boldsymbol{a}_x$，$\boldsymbol{a}_y$，$\boldsymbol{a}_z$ の間には，

$$\boldsymbol{a}_x \cdot \boldsymbol{a}_x = \boldsymbol{a}_y \cdot \boldsymbol{a}_y = \boldsymbol{a}_z \cdot \boldsymbol{a}_z = 1 \tag{4.22}$$

$$\boldsymbol{a}_x \cdot \boldsymbol{a}_y = \boldsymbol{a}_y \cdot \boldsymbol{a}_z = \boldsymbol{a}_z \cdot \boldsymbol{a}_x = 0 \tag{4.23}$$

の関係が成り立ちます．したがって，三次元でのスカラ積は，

$$\boldsymbol{A}\cdot\boldsymbol{B}=A_xB_x+A_yB_y+A_zB_z \tag{4.24}$$

あるいは

$$\boldsymbol{A}\cdot\boldsymbol{B}=|\boldsymbol{A}|\,|\boldsymbol{B}|\cos\theta=AB\cos\theta \tag{4.25}$$

のどちらかの式を用いて計算することができます．当然，ベクトル $\boldsymbol{A}$，$\boldsymbol{B}$ の形がどのように与えられるかによって，どちらの式を使えば便利かが決まります．

スカラ積も通常の積の計算と変わらないけど，ベクトルを対象にするから，計算結果が変わってくるんだね．

例題 4.2

$\boldsymbol{A}=5\boldsymbol{a}_x+3\boldsymbol{a}_y-\boldsymbol{a}_z$，$\boldsymbol{B}=-3\boldsymbol{a}_x+2\boldsymbol{a}_y+3\boldsymbol{a}_z$ のとき，$\boldsymbol{A}$ と $\boldsymbol{B}$ のスカラ積を求めなさい．

答え

式 (4.24) より，$\boldsymbol{A}\cdot\boldsymbol{B}=\{(5\times(-3))+(3\times2)+((-1)\times3)\}=-12$

例題 4.3

$B=3$ で 2 つのベクトルのなす角が $\dfrac{\pi}{3}$ のときのスカラ積を求めなさい．

答え

式 (4.25) より，$\boldsymbol{A}\cdot\boldsymbol{B}=8\times3\times\left(\dfrac{1}{2}\right)=12$

例 4.1 スカラ積の応用

ここで，スカラ積の 1 つの応用である**射影**（Projection）について説明します．任意の 2 つのベクトル $\boldsymbol{A}$ と $\boldsymbol{B}$ が与えられたとき，例えば $\boldsymbol{B}$ と同方向の，

ベクトル $\boldsymbol{A}$ の成分の大きさ A_B を知りたいことがあります．このとき，ベクトル $\boldsymbol{B}$ と同方向の単位ベクトルを $\boldsymbol{a}_B$ とすれば，

$$A_B = \boldsymbol{A} \cdot \boldsymbol{a}_B \tag{4.26}$$

これを，

$$A_B = \text{Proj. } \boldsymbol{A} \text{ on } \boldsymbol{B} \tag{4.27}$$

と書き，$\boldsymbol{A}$ の $\boldsymbol{B}$ 上への射影と呼びます．この考え方を拡張すれば，ベクトル $\boldsymbol{A}$ の任意の方向 n の成分の大きさ A_n は，$A_n = \boldsymbol{A} \cdot \boldsymbol{a}_n$ のようにスカラ積を使って求めることができます．

4.3.2　ベクトル積

次に 2 つめの積の演算，**ベクトル積**について説明します．ベクトル積は，**外積** (outer product) あるいは**クロス積**とも呼ばれますが，ベクトル積の演算結果は，ベクトル量となりますので，前のスカラ積と同じように，本書ではベクトル積と呼ぶことにします．スカラ積は，普通のかけ算と似ていましたが，ベクトル積はちょっとイメージが異なります．

$\boldsymbol{A}$ と $\boldsymbol{B}$ のベクトル積の答えが $\boldsymbol{C}$ であるとき，ベクトル積は，

$$\boldsymbol{C} = \boldsymbol{A} \times \boldsymbol{B} \tag{4.28}$$

のように記述します．演算記号が「×」なのでクロス積とも呼ばれます．ここで，ベクトル積は，スカラ積のように二次元で考えることができません．後の説明で明らかになりますが，三次元でしか考えることができない演算です．

突然ですが，中学の理科で習った「フレミングの左手の法則」を思い出してください．左手の親指，人差し指，中指をそれぞれが直角になるように広げると，それぞれ親指が力（$\boldsymbol{F}$），人差し指が磁界（$\boldsymbol{B}$），中指が電流（$\boldsymbol{I}$）の方向を示すというものでした．力の大きさ F は，B と I の積の形で求まります．しかし，これでは大きさが求まるだけで，力の方向までは求まりません．力と磁界，そして電流の 3 つの要素とも方向をもったベクトル量です．このために，演算結果の方向まで考慮できるように考えられた演算方法がベクトル積です．ベクトル積は，以下のように定義されています．

図 4.10 に示したように x-y 平面上に $\boldsymbol{A}$，$\boldsymbol{B}$ があり，なす角を θ とします．

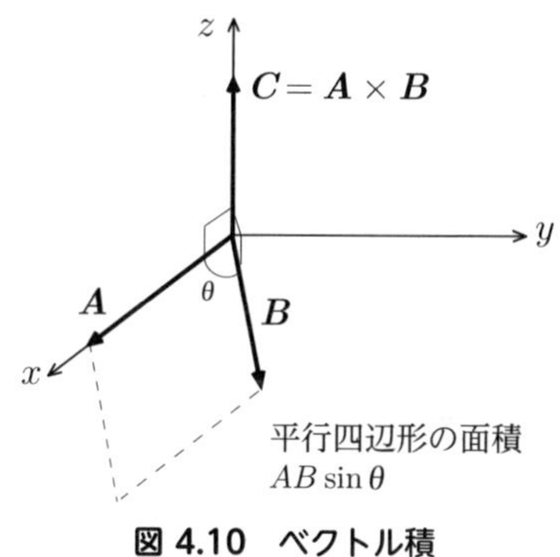

図 4.10　ベクトル積

そして，$\boldsymbol{A}$，$\boldsymbol{B}$ に垂直で，大きさが $\boldsymbol{A}$，$\boldsymbol{B}$ によってつくられる平行四辺形の面積（$AB \sin \theta$）に等しい長さのベクトル $\boldsymbol{C}$ を定義します．また，この $\boldsymbol{C}$ の方向は，かけられるベクトル（$\boldsymbol{A}$）から，かけるベクトル（$\boldsymbol{B}$）を見たときに右ねじの進む方向とします（図では反時計回り）．

このの $\boldsymbol{C}$ が $\boldsymbol{A}$ と $\boldsymbol{B}$ のベクトル積の演算結果となります．ここで，かけられるベクトルとかけるベクトルが逆（$\boldsymbol{B} \times \boldsymbol{A}$）になった場合は，$\boldsymbol{B}$ から $\boldsymbol{A}$（時計回り）となりますので，図 4.10 において，このときの $\boldsymbol{C}$ は，z 軸の負の方向となります．

つまり，ベクトル積では交換則が成り立たず，$\boldsymbol{A} \times \boldsymbol{B} = -\boldsymbol{B} \times \boldsymbol{A}$ となります．

ベクトル積の演算結果は，図 4.10 のように x-y 平面から上か下に突き出てしまうから，二次元では考えることができないわけね．

ここで，平行四辺形の面積について補足しておきます．図 4.10 の x-y 平面を描いたものを図 4.11 に示します．

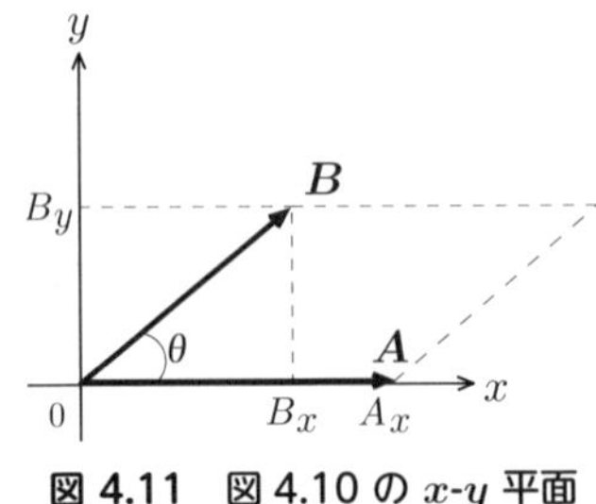

図 4.11　図 4.10 の x-y 平面

図 4.11 において，平行四辺形の高さは $B_y = B \sin \theta$ で，底辺は $A_x = A$ ですから，面積は $A_x B_y = AB \sin \theta$ となります．

以上の説明は，x-y 平面上に $\boldsymbol{A}$，$\boldsymbol{B}$ のベクトルがあると限定した話でしたが，これをもう少し一般化しておきましょう．三次元空間に任意のベクトル $\boldsymbol{A}$，$\boldsymbol{B}$ があり，なす角を θ とします．このときのベクトル積は，

$$\boldsymbol{A} \times \boldsymbol{B} = (AB \sin \theta)\boldsymbol{a}_n \tag{4.29}$$

となります．上式の $\boldsymbol{a}_n$ は，$\boldsymbol{A}$，$\boldsymbol{B}$ によってつくられる平面に垂直な単位ベクトルを表しています．式 (4.29) のようにベクトル積の演算結果は必ずベクトル量となることに注意してください．

では，ベクトル積が，どのようなものであるかがわかったところで，次に具体的な計算について説明することにします．まず，2 つの任意のベクトル $\boldsymbol{A}$，$\boldsymbol{B}$ があり，$\boldsymbol{A} = A_x\boldsymbol{a}_x + A_y\boldsymbol{a}_y + A_z\boldsymbol{a}_z$，$\boldsymbol{B} = B_x\boldsymbol{a}_x + B_y\boldsymbol{a}_y + B_z\boldsymbol{a}_z$ とします．

スカラ積のときと同じようにスカラ量については，普通のかけ算のように考え，ベクトル量の部分だけを ( ) で示すことにすれば，

$$\begin{aligned}
&\{A_x\boldsymbol{a}_x + A_y\boldsymbol{a}_y + A_z\boldsymbol{a}_z\} \times \{B_x\boldsymbol{a}_x + B_y\boldsymbol{a}_y + B_z\boldsymbol{a}_z\} \\
&= A_xB_x(\boldsymbol{a}_x \times \boldsymbol{a}_x) + A_xB_y(\boldsymbol{a}_x \times \boldsymbol{a}_y) + A_xB_z(\boldsymbol{a}_x \times \boldsymbol{a}_z) \\
&\quad + A_yB_x(\boldsymbol{a}_y \times \boldsymbol{a}_x) + A_yB_y(\boldsymbol{a}_y \times \boldsymbol{a}_y) + A_yB_z(\boldsymbol{a}_y \times \boldsymbol{a}_z) \\
&\quad + A_zB_x(\boldsymbol{a}_z \times \boldsymbol{a}_x) + A_zB_y(\boldsymbol{a}_z \times \boldsymbol{a}_y) + A_zB_z(\boldsymbol{a}_z \times \boldsymbol{a}_z)
\end{aligned} \tag{4.30}$$

のように書けます．ここで，上式の ( ) 内の単位ベクトル $\boldsymbol{a}_x$，$\boldsymbol{a}_y$，$\boldsymbol{a}_z$ のベクトル積について考えてみます．

まず，同方向のベクトルが考えやすいと思います．同方向ですから，なす角 θ は 0 です．したがって，式 (4.29) の $\sin \theta = 0$ となり，単位ベクトルも含め

同方向のベクトルは，ベクトル積の結果が 0 となります．これは，同方向のベクトルですから平行四辺形をつくることができず，面積が 0 となることからも理解できると思います．

次に，$\boldsymbol{a}_x \times \boldsymbol{a}_y$ を考えます．なす角 θ は $\dfrac{\pi}{2}$ ですから $\sin\dfrac{\pi}{2} = 1$ となり，両方とも単位ベクトルですから大きさは 1 となります．そして方向は，$\boldsymbol{a}_x$ から $\boldsymbol{a}_y$ を見ることになりますから反時計回りで，$\boldsymbol{a}_z$ となります．最終的に $\boldsymbol{a}_x \times \boldsymbol{a}_y = \boldsymbol{a}_z$ の結果が得られます．また，$\boldsymbol{a}_x \times \boldsymbol{a}_y$ の順序を逆にした場合は，$\boldsymbol{a}_y \times \boldsymbol{a}_x = -\boldsymbol{a}_z$ となります．

ほかの単位ベクトルについても同じように考えればよいので，すべての単位ベクトル $\boldsymbol{a}_x$，$\boldsymbol{a}_y$，$\boldsymbol{a}_z$ のベクトル積について，まとめたものを以下に示します．

$$\boldsymbol{a}_x \times \boldsymbol{a}_x = 0 \qquad \boldsymbol{a}_y \times \boldsymbol{a}_y = 0 \qquad \boldsymbol{a}_z \times \boldsymbol{a}_z = 0 \tag{4.31}$$

$$\boldsymbol{a}_x \times \boldsymbol{a}_y = \boldsymbol{a}_z \qquad \boldsymbol{a}_y \times \boldsymbol{a}_z = \boldsymbol{a}_x \qquad \boldsymbol{a}_z \times \boldsymbol{a}_x = \boldsymbol{a}_y \tag{4.32}$$

$$\boldsymbol{a}_y \times \boldsymbol{a}_x = -\boldsymbol{a}_z \qquad \boldsymbol{a}_z \times \boldsymbol{a}_y = -\boldsymbol{a}_x \qquad \boldsymbol{a}_x \times \boldsymbol{a}_z = -\boldsymbol{a}_y \tag{4.33}$$

ここで，式 (4.32) や式 (4.33) の単位ベクトルの添え字に注目すると x, y, z が循環した形になっています．そこで，式 (4.32) の関係は図 4.12(a) のように反時計回りに循環するものとして覚えるとよいでしょう．

また，式 (4.33) の場合は，図 4.12(b) のように時計回りで循環するように覚えましょう．もちろん，時計回りを正としても問題ありませんが，電気回路で位相を考えるとき，反時計回りを正方向としますので，それに倣い，反時計方向を正方向としてあります．

図 4.12 単位ベクトル $\boldsymbol{a}_x$，$\boldsymbol{a}_y$，$\boldsymbol{a}_z$ の循環

次に，単位ベクトルのスカラ積とベクトル積の結果を「大きさのみ」に着目して比較してみることにします．

〔スカラ積〕

・直交したベクトル $\to 0$

・平行なベクトル $\to 1$

〔ベクトル積〕

・直交したベクトル $\to \pm 1$

・平行なベクトル $\to 0$

のような興味深い性質があることがわかります*3．

では，話を一般のベクトル積の式 (4.30) (174ページ)に戻しましょう．式 (4.30) に式 (4.31)～式 (4.33) の結果をそれぞれ代入します．そして，各単位ベクトルごとになるように式を整理すれば，

$$
\begin{aligned}
\boldsymbol{A} \times \boldsymbol{B} = (A_y B_z - A_z B_y)\boldsymbol{a}_x + (A_z B_x - A_x B_z)\boldsymbol{a}_y \\
+ (A_x B_y - A_y B_x)\boldsymbol{a}_z
\end{aligned}
\tag{4.34}
$$

のようなベクトル積の一般的な式が得られます．

かなり複雑な形になっていて，このままの式を覚えるのはちょっといやだね．まちがって覚えてしまうと計算結果が誤りになってしまうしね．

これは，第3章の 3.2.1 項で説明した行列式を使えば，この計算方法をもっと簡単に覚えることができます．直角座標系なので，式 (4.34) を行列式の形で表すことができ，

$$
\boldsymbol{A} \times \boldsymbol{B} = \begin{vmatrix} \boldsymbol{a}_x & \boldsymbol{a}_y & \boldsymbol{a}_z \\ A_x & A_y & A_z \\ B_x & B_y & B_z \end{vmatrix}
\tag{4.35}
$$

のようになります．

まず，行列式の第1行目に単位ベクトル $\boldsymbol{a}_x$，$\boldsymbol{a}_y$，$\boldsymbol{a}_z$ を順に書きます．第

*3　この後のベクトルの微分演算の 1 つである勾配の説明でも，この性質を上手く利用しています．

2行目には，かけられるベクトル $\boldsymbol{A}$ の x, y, z 成分を書きます．最後の第3行目にかけるベクトル $\boldsymbol{B}$ の x, y, z 成分を書きます．第2行目と第3行目は，スカラ量となっていることに注意してください．そして行列式の演算（たすき掛け）を行えば，式(4.34)と一致することは容易に確かめられます．この行列式の形の，式(4.35)のほうが，式(4.34)より簡単に覚えられ，まちがいも少なくなります．

ところで，同一のベクトルどうしのスカラ積は，$\boldsymbol{A}\cdot\boldsymbol{A} = A_x^2 + A_y^2 + A_z^2$ となりますので，簡単に $\boldsymbol{A}\cdot\boldsymbol{A} = \boldsymbol{A}^2$ と表記します．このように表記しても同一のベクトルどうしのベクトル積は，もちろん同方向のベクトルですから，$\boldsymbol{A}\times\boldsymbol{A} = 0$ となるので混乱が生じることはありません．

4.3.3　ベクトル三重積とスカラ三重積

これまでにスカラ積とベクトル積は，2つのベクトルに対するものでした．ここでは，3つのベクトルに対する演算について説明します．

(1)　ベクトル三重積

まず，**ベクトル三重積**と呼ばれる3つのベクトルのベクトル積について説明します．

例 4.2

$\boldsymbol{A}$，$\boldsymbol{B}$，$\boldsymbol{C}$ をそれぞれ，$\boldsymbol{A} = 2\boldsymbol{a}_x + 2\boldsymbol{a}_y$，$\boldsymbol{B} = 3\boldsymbol{a}_x + 2\boldsymbol{a}_z$，$\boldsymbol{C} = 2\boldsymbol{a}_y + 3\boldsymbol{a}_z$ とします．そして，$(\boldsymbol{A}\times\boldsymbol{B})\times\boldsymbol{C}$ と $\boldsymbol{A}\times(\boldsymbol{B}\times\boldsymbol{C})$ をそれぞれ求めてみます．

まず，

$$\boldsymbol{A}\times\boldsymbol{B} = \begin{vmatrix} \boldsymbol{a}_x & \boldsymbol{a}_y & \boldsymbol{a}_z \\ 2 & 2 & 0 \\ 3 & 0 & 2 \end{vmatrix} = 4\boldsymbol{a}_x - 4\boldsymbol{a}_y - 6\boldsymbol{a}_z \tag{4.36}$$

次に，

$$(\boldsymbol{A}\times\boldsymbol{B})\times\boldsymbol{C} = \begin{vmatrix} \boldsymbol{a}_x & \boldsymbol{a}_y & \boldsymbol{a}_z \\ 4 & -4 & -6 \\ 0 & 2 & 3 \end{vmatrix} = -12\boldsymbol{a}_y + 8\boldsymbol{a}_z$$

そして，

$$\boldsymbol{B} \times \boldsymbol{C} = \begin{vmatrix} \boldsymbol{a}_x & \boldsymbol{a}_y & \boldsymbol{a}_z \\ 3 & 0 & 2 \\ 0 & 2 & 3 \end{vmatrix} = -4\boldsymbol{a}_x - 9\boldsymbol{a}_y + 6\boldsymbol{a}_z \tag{4.37}$$

次に,

$$\boldsymbol{A} \times (\boldsymbol{B} \times \boldsymbol{C}) = \begin{vmatrix} \boldsymbol{a}_x & \boldsymbol{a}_y & \boldsymbol{a}_z \\ 2 & 2 & 0 \\ -4 & -9 & 6 \end{vmatrix} = 12\boldsymbol{a}_x - 12\boldsymbol{a}_y - 10\boldsymbol{a}_z$$

となります．これらの結果から,

$$(\boldsymbol{A} \times \boldsymbol{B}) \times \boldsymbol{C} \neq \boldsymbol{A} \times (\boldsymbol{B} \times \boldsymbol{C})$$

となりますので，ベクトル三重積は，どちらのベクトル積が最初に行われるかによって結果が異なります（結合則が成り立たない）．したがって，どのベクトル積を最初に行うかを示す ( ) が重要となります．

ここで，もう少し詳しくベクトル三重積についてみてみます．まず，$\boldsymbol{A} \times (\boldsymbol{B} \times \boldsymbol{C})$ の $\boldsymbol{B} \times \boldsymbol{C}$ の一般式は,

$$\begin{aligned} \boldsymbol{B} \times \boldsymbol{C} &= \begin{vmatrix} \boldsymbol{a}_x & \boldsymbol{a}_y & \boldsymbol{a}_z \\ B_x & B_y & B_z \\ C_x & C_y & C_z \end{vmatrix} \\ &= (B_yC_z - B_zC_y)\boldsymbol{a}_x + (B_zC_x - B_xC_z)\boldsymbol{a}_y + (B_xC_y - B_yC_x)\boldsymbol{a}_z \end{aligned}$$

となります．そして，$\boldsymbol{A} \times (\boldsymbol{B} \times \boldsymbol{C})$ は,

$$\begin{aligned} \boldsymbol{A} \times (\boldsymbol{B} \times \boldsymbol{C}) &= \begin{vmatrix} \boldsymbol{a}_x & \boldsymbol{a}_y & \boldsymbol{a}_z \\ A_x & A_y & A_z \\ B_yC_z - B_zC_y & B_zC_x - B_xC_z & B_xC_y - B_yC_x \end{vmatrix} \\ &= \{A_y(B_xC_y - B_yC_x) - A_z(B_zC_x - B_xC_z)\}\boldsymbol{a}_x \\ &\quad + \{A_z(B_yC_z - B_zC_y) - A_x(B_xC_y - B_yC_x)\}\boldsymbol{a}_y \\ &\quad + \{A_x(B_zC_x - B_xC_z) - A_y(B_yC_z - B_zC_y)\}\boldsymbol{a}_z \end{aligned}$$

となります．( ) を開いてくくり直せば,

$$\begin{aligned}\boldsymbol{A}\times(\boldsymbol{B}\times\boldsymbol{C}) = &\{B_x(A_yC_y + A_zC_z) - C_x(A_yB_y + A_zB_z)\}\boldsymbol{a}_x\\ &+ \{B_y(A_zC_z + A_xC_x) - C_y(A_zB_z + A_xB_x)\}\boldsymbol{a}_y\\ &+ \{B_z(A_xC_x + A_yC_y) - C_z(A_xB_x + A_yB_y)\}\boldsymbol{a}_z\end{aligned} \tag{4.38}$$

となります．

ここで，上式の各 ( ) に着目してみます．例えば，$\boldsymbol{a}_x$ の第 1 項目の ( ) に A_xC_x が加われば，( ) 内の値は $\boldsymbol{A}\cdot\boldsymbol{C}$ となります．そこで，( ) 内に A_xC_x を加え，その分を後から引いても同じです．第 2 項も同様に ( ) 内に A_xB_x を加えますが C_x の符号が負ですから，その分を足すことになります．したがって，$\boldsymbol{a}_x$ の { } の部分のみを示せば，

$$\begin{aligned}&B_x(A_xC_x + A_yC_y + A_zC_z) - A_xB_xC_x\\ &- C_x(A_xB_x + A_yB_y + A_zB_z) + A_xB_xC_x\\ &= B_x(A_xC_x + A_yC_y + A_zC_z) - C_x(A_xB_x + A_yB_y + A_zB_z)\end{aligned}$$

のように両方の ( ) 内が $\boldsymbol{A}\cdot\boldsymbol{C}$ と $\boldsymbol{A}\cdot\boldsymbol{B}$ で表せることがわかります．これは，$\boldsymbol{a}_y$ の項と $\boldsymbol{a}_z$ の項も同様ですから最終的に，

$$\begin{aligned}&\boldsymbol{A}\times(\boldsymbol{B}\times\boldsymbol{C})\\ &= \{B_x(\boldsymbol{A}\cdot\boldsymbol{C}) - C_x(\boldsymbol{A}\cdot\boldsymbol{B})\}\boldsymbol{a}_x + \{B_y(\boldsymbol{A}\cdot\boldsymbol{C}) - C_y(\boldsymbol{A}\cdot\boldsymbol{B})\}\boldsymbol{a}_y\\ &+ \{B_z(\boldsymbol{A}\cdot\boldsymbol{C}) - C_z(\boldsymbol{A}\cdot\boldsymbol{B})\}\boldsymbol{a}_z\end{aligned} \tag{4.39}$$

となります．さらに上式 (4.39) を $(\boldsymbol{A}\cdot\boldsymbol{C})$ と $(\boldsymbol{A}\cdot\boldsymbol{B})$ の項に分ければ，

$$\begin{aligned}&\boldsymbol{A}\times(\boldsymbol{B}\times\boldsymbol{C})\\ &= (B_x\boldsymbol{a}_x + B_y\boldsymbol{a}_y + B_z\boldsymbol{a}_z)(\boldsymbol{A}\cdot\boldsymbol{C}) - (C_x\boldsymbol{a}_x + C_y\boldsymbol{a}_y + C_z\boldsymbol{a}_z)(\boldsymbol{A}\cdot\boldsymbol{B})\\ &= \boldsymbol{B}(\boldsymbol{A}\cdot\boldsymbol{C}) - \boldsymbol{C}(\boldsymbol{A}\cdot\boldsymbol{B})\end{aligned} \tag{4.40}$$

となりますので，ベクトル三重積の計算は，上式 (4.40) のような計算を行うのと等しいことになります．

(2)　スカラ三重積

次に，**スカラ三重積**と呼ばれる $\boldsymbol{A}\cdot\boldsymbol{B}\times\boldsymbol{C}$ と $\boldsymbol{A}\times\boldsymbol{B}\cdot\boldsymbol{C}$ をそれぞれ求めてみます．ただし，ベクトル $\boldsymbol{A}$，$\boldsymbol{B}$，$\boldsymbol{C}$ は前述のものと同じとします．

まず，式 (4.37) (178 ページ)より $\boldsymbol{B}\times\boldsymbol{C} = -4\boldsymbol{a}_x - 9\boldsymbol{a}_y + 6\boldsymbol{a}_z$ でしたから，

$\boldsymbol{A}$=$2\boldsymbol{a}_x + 2\boldsymbol{a}_y$ とのスカラ積は,

$$\boldsymbol{A} \cdot \boldsymbol{B} \times \boldsymbol{C} = -8 - 18 = -26 \tag{4.41}$$

となります．同じように，式 (4.36) より $\boldsymbol{A} \times \boldsymbol{B} = 4\boldsymbol{a}_x - 4\boldsymbol{a}_y - 6\boldsymbol{a}_z$ でしたから，$\boldsymbol{C}$=$2\boldsymbol{a}_y + 3\boldsymbol{a}_z$ とのスカラ積は,

$$\boldsymbol{A} \times \boldsymbol{B} \cdot \boldsymbol{C} = -8 - 18 = -26 \tag{4.42}$$

となります．この結果からスカラ三重積では,

$$\boldsymbol{A} \cdot \boldsymbol{B} \times \boldsymbol{C} = \boldsymbol{A} \times \boldsymbol{B} \cdot \boldsymbol{C} \tag{4.43}$$

が成り立ちます．普通の計算の足し算とかけ算の順序のように，スカラ積よりもベクトル積を先に行うという順位があるために ( ) の必要はありません．そして，スカラ三重積は,

$$\boldsymbol{A} \cdot \boldsymbol{B} \times \boldsymbol{C} = \begin{vmatrix} A_x & A_y & A_z \\ B_x & B_y & B_z \\ C_x & C_y & C_z \end{vmatrix} \tag{4.44}$$

のように計算することができます．上式の右辺の行列式において，$A \to B \to C \to A$ の順序を保ったまま行を入れかえても等しいので,

$$\begin{vmatrix} A_x & A_y & A_z \\ B_x & B_y & B_z \\ C_x & C_y & C_z \end{vmatrix} = \begin{vmatrix} B_x & B_y & B_z \\ C_x & C_y & C_z \\ A_x & A_y & A_z \end{vmatrix} = \begin{vmatrix} C_x & C_y & C_z \\ A_x & A_y & A_z \\ B_x & B_y & B_z \end{vmatrix} \tag{4.45}$$

となります．したがって，行列式をベクトルの表記に戻せば,

$$\boldsymbol{A} \cdot \boldsymbol{B} \times \boldsymbol{C} = \boldsymbol{B} \cdot \boldsymbol{C} \times \boldsymbol{A} = \boldsymbol{C} \cdot \boldsymbol{A} \times \boldsymbol{B} \tag{4.46}$$

のような関係式が得られます．

例題 4.4

単位ベクトル $\boldsymbol{a}_x$ と $\boldsymbol{a}_z$ のベクトル積を式 (4.35) (176 ページ)の方法を使って求めなさい．

答え

$$\boldsymbol{a}_x \times \boldsymbol{a}_z = \begin{vmatrix} \boldsymbol{a}_x & \boldsymbol{a}_y & \boldsymbol{a}_z \\ 1 & 0 & 0 \\ 0 & 0 & 1 \end{vmatrix} = (0-0)\boldsymbol{a}_x + (0-1)\boldsymbol{a}_y + (0-0)\boldsymbol{a}_z = -\boldsymbol{a}_y$$

4.4 ベクトルの微分演算

この節では，電磁気学でよく使われる代表的な微分演算である勾配（grad），発散（div），回転（rot）の 3 つについて説明します．

微分演算は，スカラ場（界）やベクトル場（界）の変化の様子や特徴を知るために必要となる演算です．しかし，このようにいわれても具体的なイメージが湧かないと思いますので，少し違った観点から説明します．

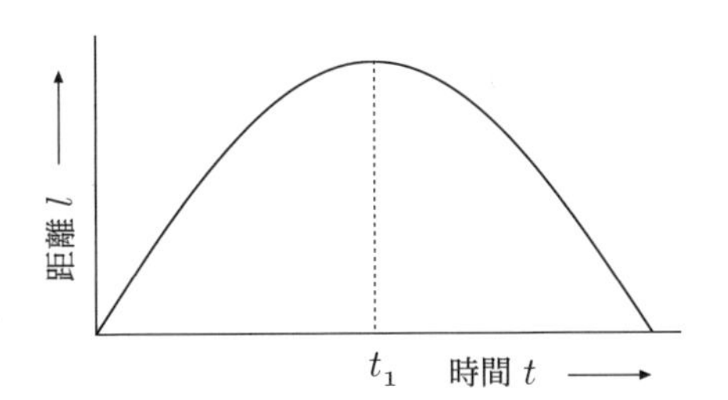

図 4.13 車の各時刻における距離

ある車が出発地点から目的地点まで行き，再び出発地点に戻ったときの，出発地点からの距離 l と時間 t の関係が図 4.13 のようなサインカーブ（正弦曲線）だったとします．

三角関数 $y = \sin x$ の x の単位は，時間ではなく度〔°〕あるいはラジアン〔rad〕なのですが，ここでは具体的なイメージをつかむために簡単に $y \to l$，$x \to t$ とあてはめて考えます．したがって，図 4.13 を数学的に記述すれば，$l = f(t) = \sin t$ となります．

このとき，距離を時間で微分すれば速度ですから，各時刻における速度 v は，$v = f'(t) = \cos t$ となり，図 4.14 の破線のように速度が変化していることがわかります．ここで，時刻 t_1 では，速度が 0 ですから距離の変化も 0 で

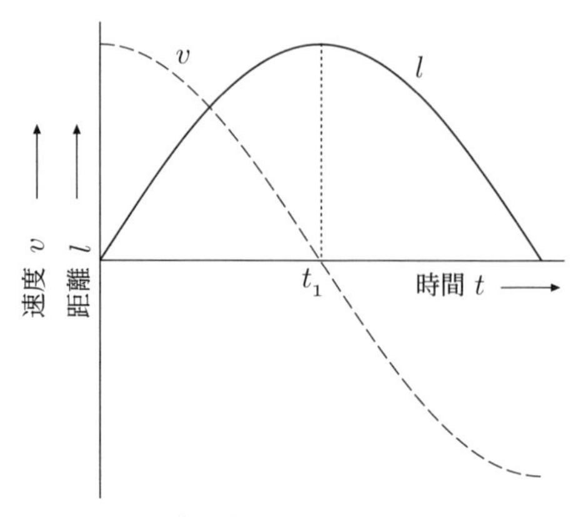

図 4.14　車の各時刻における距離と速度

あることがわかります．さらに，時刻 t_1 以降は，速度が負の値になっていますから車は逆方向に走行していることも知ることができます．

このように微分演算によって速度と距離の変化の様子や特徴を知ることができました．例えば，電磁気学でいえば，電位 V が与えられているとき，ベクトル演算子（後述）によって電界 $\boldsymbol{E}$ や電位 V の様子を知ることができるというわけです．

このように変化の様子や特徴を調べることを「分析する」といいます．広辞苑 第 7 版（岩波書店）によれば，解析という言葉はほぼ分析と同義語です．

微分演算によって，以上のような分析ができますから，この章のタイトルでもある**ベクトル解析**と呼ばれています．

ここで，3 つの代表的な微分演算の説明に入る前に，次式のような記号 $\boldsymbol{\nabla}$ (nabla, **ナブラ**と読みます) で表されるベクトル演算子を定義しておきます*4．

$$\nabla \equiv \frac{\partial(\,)}{\partial x}\boldsymbol{a}_x + \frac{\partial(\,)}{\partial y}\boldsymbol{a}_y + \frac{\partial(\,)}{\partial z}\boldsymbol{a}_z \tag{4.47}$$

*4　本書では "≡" で，左項を右項で定義することを表します．

この ∇ を使うことによって，この後説明する勾配，発散，回転の各微分演算を統一的に記述することができるようになります．

ところで，∇ は，いままでに何度も出てきた任意のベクトル $\boldsymbol{A} = A_x\boldsymbol{a}_x + A_y\boldsymbol{a}_y + A_z\boldsymbol{a}_z$ と似た形になっていますが，その成分のところが $\dfrac{\partial(\ )}{\partial x}$，$\dfrac{\partial(\ )}{\partial y}$，$\dfrac{\partial(\ )}{\partial z}$ となっています．これらは微分作用素と呼ばれ，数値ではありません．具体的には，作用素が偏微分ですから，各 ( ) 内に入る関数を偏微分することになります．なお，微分作用素の ( ) は，強いて付ける必要はありません．数学でも一般の関数 $y = f(x)$ において，関数 f といったり，関数 $f(\ )$ というのと同じです．

4.4.1　勾　配

まず，はじめに勾配と呼ばれる微分演算について説明します．「勾配」という言葉は，日常生活でも「あの坂は勾配がきついので，……」のように使っています．車の例でも示したように微分することにより，ある関数 $y = f(x)$ の任意の点 x における傾きが求まります．

勾配（**grad**）と呼ばれる微分演算も傾きを求めるということにほかならないのですが，演算の相手が三次元ですから，車の例のように簡単な話にはなりません．

スカラ関数 $V(x, y, z)$ が定義されている領域（スカラ場）を考えます．この関数の勾配を計算する場合，英語の gradient を略した grad を使って，grad V のように記述します．すなわち，

$$\mathrm{grad}\ V = \frac{\partial V}{\partial x}\boldsymbol{a}_x + \frac{\partial V}{\partial y}\boldsymbol{a}_y + \frac{\partial V}{\partial z}\boldsymbol{a}_z \tag{4.48}$$

となります．この式からもわかるように勾配の演算結果はベクトル量となります．いいかえれば，スカラ関数（スカラ量）の勾配を計算するとベクトル量が出てくることになるわけです．車の例でも距離（スカラ量）を微分して，速度（ベクトル量）となりました．ただ，距離も速度も一次元でした．三次元のスカラ場ですから勾配も三次元の方向をもった量となります．

式 (4.48) 右辺第 1 項は，関数 V の x 方向の，傾きの大きさ $\dfrac{\partial V}{\partial x}$ と，x 方向を示す単位ベクトル $\boldsymbol{a}_x$ の積です．同じように第 2 項は y 方向，第 3 項は z 方向です．3 つの項とも，それぞれがベクトル量ですから，これらのベクトルの

和をとることにより，三次元空間における傾きと方向が与えられます．また，先ほど定義した ∇ を使えば，式 (4.48) は，

$$\mathrm{grad}\ V = \nabla V \tag{4.49}$$

と書くこともできます．

ここまでの話では，V を任意のスカラ関数としていましたが，具体的なイメージが湧きやすいように，電磁気学を意識してスカラ量である電位を考えることにします．また，電位は $V(x,\ y,\ z)$ ではなく，二次元と考えて $V(x,\ y)$ とします．

そして，電位 $V(x,\ y)$ の一例を図 4.15 に示します．図のように直角座標の z 軸が電位 $V(x,\ y)$ の値となります．いま電位 $V(x,\ y)$ 自体は二次元としていますが，実際に関数の形を描こうとすると関数の値を表示するための軸が必要となりますので，このように三次元の図になってしまいます．

電位を $V(x,\ y,\ z)$ の三次元としてしまうと $x,\ y,\ z$ 軸のほかに $V(x,\ y,\ z)$ の値を表すための軸が必要になり，四次元となってしまうから，ここでは二次元の $V(x,\ y)$ としたわけね．

しかし，図 4.15 の三次元の図のままでは議論しにくいので，これを二次元で表すことにします．このときに使うのは，登山などで使われる等高線のある地図と同じ考え方です．

もし，電位が三次元空間で $V(x,\ y,\ z)$ と定義されているときは，電位の値が同じ点をつないでいくと最終的に面が形成されます．これを等電位面と呼びます．ここでは，二次元の $V(x,\ y)$ としていますので，等電位「面」ではなく図 4.16 のような等高線に相当する等電位「線」が描かれます．図中の電位 $V_0,\ V_1,\ V_2,\ \ldots$ は，例えば 5, 10, 15, ... のように等間隔の値としますから，この等電位線の間隔が狭いほど，等高線と同じように，電位の傾きが急であることを表しています．

次に，図 4.16 の電位 V_1 上の破線の微小部分を拡大したものを図 4.17 に示します．ごく微小部分として，等電位線は直線としてよいと考えます．さらに，電位 V_1 と比べて微小電位 $\pm\delta V$ だけ差のある等電位線を，一点鎖線で示

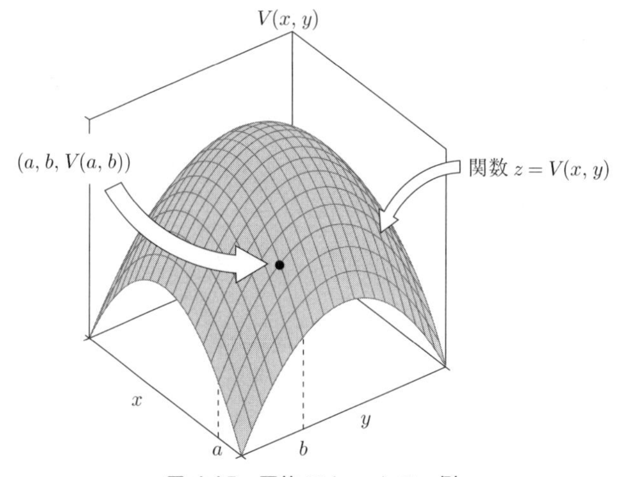

図 4.15　電位 $\boldsymbol{V}(\boldsymbol{x},\ \boldsymbol{y})$ の一例

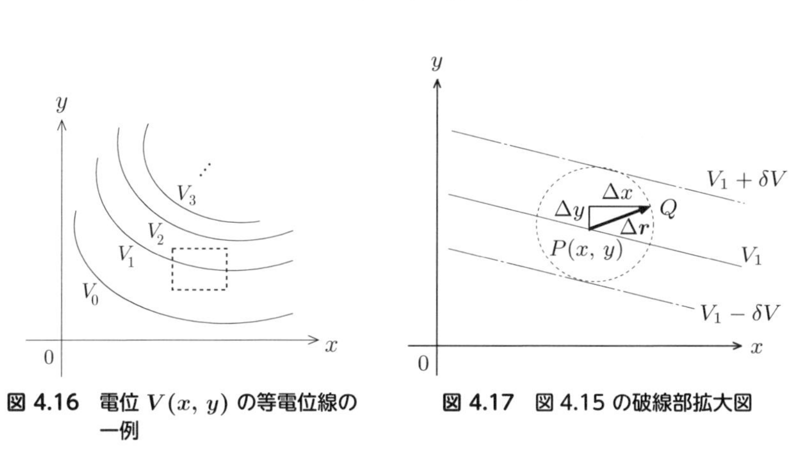

図 4.16　電位 $\boldsymbol{V}(\boldsymbol{x},\ \boldsymbol{y})$ の等電位線の一例

図 4.17　図 4.15 の破線部拡大図

してあります．さらに，微小電位 δV を考えますから，$V_1 \pm \delta V$ の 2 本の一点鎖線は，V_1 からいずれも等しい距離とします．

そして，V_1 上の任意の点 $P(x,\ y)$ を中心とした半径 r の円を点線で示してあります．この円周上の任意の点を $Q(x+\Delta x,\ y+\Delta y)$ とし，P から Q に向かうベクトルを $\boldsymbol{\Delta r}$ とします．このベクトル $\boldsymbol{\Delta r}$ の x 成分の大きさは図のように Δx，y 成分の大きさは Δy とします．したがって，ベクトル $\boldsymbol{\Delta r}$ は，x 方向の単位ベクトル $\boldsymbol{a}_x$ と y 方向の単位ベクトル $\boldsymbol{a}_y$ を使って，

$$\Delta \boldsymbol{r} = \Delta x \boldsymbol{a}_x + \Delta y \boldsymbol{a}_y \tag{4.50}$$

のように書けます．

次に，点 P と点 Q の電位の差を求めてみます．点 P の電位 V_P は，座標の値を用いて，$V_P = V(x, y)$ と表せ，点 Q の電位も $V_Q = V(x+\Delta x, y+\Delta y)$ と表せます．したがって，2 点間の電位差 ΔV は，$V_Q - V_P$ より，

$$\Delta V = V(x+\Delta x, y+\Delta y) - V(x, y) = \frac{\partial V}{\partial x}\Delta x + \frac{\partial V}{\partial y}\Delta y \tag{4.51}$$

となります．この上式 (4.51) が成り立つ理由については，第 2 章の 2.2 節偏微分（式 (2.38)，60 ページ）を参照してください．さらに，183 ページの勾配の定義式 (4.48) を，ここでの $V(x, y)$ に適用すれば，

$$\mathrm{grad}\ V = \frac{\partial V}{\partial x}\boldsymbol{a}_x + \frac{\partial V}{\partial y}\boldsymbol{a}_y = \boldsymbol{Z} \tag{4.52}$$

となります．はじめに書いたように勾配の演算結果はベクトル量となりますから，上式 (4.52) のように演算結果をベクトル $\boldsymbol{Z}$ としておきます．そして，この $\boldsymbol{Z}$ と先ほどの式 (4.50) で示した $\Delta \boldsymbol{r}$ のスカラ積をとると，

$$\boldsymbol{Z} \cdot \Delta \boldsymbol{r} = \frac{\partial V}{\partial x}\Delta x + \frac{\partial V}{\partial y}\Delta y \tag{4.53}$$

となります．この式と式 (4.51) の右項は等しいので，$\boldsymbol{Z} \cdot \Delta \boldsymbol{r} = \Delta V$ が成り立ちます．

ここで，図 4.17 の点 Q がちょうど V_1 上になった場合を考えてみます．点 P は，もともと V_1 上の点ですから電位は V_1 でした．いま点 Q も V_1 上になったので電位は V_1 です．したがって，この場合の 2 点間の電位差は $\Delta V = 0$ となります．スカラ積の図 4.7 (169 ページ)のところで説明したように，互いに直交するベクトルのスカラ積は 0 となります．いいかえれば，$\boldsymbol{Z} \cdot \Delta \boldsymbol{r} = 0$ は，$\boldsymbol{Z}$ と $\Delta \boldsymbol{r}$ が直交していることを示しています．また，点 Q も V_1 上なので，$\Delta \boldsymbol{r}$ は V_1 の等電位線と平行です．すると，等高線と垂直な方向が最も急な傾きになります．このことから，勾配（grad）の演算により求めたベクトルは，常に電位 V の変化が最大となる方向を向いており，大きさがその勾配を表していることになります．以上は，二次元の $V(x, y)$ についての検討でしたが，三次元空間で定義された電位 $V(x, y, z)$ においても成り立ちます．

せっかく，スカラ場として電位を考えましたので電界についても少し記述し

ておくことにします．ここで電界は，電位の高いところから低いところに向かうベクトル量です．したがって，電位 $V(x, y, z)$ のスカラ場が定義されたとき，電界 $\boldsymbol{E}$ は，この勾配を使って，

$$\boldsymbol{E} = -\ \mathrm{grad}\ V = -\nabla V \tag{4.54}$$

で与えられます．この式は，電磁気学で必ず出てくる式の1つです．以上のように，勾配という微分演算によって，電界 $\boldsymbol{E}$ と電位 V の関係を簡素な形で表現することができます．

例題 4.5

三次元空間において，電位が $V = 2x + 4y$ と定義されているときの，電界 $\boldsymbol{E}$ を求めなさい．

答え

$$\begin{aligned}
\boldsymbol{E} &= -\ \mathrm{grad}\ V \\
&= -\left\{\frac{\partial}{\partial x}(2x+4y)\boldsymbol{a}_x + \frac{\partial}{\partial y}(2x+4y)\boldsymbol{a}_y + \frac{\partial}{\partial z}(2x+4y)\boldsymbol{a}_z\right\} \\
&= -\{2\boldsymbol{a}_x + 4\boldsymbol{a}_y + 0\boldsymbol{a}_z\} \\
&= -2\boldsymbol{a}_x - 4\boldsymbol{a}_y
\end{aligned}$$

公式さえ覚えてしまえば，それほど難しい計算でもないね．

勾配 (grad) はスカラ場に対する演算でしたが，この後に解説する発散 (div) と回転（rot）の演算は，ベクトル場に対する計算になります．

4.4.2 発　散

前項において，「勾配」という言葉から想像するイメージとその演算は一致したものになっていたと思います．では，「発散」という言葉から想像するイメージはどのようなものでしょうか．数学でよく「解が発散する」のような使い方をしますので，値が無限大に向かっていくような演算を想像するのでは

ないでしょうか．いわば，極限 $\lim_{x \to \infty}$ を計算するようなイメージでしょうか．一方，一般的な発散の意味を調べてみると，

① 外に出てちりぢりになること．外へ出して散らすこと．
② 光の束が末広がりになること．
③ 数列の極限値や積分の値が有限値に定まらない．つまり無限大や不定になること．

とあります．「発散」という言葉から多くの方は，特に③の意味を想像するようです．ところが，ベクトル解析での「発散」は，③の意味ではなく，①の意味に近い演算です．

つまり，**発散（div）**という微分演算は，ベクトル場 $\boldsymbol{A}$ の発生源が，その内部に存在するかどうかを知ることができる演算です．なお，ベクトル $\boldsymbol{A}$ の発散を計算する場合，英語の “divergence” を略した “div” を使って，$\mathrm{div}\ \boldsymbol{A}$ のように記述します．次式に発散の定義式を示します．

$$\mathrm{div}\ \boldsymbol{A} = \lim_{\Delta v \to 0} \frac{1}{\Delta v} \oint \boldsymbol{A} \cdot d\boldsymbol{s} \tag{4.55}$$

この式の右辺の積分は，2.4.3 項（96 ページ～）で説明した面積分です．そして，積分の対象とする面は，微小体積 Δv の表面 s になります．つまり式 (4.55) は，面積分のところで説明したように，この微小体積の表面から出ていく力線の合計を求める式です．なお，入ってくる力線はマイナス方向に出ていくものと考えます．

式 (4.55) の右辺の面積分を計算するために，任意のベクトル $\boldsymbol{A} = A_x \boldsymbol{a}_x + A_y \boldsymbol{a}_y + A_z \boldsymbol{a}_z$ の終点に，図 4.18 に示すような x, y, z 軸に各辺が平行となる微小体積 Δv の立方体を考えます．ここで，各辺の長さを図のように Δx, Δy, Δz とします．

さらに，6 つの面にそれぞれ番号を付けておきます．y-z 平面に平行な 2 つの面の原点に近いほうから面 1，面 2 とし，x-z 平面に平行な 2 つの面の原点に近いほうから面 3，面 4 とし，そして x-y 平面に平行な 2 つの面の原点に近いほうから面 5，面 6 とします．

このとき，$\boldsymbol{A}$ の x 成分は，面 1 と面 2 の 2 つの面を貫通します．また，y 成分は面 3 と面 4 を，z 成分は面 5 と面 6 をそれぞれ貫通します．この図の立方体を $+y$ 方向から見た場合の図を図 4.19 に示します．

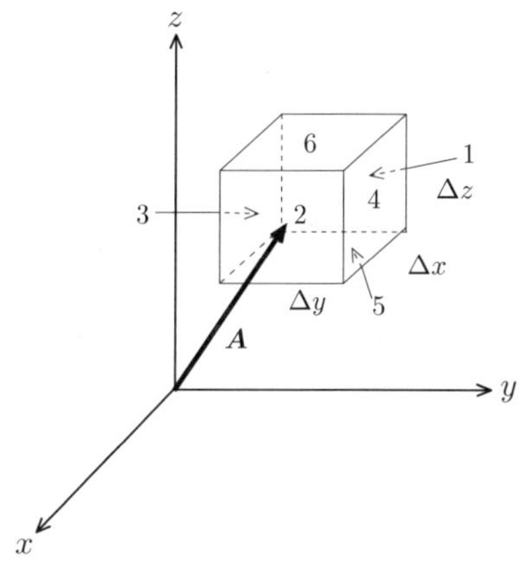

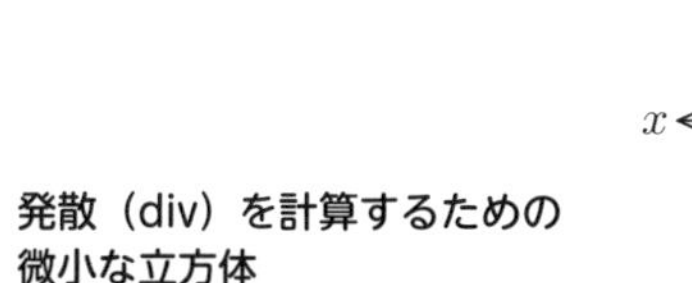

図 4.18 発散（div）を計算するための微小な立方体

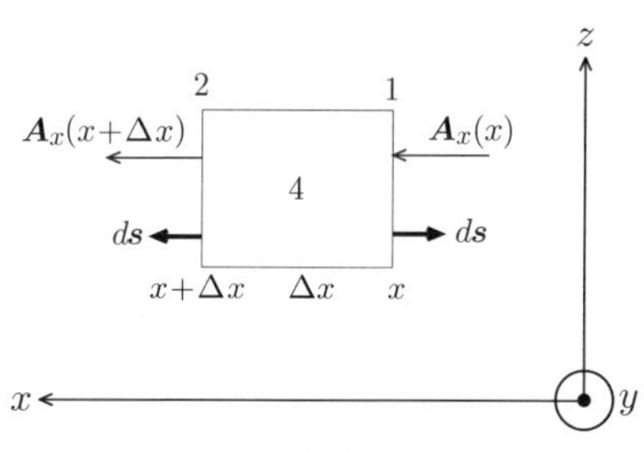

図 4.19 図 4.18 の立方体を $+y$ 方向から見た図

前ページの式 (4.55) の，積分の $\boldsymbol{ds}$ は各面で外向き方向ですから，図 4.19 のように面 1, 2 で，それぞれ逆向きになります．また，$\boldsymbol{A}$ の x 成分は，座標の値を用いて，面 1 においては $A_x(x)$ の大きさであり，面 2 では $A_x(x+\Delta x)$ の大きさとなります．そして，微小体積 Δv を考えていますから，立方体の各面も非常に小さいとものとすれば，面 1 において，

$$\int_{\text{面 1}} \boldsymbol{A}\cdot\boldsymbol{ds} = -A_x(x)\Delta y\Delta z \tag{4.56}$$

と近似することができ，同様に面 2 では，

$$\int_{\text{面 2}} \boldsymbol{A}\cdot\boldsymbol{ds} = A_x(x+\Delta x)\Delta y\Delta z \tag{4.57}$$

と近似できます．さらに，式 (4.57) は，Δx も微小長さなので**線形**と考えます．つまり，x における A_x の傾き（$\dfrac{\partial A_x}{\partial x}$）が Δx の範囲内では直線的に変化していると考えます．

微小長さなので，$A_x(x+\Delta x)$ を $A_x(x)+\dfrac{\partial A_x}{\partial x}\Delta x$ としてよいということだね．

したがって，変化量は $\left(\dfrac{\partial A_x}{\partial x}\right) \Delta x$ となりますから，式 (4.57) は，

$$\int_{面\ 2} \boldsymbol{A} \cdot d\boldsymbol{s} = \left\{ A_x(x) + \frac{\partial A_x}{\partial x} \Delta x \right\} \Delta y \Delta z \tag{4.58}$$

のように書けます．そして，この面 1, 2 の合計は，式 (4.56) と式 (4.58) より，

$$\int_{面\ 1} \boldsymbol{A} \cdot d\boldsymbol{s} + \int_{面\ 2} \boldsymbol{A} \cdot d\boldsymbol{s} = \frac{\partial A_x}{\partial x} \Delta x \Delta y \Delta z \tag{4.59}$$

となります．面 3, 4 および面 5, 6 の組についても同様にして求めれば，

$$\int_{面\ 3} \boldsymbol{A} \cdot d\boldsymbol{s} + \int_{面\ 4} \boldsymbol{A} \cdot d\boldsymbol{s} = \frac{\partial A_y}{\partial y} \Delta x \Delta y \Delta z \tag{4.60}$$

$$\int_{面\ 5} \boldsymbol{A} \cdot d\boldsymbol{s} + \int_{面\ 6} \boldsymbol{A} \cdot d\boldsymbol{s} = \frac{\partial A_z}{\partial z} \Delta x \Delta y \Delta z \tag{4.61}$$

となります．これらをすべて合計することにより，

$$\oint \boldsymbol{A} \cdot d\boldsymbol{s} = \left(\frac{\partial A_x}{\partial x} + \frac{\partial A_y}{\partial y} + \frac{\partial A_z}{\partial z} \right) \Delta x \Delta y \Delta z \tag{4.62}$$

のように式 (4.55) (188 ページ)の積分の部分が求まります．さらに，$\Delta v = \Delta x \Delta y \Delta z$ であることに注意し，式 (4.62) を式 (4.55) に代入することにより，具体的な直角座標における発散の式は，

$$\mathrm{div}\ \boldsymbol{A} = \frac{\partial A_x}{\partial x} + \frac{\partial A_y}{\partial y} + \frac{\partial A_z}{\partial z} \tag{4.63}$$

のようになります．この式 (4.63) からわかるように，ベクトル $\boldsymbol{A}$ の発散を求めると，その値はスカラ量となります．

この値が 0，すなわち $\mathrm{div}\ \boldsymbol{A} = 0$ の場合は，流入する力線と流出する力線が等しいことを表しています．つまり，$\mathrm{div}\ \boldsymbol{A} = 0$ は，$\boldsymbol{A} = 0$ を意味することではないことに注意してください．$\mathrm{div}\ \boldsymbol{A} > 0$ は流入する力線よりも流出する力線が多いことを表しています．つまり，ベクトル $\boldsymbol{A}$ の発生源が，その内部に存在することを示しています．逆に $\mathrm{div}\ \boldsymbol{A} < 0$ は流入する力線よりも流出する力線が少ないことを表しています．このことから，教科書によっては $\mathrm{div}\ \boldsymbol{A} > 0$ を「湧き出しがある」，$\mathrm{div}\ \boldsymbol{A} < 0$ を「吸い込みがある」のようないい方をします．

以上のように発散という微分演算は，国語辞典の①の意味にあったように内部から外に出る量を計算する方法になります．

さらに，式 (4.63) は，式 (4.47) (182 ページ)で定義したベクトル演算子 ∇

を使えば，

$$\mathrm{div}\ \boldsymbol{A} = \nabla \cdot \boldsymbol{A} \tag{4.64}$$

のように書くことができます．

つまり，div $\boldsymbol{A}$ の演算は，$\nabla \cdot \boldsymbol{A}$ とまったく同じ計算であり，スカラ積を計算することにほかなりません．ある意味，演算方法の点からみれば，発散とスカラ積は親戚関係といえるかもしれません．ただし，スカラ積は2つのベクトルに対する演算ですが，発散は1つのベクトルに作用させる演算であり，そのベクトル場の発生源が，その内部に存在するかどうかを知るための演算であることが，本質的に異なっている点に注意してください．

以下は，電磁気学の範囲になってしまうかもしれませんが，発散とガウスの定理は密接に関係しています．いわば，発散という微分演算の具体的な応用例でもありますので，ガウスの定理について少し説明しておきます．

ガウスの定理

真空中の電界内の任意の閉曲面 S を考えたとき，S から出る電気力線の総数は S の内部にある電荷の総和の $\dfrac{1}{\varepsilon_0}$ に等しい（ε_0 は真空の誘電率）．これを**ガウスの定理**という．すなわち，電界を $\boldsymbol{E}$，電荷密度を ρ，そして面積 S で囲まれた体積を v として，以下が成り立つ．

$$\int_S \boldsymbol{E} \cdot d\boldsymbol{S} = \frac{1}{\varepsilon_0} \int_v \rho\ dv \tag{4.65}$$

上式 (4.65) の形は，左辺が面積積分で，右辺が体積積分になっていますので，単純に電界 $\boldsymbol{E}$ と電荷密度 ρ を比較することはできません．

ガウスの発散定理

任意のベクトル場 $\boldsymbol{A}$ において，閉曲面 S に囲まれた体積を v とするとき，

$$\int_S \boldsymbol{A} \cdot d\boldsymbol{S} = \int_v (\mathrm{div}\ \boldsymbol{A})\ dv \tag{4.66}$$

が成り立つ．これを，**ガウスの発散定理**，あるいは（ベクトル解析における）ガウスの定理という．

この式 (4.66) を電界と電荷の関係を述べたガウスの定理の式 (4.65) に適用すれば，

$$\int_S \boldsymbol{E} \cdot d\boldsymbol{S} = \int_v (\mathrm{div}\ \boldsymbol{E})\ dv = \int_v \left(\frac{\rho}{\varepsilon_0}\right)\ dv \tag{4.67}$$

が得られます．これで，同じ体積積分の式になりましたので，電界と電荷密度の関係は，

$$\mathrm{div}\ \boldsymbol{E} = \frac{\rho}{\varepsilon_0} \tag{4.68}$$

のような微分形式の簡素な形で表現できました．

式 (4.68) より，$\boldsymbol{E}$ の発散を計算することにより，電荷量を知ることができることがわかります．この式は，電磁気学にとって重要なマクスウェルの方程式の 1 つでもあります．

ガウスの発散定理 (式(4.66)) は，
面積積分 ⇔ 体積積分の変換公式と考えてもよいでしょう．

例題 4.6

$\boldsymbol{A} = x^2\boldsymbol{a}_x + y^2z\boldsymbol{a}_y + xy\boldsymbol{a}_z$ のとき，点 (2, 1, 1) における div $\boldsymbol{A}$ を求めなさい．

答え

$$\begin{aligned}
\text{div } \boldsymbol{A} &= \nabla \cdot \boldsymbol{A} \\
&= \left(\frac{\partial}{\partial x}\boldsymbol{a}_x + \frac{\partial}{\partial y}\boldsymbol{a}_y + \frac{\partial}{\partial z}\boldsymbol{a}_z\right) \cdot \left(x^2\boldsymbol{a}_x + y^2 z\boldsymbol{a}_y + xy\boldsymbol{a}_z\right) \\
&= \frac{\partial}{\partial x}(x^2) + \frac{\partial}{\partial y}(y^2 z) + \frac{\partial}{\partial z}(xy) \\
&= 2x + 2yz + 0
\end{aligned}$$

となるので，点 (2, 1, 1) では，上式に $x = 2$, $y = 1$, $z = 1$ をそれぞれ代入すれば，

$$\text{div } \boldsymbol{A}|_{(2,1,1)} = 2 \times 2 + 2 \times 1 \times 1 = 6$$

となります．

4.4.3 回　転

3 つめの回転と呼ばれる微分演算について説明します．3 つの中で，この「回転」という演算の概念をつかむことが一番難しいと思います．計算方法からみると，前項の発散の演算結果はスカラ量となり，具体的には ∇ とのスカラ積の計算を行いました．これに対し，回転の演算結果はベクトル量となり，具体的には ∇ とのベクトル積の計算を行うことになります．

一方，計算方法が似ていますからイメージも似ているところがあります．4.3.2 項（172 ページ～）のベクトル積ではフレミングの左手の法則を例にとりましたが，この回転では逆の**右ねじの法則**を例にとって説明することにします．

図 4.20(a) は，右ねじの法則の例です．直線状電流 $\boldsymbol{I}$ によってつくられる磁束を点線で示してあります．すなわち，磁束は，図のように電流を中心とする同心円状に生じます．また，磁束の方向は，図のように左回りとなります．ねじをこの方向に回すとねじが閉まる，つまりねじは前に進みます．したがって，ねじの進む方向と電流の方向は一致します．なお，同心円状になっていますから渦を巻いているようにみえます．

そして，図 4.20(b) は，逆に渦を巻いている電流，すなわちコイルに流れる

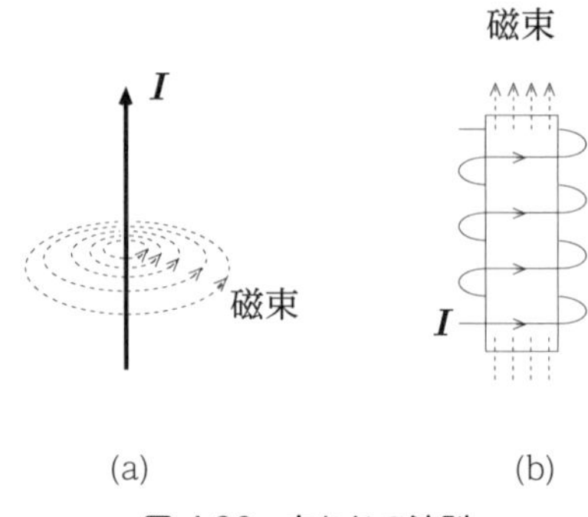

図 4.20　右ねじの法則

電流がつくる磁束を点線で示してあります．電流方向がねじを回す方向とすると，ねじの進む方向が磁束の方向になっています．つまり，フレミングの左手の法則では，各ベクトルとも直線状でしたが，右ねじの法則では，渦を巻いた（回転した）ようなベクトルとなっています．

すなわち，**回転**（**rot**）という微分演算は，このようなベクトル場の様子を知るための演算です．ここでは，詳しい説明は省略しますが，静電界 $\boldsymbol{E}$ では，$\mathrm{rot}\ \boldsymbol{E} = 0$ となるのが静電界の特徴であり，このような静電界の性質を**渦なしの場**と呼びます．

上にあるように，ベクトル $\boldsymbol{A}$ の回転を計算する場合，英語の "rotation" を略した "rot" を使って，$\mathrm{rot}\ \boldsymbol{A}$ のように記述します．そして，閉曲線 C で囲まれた面積を ΔS とし，その面の単位法線ベクトルを $\boldsymbol{a}_n$ としたとき，回転の定義式は，

$$(\mathrm{rot}\ \boldsymbol{A}) \cdot \boldsymbol{a}_n = \lim_{\Delta S \to 0} \frac{1}{\Delta S} \oint_C \boldsymbol{A} \cdot d\boldsymbol{l} \tag{4.69}$$

のようになります．この式の左辺は，$\mathrm{rot}\ \boldsymbol{A}$ というベクトルの $\boldsymbol{a}_n$ の方向成分の値を表しています．

また，右辺の積分は，2.4.2 項（86 ページ～）の線積分で説明した閉曲線 C に沿った周回積分になります．この周回積分を求めるために，図 4.21 に示したような点 P を含む直交した微小な 3 つの面 1 から面 3 を考えます．x-y 平面に平行な面（z は一定）を面 1，x-z 平面に平行な面（y は一定）を面 2，y-z 平面に平行な面（x は一定）を面 3 とします．

はじめにも書いたように，$\mathrm{rot}\ \boldsymbol{A}$ は，ベクトル量ですから x, y, z の各成分

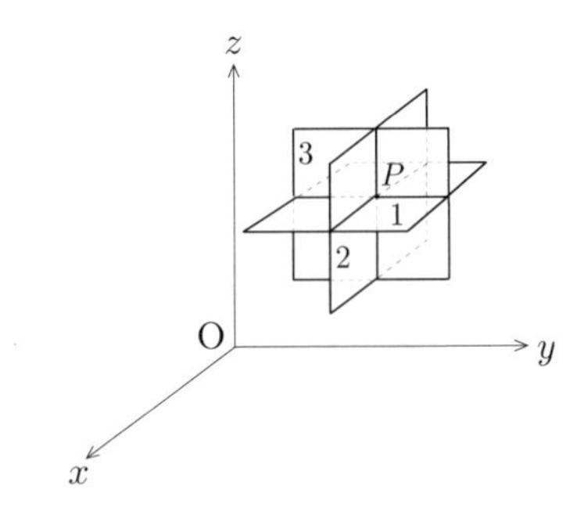

図 4.21　回転（rot）を計算するための直交する微小な 3 つの平面

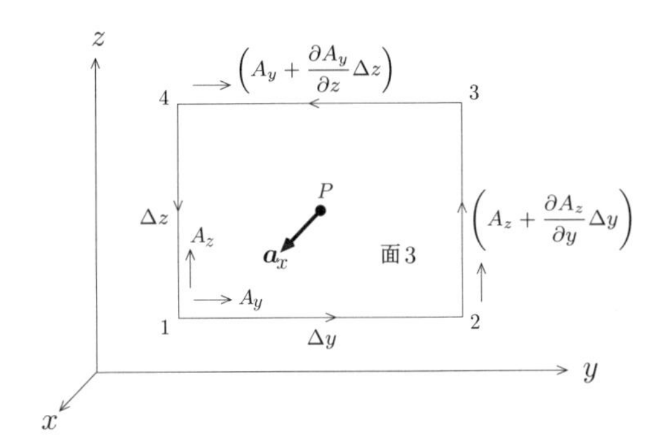

図 4.22　面 3 を $+x$ 方向から見た図

をもちます．まず，x 成分を求めるために面 3 を用いて具体的に計算することにします．そこで，面 3 を $+x$ 方向から見た場合の図を図 4.22 に示します．図のように長方形の横の微小長さを Δy，縦の微小長さを Δz とします．さらに，周回積分を行うために，長方形の各頂点に図 4.22 のように原点に近いところから左回りに 1 から 4 の番号を付けておきます．

閉曲線 C は，図の長方形の各辺に矢印を付けて示してあるように $1 \to 2 \to 3 \to 4 \to 1$ となります．そして，ベクトル $\boldsymbol{A} = A_x\boldsymbol{a}_x + A_y\boldsymbol{a}_y + A_z\boldsymbol{a}_z$ は，O を原点とする空間で頂点 1 に発生しているベクトルとします．

ここで，rot $\boldsymbol{A}$ の x 成分を $(\text{rot } \boldsymbol{A})_x$ と書くことにすれば，式 (4.69) は，

$$(\text{rot } \boldsymbol{A})_x = \lim_{\Delta y \Delta z \to 0} \frac{1}{\Delta y \Delta z} \oint_C \boldsymbol{A} \cdot d\boldsymbol{l} \tag{4.70}$$

のようになります．さらに，上式 (4.70) の積分に関しても x 成分ということ

で $(\oint_C \boldsymbol{A}\cdot d\boldsymbol{l})_x$ と書くことにすれば，

$$\left(\oint_C \boldsymbol{A}\cdot d\boldsymbol{l}\right)_x = \int_1^2 \boldsymbol{A}\cdot d\boldsymbol{l} + \int_2^3 \boldsymbol{A}\cdot d\boldsymbol{l} + \int_3^4 \boldsymbol{A}\cdot d\boldsymbol{l} + \int_4^1 \boldsymbol{A}\cdot d\boldsymbol{l} \tag{4.71}$$

となります．右辺第 1 項の $1 \to 2$ の積分は，微小な長方形を考えていますから，$\boldsymbol{A}$ の y 成分と微小長さ Δy の積となるので，

$$\int_1^2 \boldsymbol{A}\cdot d\boldsymbol{l} = A_y \Delta y \tag{4.72}$$

となります．

次に，頂点 2 が頂点 1 から微小長さ Δy だけずれているので，第 2 項の $2 \to 3$ の積分は，線形と考えて A_z の y 方向の変化分 $\dfrac{\partial A_z}{\partial y}$ を考慮して，

$$\int_2^3 \boldsymbol{A}\cdot d\boldsymbol{l} = \left(A_z + \frac{\partial A_z}{\partial y}\Delta y\right)\Delta z \tag{4.73}$$

となります．

第 3 項の $3 \to 4$ の積分も y 成分が z 方向に Δz だけずれていることと，かつ積分の方向が $\left(A_y + \dfrac{\partial A_y}{\partial z}\Delta z\right)$ の方向と逆になっていることに注意すれば，

$$\int_3^4 \boldsymbol{A}\cdot d\boldsymbol{l} = -\left(A_y + \frac{\partial A_y}{\partial z}\Delta z\right)\Delta y \tag{4.74}$$

となります．

最後の第 4 項の $4 \to 1$ の積分も積分方向が A_z の方向と逆なので，

$$\int_4^1 \boldsymbol{A}\cdot d\boldsymbol{l} = -A_z \Delta z \tag{4.75}$$

となります．

以上の式 (4.72) から式 (4.75) の結果から周回積分の値は，

$$\begin{aligned}\left(\oint_C \boldsymbol{A}\cdot d\boldsymbol{l}\right)_x &= A_y\Delta y + \left(A_z + \frac{\partial A_z}{\partial y}\Delta y\right)\Delta z \\ &\quad - \left(A_y + \frac{\partial A_y}{\partial z}\Delta z\right)\Delta y - A_z\Delta z \\ &= \left(\frac{\partial A_z}{\partial y} - \frac{\partial A_y}{\partial z}\right)\Delta y\Delta z \end{aligned} \tag{4.76}$$

のように求まります．そして，上式を式 (4.70) に代入することにより，rot $\boldsymbol{A}$ の x 成分の大きさが求まります．また，図 4.21 の面 2 で同様の計算を行えば y 成分が，面 1 から z 成分が，それぞれ求まります．したがって，最終的に x, y, z の 3 つの成分をまとめると rot $\boldsymbol{A}$ は，

$$\mathrm{rot}\ \boldsymbol{A} = \left(\frac{\partial A_z}{\partial y} - \frac{\partial A_y}{\partial z}\right)\boldsymbol{a}_x + \left(\frac{\partial A_x}{\partial z} - \frac{\partial A_z}{\partial x}\right)\boldsymbol{a}_y + \left(\frac{\partial A_y}{\partial x} - \frac{\partial A_x}{\partial y}\right)\boldsymbol{a}_z \tag{4.77}$$

のような演算を行うことになります．そして，ベクトル積の場合と同じように行列式の形で表せば上式 (4.77) は，

$$\mathrm{rot}\ \boldsymbol{A} = \begin{vmatrix} \boldsymbol{a}_x & \boldsymbol{a}_y & \boldsymbol{a}_z \\ \dfrac{\partial}{\partial x} & \dfrac{\partial}{\partial y} & \dfrac{\partial}{\partial z} \\ A_x & A_y & A_z \end{vmatrix} \tag{4.78}$$

のように書くことができます．さらに，発散の場合と同じように式 (4.47) (182 ページ)の ∇ を使って，式 (4.78) は，

$$\mathrm{rot}\ \boldsymbol{A} = \nabla \times \boldsymbol{A} \tag{4.79}$$

となります．つまり，rot の演算は，∇ とのベクトル積を計算することにほかなりません．発散とスカラ積の関係と同じように，回転とベクトル積は親戚関係ともいえます．

発散とスカラ積が親戚，回転とベクトル積が親戚なんだね．

また，前節の発散とガウスの定理が関係していたように，回転という微分演算とアンペアの法則（アンペアの周回積分の法則）は，密接に関係しています．

アンペアの周回積分の法則

真空中の磁束密度を任意の閉曲線 C に沿って積分した値は，積分路と鎖交する電流の総和の μ_0 倍に等しい（μ_0 は真空の透磁率）．これを**アンペアの周回積分の法則**という．すなわち，磁束密度を $\boldsymbol{B}$，電流密度を $\boldsymbol{i}$，そして閉曲線 C で囲まれた部分の面積を S として，

$$\oint_C \boldsymbol{B} \cdot d\boldsymbol{l} = \mu_0 \int_S \boldsymbol{i} \cdot d\boldsymbol{S} \tag{4.80}$$

が成り立つ．

上式 (4.80) の左辺は周回積分で，右辺は面積積分になっていますので，単純に磁束密度 $\boldsymbol{B}$ と電流密度 $\boldsymbol{i}$ を比較することはできません．ここで，ガウスの発散定理と同じように，ストークスの定理と呼ばれる重要な公式を示しておきます．

ストークスの定理

任意のベクトル場 $\boldsymbol{A}$ において，閉曲線 C に囲まれた面積を S とするとき，

$$\oint_C \boldsymbol{A} \cdot d\boldsymbol{l} = \int_S (\mathrm{rot}\ \boldsymbol{A}) \cdot d\boldsymbol{S} \tag{4.81}$$

の関係が成り立つ．これを**ストークスの定理**という．

このストークスの定理を式 (4.80) に適用すれば，

$$\oint_C \boldsymbol{B} \cdot d\boldsymbol{l} = \int_S (\mathrm{rot}\ \boldsymbol{B}) \cdot d\boldsymbol{S} = \mu_0 \int_S \boldsymbol{i} \cdot d\boldsymbol{S} \tag{4.82}$$

となり，同じ面積積分となりましたから，

$$\mathrm{rot}\ \boldsymbol{B} = \mu_0 \boldsymbol{i} \tag{4.83}$$

のような微分形式の簡素な式が求まります．また，真空中において磁界 $\boldsymbol{H}$ と磁束密度 $\boldsymbol{B}$ の間には，$\boldsymbol{B} = \mu_0 \boldsymbol{H}$ の関係があるので，式 (4.83) は，

$$\text{rot}\ \boldsymbol{H} = \boldsymbol{i} \tag{4.84}$$

のように書きかえることができます．この式は，アンペアの法則の，微分表現の式で，式 (4.68) (192 ページ) と同じようにマクスウェルの方程式の 1 つとなっています．

また，式 (4.81) のストークスの定理は，周回積分（線積分）⇔ 面積積分の変換公式と考えてもよいと思います．

例題 4.7

$\boldsymbol{A} = x^2\boldsymbol{a}_x + yz\boldsymbol{a}_y + xy\boldsymbol{a}_z$ のときの rot $\boldsymbol{A}$ を求めなさい．

答え

$$\begin{aligned}
\text{rot}\ \boldsymbol{A} = \nabla \times \boldsymbol{A} &= \begin{vmatrix} \boldsymbol{a}_x & \boldsymbol{a}_y & \boldsymbol{a}_z \\ \dfrac{\partial}{\partial x} & \dfrac{\partial}{\partial y} & \dfrac{\partial}{\partial z} \\ x^2 & yz & xy \end{vmatrix} \\
&= \left\{ \frac{\partial}{\partial y}(xy) - \frac{\partial}{\partial z}(yz) \right\} \boldsymbol{a}_x + \left\{ \frac{\partial}{\partial z}(x^2) - \frac{\partial}{\partial x}(xy) \right\} \boldsymbol{a}_y \\
&\quad + \left\{ \frac{\partial}{\partial x}(yz) - \frac{\partial}{\partial y}(x^2) \right\} \boldsymbol{a}_z \\
&= (x-y)\boldsymbol{a}_x + (0-y)\boldsymbol{a}_y + (0-0)\boldsymbol{a}_z \\
&= (x-y)\boldsymbol{a}_x - y\boldsymbol{a}_y
\end{aligned}$$

4.5 ベクトル解析のそのほかの公式

これから学ぶ電磁気学で必要になるベクトル解析におけるそのほかの公式をまとめておくことにします．以下のまとめでは，f, g をスカラ，$\boldsymbol{A}, \boldsymbol{B}, \boldsymbol{C}$ をベクトルとします．

$$\text{grad}(fg) = g\ \text{grad}\ f + f\ \text{grad}\ g \tag{4.85}$$

$$\text{rot grad}\ f = 0 \quad \text{または，}\ \nabla \times (\nabla f) = 0 \tag{4.86}$$

$$\text{div rot}\ \boldsymbol{A} = 0 \quad \text{または，}\ \nabla \cdot (\nabla \times \boldsymbol{A}) = 0 \tag{4.87}$$

$$\mathrm{div}(f\boldsymbol{A}) = \boldsymbol{A} \cdot \mathrm{grad}\ f + f\ \mathrm{div}\ \boldsymbol{A} \tag{4.88}$$

$$\mathrm{rot}(f\boldsymbol{A}) = \mathrm{grad}\ f \times \boldsymbol{A} + f\ \mathrm{rot}\ \boldsymbol{A} \tag{4.89}$$

$$\mathrm{div}(\boldsymbol{A} \times \boldsymbol{B}) = \boldsymbol{B} \cdot \mathrm{rot}\ \boldsymbol{A} - \boldsymbol{A} \cdot \mathrm{rot}\ \boldsymbol{B} \tag{4.90}$$

$$\mathrm{rot}(\boldsymbol{A} \times \boldsymbol{B}) = (\boldsymbol{B}\ \mathrm{grad})\boldsymbol{A} - (\boldsymbol{A}\ \mathrm{grad})\boldsymbol{B} + \boldsymbol{A}\ \mathrm{div}\ \boldsymbol{B} - \boldsymbol{B}\ \mathrm{div}\ \boldsymbol{A}$$

ただし，$(\boldsymbol{B}\ \mathrm{grad})\boldsymbol{A} = B_x \dfrac{\partial A_x}{\partial x} + B_y \dfrac{\partial A_y}{\partial y} + B_z \dfrac{\partial A_z}{\partial z}$　(4.91)

$$\mathrm{grad}(\boldsymbol{A} \times \boldsymbol{B}) = (\boldsymbol{B}\ \mathrm{grad})\boldsymbol{A} + (\boldsymbol{A}\ \mathrm{grad})\boldsymbol{B} + \boldsymbol{A} \times \mathrm{rot}\ \boldsymbol{B} + \boldsymbol{B} \times \mathrm{rot}\ \boldsymbol{A} \tag{4.92}$$

$$\mathrm{rot\ rot}\ \boldsymbol{A} = \mathrm{grad\ div}\ \boldsymbol{A} - \nabla^2 \boldsymbol{A}$$

ただし，$\nabla^2 = \dfrac{\partial^2}{\partial x^2} + \dfrac{\partial^2}{\partial y^2} + \dfrac{\partial^2}{\partial z^2}$　(4.93)

(∇^2 は**ラプラシアン**，あるいは「ナブラ 2 乗」と読みます)

これは覚えておいたほうがよさそうだね.

章末問題

4.1　$\boldsymbol{A} = 3\boldsymbol{a}_x - 2\boldsymbol{a}_y + 3\boldsymbol{a}_z$，$\boldsymbol{B} = -3\boldsymbol{a}_x + 2\boldsymbol{a}_y - 4\boldsymbol{a}_z$ および $\boldsymbol{C} = \boldsymbol{a}_x + \boldsymbol{a}_y - \boldsymbol{a}_z$ のとき，以下の (1) から (5) を求めなさい．

(1)　$\boldsymbol{A} + \boldsymbol{B} + \boldsymbol{C}$
(2)　$3\boldsymbol{A} + 2\boldsymbol{B} + \boldsymbol{C}$
(3)　$|\boldsymbol{A} - \boldsymbol{B} + \boldsymbol{C}|$
(4)　$\boldsymbol{A}$ と $\boldsymbol{B}$ のスカラ積
(5)　$\boldsymbol{A} + \boldsymbol{B} + \boldsymbol{C}$ に平行な単位ベクトル

4.2　$\boldsymbol{A} = 3\boldsymbol{a}_x + 3\boldsymbol{a}_y$，$\boldsymbol{B} = 2\boldsymbol{a}_x + 2\boldsymbol{a}_y + 2\sqrt{2}\boldsymbol{a}_z$ のとき，以下の (1) から (7) を求めなさい．

(1)　$\boldsymbol{A} \cdot \boldsymbol{B}$
(2)　$\boldsymbol{A}$ と $\boldsymbol{B}$ のなす角
(3)　$\boldsymbol{A} \times \boldsymbol{B}$
(4)　$|\boldsymbol{A} \times \boldsymbol{B}|$
(5)　$(\boldsymbol{A} + \boldsymbol{B}) \cdot (\boldsymbol{A} - \boldsymbol{B})$
(6)　$(\boldsymbol{A} + \boldsymbol{B}) \times (\boldsymbol{A} - \boldsymbol{B})$
(7)　$(3\boldsymbol{A} + \boldsymbol{B}) \cdot (\boldsymbol{A} - 3\boldsymbol{B})$

4.3　ベクトル $\boldsymbol{A} = \dfrac{3}{\sqrt{2}}\boldsymbol{a}_x + \dfrac{3}{\sqrt{2}}\boldsymbol{a}_y + 3\sqrt{3}\boldsymbol{a}_z$ とベクトル $\boldsymbol{B} = k\boldsymbol{a}_x + k\boldsymbol{a}_y$ が与えられたとき，(1) スカラ積，(2) ベクトル積，を用いて $\boldsymbol{A}$ と $\boldsymbol{B}$ のなす角を求めなさい．ただし，k は任意の正の整数とする．

4.4　ベクトル $\boldsymbol{A} = 6\boldsymbol{a}_x - 3\boldsymbol{a}_y - \boldsymbol{a}_z$ とベクトル $\boldsymbol{B} = \boldsymbol{a}_x + 4\boldsymbol{a}_y - 6\boldsymbol{a}_z$ が直交することを示しなさい．

4.5　以下の (1)，(2) の問いに答えなさい．

(1)　点 (−2, 4, 1) から点 (3, 4, 3) に向かうベクトル $\boldsymbol{A}$ を求めなさい．
(2)　このベクトル $\boldsymbol{A}$ と同方向の単位ベクトル $\boldsymbol{a}_A$ を求めなさい．

4.6　以下の (1) から (5) の式が成り立つことを示しなさい．

(1)　$(\boldsymbol{A} + \boldsymbol{B}) \cdot (\boldsymbol{A} - \boldsymbol{B}) = \boldsymbol{A}^2 - \boldsymbol{B}^2$
(2)　$(\boldsymbol{A} + \boldsymbol{B}) \times (\boldsymbol{A} - \boldsymbol{B}) = -2(\boldsymbol{A} \times \boldsymbol{B})$
(3)　$\boldsymbol{A} \cdot (\boldsymbol{A} \times \boldsymbol{B}) = 0$

(4)　$|\boldsymbol{A} \times \boldsymbol{B}|^2 = \boldsymbol{A}^2\boldsymbol{B}^2 - (\boldsymbol{A} \cdot \boldsymbol{B})^2$

(5)　$\boldsymbol{A} \times (\boldsymbol{B} \times \boldsymbol{C}) + \boldsymbol{B} \times (\boldsymbol{C} \times \boldsymbol{A}) + \boldsymbol{C} \times (\boldsymbol{A} \times \boldsymbol{B}) = 0$

4.7　点 $(-6,\ 3,\ -7)$ から点 $(6,\ 3,\ -2)$ に向かう単位ベクトル $\boldsymbol{a}$ の式を求めなさい．

4.8　$x = 12,\ y = 16$ で表される直線上の任意の 1 点から，原点に向かう単位ベクトル $\boldsymbol{a}$ の式を求めなさい．

4.9　原点から $z = 6$ の平面上の任意の 1 点に向かう単位ベクトル $\boldsymbol{a}$ の式を求めなさい．

4.10　以下の (1)，(2) の問いに答えなさい．

(1)　$V(x,\ y,\ z) = x^2y^2 + xyz + 3xz^2$ の勾配を求めなさい．

(2)　方向を示す単位ベクトルが $\boldsymbol{a}_n = \dfrac{1}{\sqrt{3}}(\boldsymbol{a}_x + \boldsymbol{a}_y + \boldsymbol{a}_z)$ で与えられているとき，点 $(1,\ 1,\ 1)$ における grad V の $\boldsymbol{a}_n$ 方向の成分を求めなさい．

4.11　$\boldsymbol{A} = e^{-y}(\cos x\boldsymbol{a}_x - \cos x\boldsymbol{a}_y + \cos x\boldsymbol{a}_z)$ のとき，ベクトル $\boldsymbol{A}$ の発散を求めなさい．

4.12　$\boldsymbol{A} = \dfrac{1}{\sqrt{x^2 + y^2}}\boldsymbol{a}_x$ のとき，点 $(1,\ 1,\ 0)$ における div $\boldsymbol{A}$ を求めなさい．

4.13　$\boldsymbol{A} = x \sin y\boldsymbol{a}_x + 2x \cos y\boldsymbol{a}_y + 2z^2\boldsymbol{a}_z$ のとき，点 $(0,\ 0,\ 1)$ における $\nabla \cdot \boldsymbol{A}$ を求めなさい．

4.14　$\boldsymbol{A} = (\cos x)(\sin y)\boldsymbol{a}_x + (\sin x)(\cos y)\boldsymbol{a}_y + (\cos x)(\sin y)\boldsymbol{a}_z$ のとき，ベクトル $\boldsymbol{A}$ の回転を求めなさい．

4.15　前問の答えに対する発散を求めなさい．

4.16　$\boldsymbol{A} = x \sin y\boldsymbol{a}_x + 2x \cos y\boldsymbol{a}_y + 2z^2\boldsymbol{a}_z$ のとき，点 $(0,\ 0,\ 1)$ における $\nabla \times \boldsymbol{A}$ を求めなさい．

第5章

電気数学

前章で解説したベクトル解析は「電磁気学」などを学ぶうえで必要となるものでした.

一方, 交流の電気回路に関する回路解析は, 複素数の概念をもとにしていますので, 特に交流を扱う場合には複素数について十分に理解しておく必要があります. さらに, 本章では, 複素数のほかにも交流の電気回路の入門部分について概念をつかみやすいように解説します.

5.1 複素数の概念

複素数に関しては, 高校の数学でもどのようなものであるかはひととおり習ったと思いますが, **複素数**は実数部と虚数部からなり, 虚数部には**虚数単位** i を付けます. ただし, 電気工学の分野では, 電流 i との混同を避けるために虚数単位は j が用いられます. したがって, a, b を実数とするとき複素数 $\boldsymbol{z}$ は,

$$\boldsymbol{z} = a + jb \tag{5.1}$$

のように表されます.

数学的には, これでよいのですが, ここで違った観点から複素数とは何か, どのように役に立つのかを考えてみましょう.

例えば, ある人の体格を示したいとき, 身長だけでは, その人がどのような体格かを正しく表すことはできません. つまり, 身長○○ cm で, 体重×× kg

のように，身長と体重の両方でどのような体格かを表せます．このように，2 つの異なった単位の数値を使って，はじめてその人の体格を的確に表現できることになります．

すなわち，複素数を使うことによって，この例のように 1 つの数値では正しく表すことができないようなものも的確に表すことができるようになります．

そして，「電気回路」で交流を扱うとき，電圧も電流も大きさだけでなく，位相が関係してきます．つまり，複素数を用いると「電圧と位相」あるいは「電流と位相」という，2 つの異なった単位の数値をもった量をうまく表せるようになります．このために，交流の電気回路では，回路解析を行うときに複素数が用いられます．

5.2　複素数の表現方法

複素数 $\dot{z} = x + jy$ の**実数部**を表すために，英語の “real part” の頭文字 R を使って，$\Re(\dot{z}) = x$，あるいは $\mathrm{Re}(\dot{z}) = x$ のように表します．**虚数部**も，“imaginary part” の頭文字 I を使って，$\Im(\dot{z}) = y$，あるいは $\mathrm{Im}(\dot{z}) = y$ のように表します．

また，$\dot{z} = x + jy$ に対して，$x - jy$ のように虚数部の符号の正負が逆になった複素数を「共役の関係にある」といい，**共役複素数**と呼び，記号 $\bar{\dot{z}}$ を使って表します．すなわち，複素数 $\dot{z} = x + jy$ に対して，共役複素数 $\bar{\dot{z}}$ は，$\bar{\dot{z}} = x - jy$ となります．

複素数 $\dot{z}$ と共役複素数 $\bar{\dot{z}}$ の関係を図（グラフ）を用いて表せば，図 5.1 のようになります．

図 5.1 のように，複素数をグラフで表す際には，実数部を横軸に，虚数部を縦軸にとって示します．そして，この図のことを**複素平面**（**ガウス平面**あるいは $\dot{z}$ **平面**）と呼び，横軸を**実軸**（実数軸），縦軸を**虚軸**（虚数軸）と呼びます．

5.2.1　直交形式，極形式

図 5.2 に複素平面上の $\dot{z} = x + jy$ を示します．一般的に複素平面は，図 5.1 の実軸の Re や虚軸の Im は書かずに，縦軸に虚数単位 j のみを表示します．

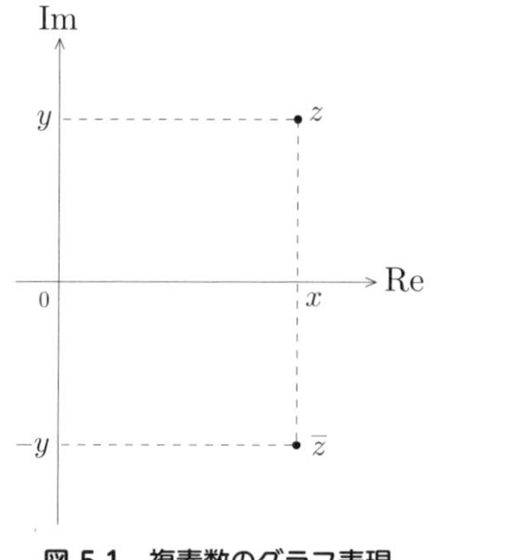

図 5.1　複素数のグラフ表現

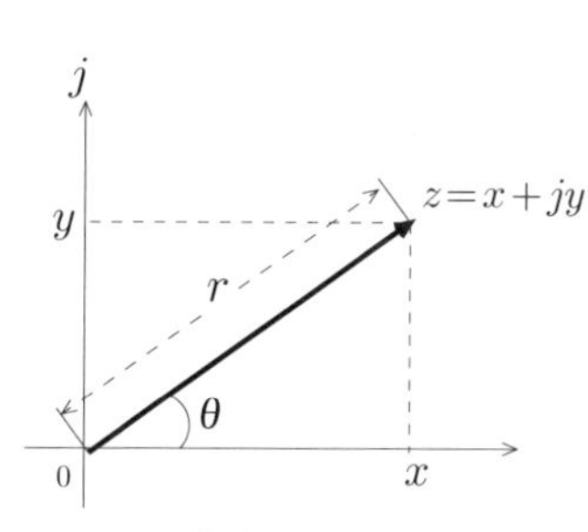

図 5.2　複素平面上の複素数 z

図のように複素平面上の点 $\boldsymbol{z}$ の位置は，x と y を用いて，ただ 1 点に定めることができます．これに対し，原点から $\boldsymbol{z}$ までの距離 r と，実軸とのなす角 θ によっても，点の位置をただ 1 点に決めることができます．したがって，複素平面における複素数 $\boldsymbol{z}$ は，

$$\boldsymbol{z} = x + jy \tag{5.2}$$

あるいは，図 5.2 から明らかなように r と θ を使って，

$$\boldsymbol{z} = r\cos\theta + jr\sin\theta = r(\cos\theta + j\sin\theta) \tag{5.3}$$

のように 2 種類の表し方が可能です．式 (5.2) を直交形式，式 (5.3) を極形式と呼びます．ここで，x, y と r, θ の関係は，

$$r = \sqrt{x^2 + y^2}, \quad \theta = \tan^{-1}\left(\frac{y}{x}\right) \tag{5.4}$$

$$x = r\cos\theta, \quad y = r\sin\theta \tag{5.5}$$

となります．さらに，$r = |\boldsymbol{z}|$，$\theta = \arg \boldsymbol{z}$（argument：偏角）のような表し方もあります．

5.2.2　オイラーの公式

電気回路を学ぶうえで重要な公式の 1 つである**オイラー**（Euler）**の公式**に

ついて説明します．オイラーの公式は，三角関数と指数関数の関係を表す式で，

$$e^{j\theta} = \cos\theta + j\sin\theta \tag{5.6}$$

というものです．この公式が成り立つことはマクローリン展開と呼ばれる公式を用いて確かめることができます．**マクローリン展開**とは，微分可能な関数 $f(x)$ を変数 x のべき乗で展開するというもので，

$$f(x) = f(0) + \frac{x}{1!}f'(0) + \frac{x^2}{2!}f''(0) + \cdots + \frac{x^n}{n!}f^{(n)}(0) + \cdots \tag{5.7}$$

という式になります．ここで，$f^{(n)}(0)$ は，関数 $f(x)$ を x で n 階微分して，$x = 0$ とおいた値を表しています．

まず，マクローリン展開を $f(\theta) = \cos\theta$ について行うと，$f(0) = \cos 0 = 1$，$f'(0) = -\sin 0 = 0$，$f''(0) = -\cos 0 = -1$，$\cdots$ となりますから，

$$\cos\theta = 1 - \frac{\theta^2}{2!} + \frac{\theta^4}{4!} - \frac{\theta^6}{6!} + \cdots \tag{5.8}$$

のように奇数乗の項がなくなった形になります．

次に，マクローリン展開を $f(\theta) = \sin\theta$ について行うと，$f(0) = \sin 0 = 0$，$f'(0) = \cos 0 = 1$，$f''(0) = -\sin 0 = 0$，$\cdots$ となりますから，

$$\sin\theta = \theta - \frac{\theta^3}{3!} + \frac{\theta^5}{5!} - \frac{\theta^7}{7!} + \cdots \tag{5.9}$$

となり，$\cos\theta$ の場合とは逆に，偶数乗の項がなくなった形になります．

そして，最後に $f(\theta) = e^{j\theta}$ の展開は，

$$e^{j\theta} = 1 + \frac{j\theta}{1!} + \frac{(j\theta)^2}{2!} + \frac{(j\theta)^3}{3!} + \frac{(j\theta)^4}{4!} + \cdots$$

となりますから，$j^2 = -1$，$j^3 = -j$，$j^4 = 1$，$j^5 = j$，$j^6 = -1$，$\cdots$ であることに注意すれば，最終的に，

$$e^{j\theta} = \left(1 - \frac{\theta^2}{2!} + \frac{\theta^4}{4!} - \cdots\right) + j\left(\theta - \frac{\theta^3}{3!} + \frac{\theta^5}{5!} - \cdots\right) \tag{5.10}$$

となります．

式 (5.10) と式 (5.8)，式 (5.9) を比べることにより，式 (5.6) のオイラーの公式が成り立っていることがわかります．

5.2.3　指数形式，極座標表現

電気回路では，例えば電圧が与えられ，そのときの回路に流れる電流を計算したりします．このとき，複素数の表現方法（形式）によっては，計算が簡単になったり，逆に複雑になったりすることがあります．このような理由から複素数 $\boldsymbol{z}$ の表現方法には，直交形式，極形式以外に，指数形式と極座標表現があります．

ここで，まず**指数形式**は，以下の式 (5.11) のオイラーの公式の両辺を r 倍することにより，極形式 $r(\cos\theta + j\sin\theta)$ が直ちに指数形式 $re^{j\theta}$ となることから成立することがわかります．

また，**極座標表現**は，指数形式の表現を変えたものになります．そこで，205 ページの式 (5.2) や式 (5.3) と重複してしまいますが，電気回路の計算でよく用いられる形式とその名称を以下にまとめて示します．合わせて共役複素数 $\bar{\boldsymbol{z}}$ も示します．

●**直交形式**

$$\boldsymbol{z} = x + jy, \qquad \bar{\boldsymbol{z}} = x - jy \tag{5.11}$$

●**極形式**

$$\boldsymbol{z} = r(\cos\theta + j\sin\theta), \qquad \bar{\boldsymbol{z}} = r(\cos\theta - j\sin\theta) \tag{5.12}$$

●**指数形式**

$$\boldsymbol{z} = re^{j\theta}, \qquad \bar{\boldsymbol{z}} = re^{-j\theta} \tag{5.13}$$

●**極座標表現**

$$\boldsymbol{z} = r\angle\theta, \qquad \bar{\boldsymbol{z}} = r\angle-\theta \tag{5.14}$$

式(5.12) から式(5.14) は，r と θ を用いた表現形式となっています．

5.2.4　複素数の四則演算とド・モアブルの定理

2 つの複素数 $\boldsymbol{z}_1$，$\boldsymbol{z}_2$ が $\boldsymbol{z}_1 = x_1 + jy_1$，$\boldsymbol{z}_2 = x_2 + jy_2$ と表されるとき，複

素数の和，差，積，商はそれぞれ以下のように定義されます．

$$(\text{和と差})\qquad \boldsymbol{z}_1 \pm \boldsymbol{z}_2 = (x_1 \pm x_2) + j(y_1 \pm y_2) \tag{5.15}$$

すなわち，和と差に関しては，実数部と虚数部を分けて，別々に計算することになります．つまり，スカラの計算で例えば，「2 + 3 は？」と「4 + 5 は？」の 2 つの問題が同時に出されたのと同じです．次に，積と商は，

$$(\text{積})\qquad \boldsymbol{z}_1\boldsymbol{z}_2 = (x_1x_2 - y_1y_2) + j(x_1y_2 + x_2y_1) \tag{5.16}$$

$$(\text{商})\qquad \frac{\boldsymbol{z}_1}{\boldsymbol{z}_2} = \frac{1}{{x_2}^2 + {y_2}^2}\left\{(x_1x_2 + y_1y_2) + j(x_2y_1 - x_1y_2)\right\} \tag{5.17}$$

となります．注意点として，最終的な式の形は，実数部と虚数部にはっきり分けて示すことが重要です．

ここで，前述したように種々の形式が用いられる理由の 1 つに，演算が簡単になるということがあります．例えば，2 つの複素数 $\boldsymbol{z}_1$，$\boldsymbol{z}_2$ が $\boldsymbol{z}_1 = x_1 + jy_1$，$\boldsymbol{z}_2 = x_2 + jy_2$ のとき，和は

$$\boldsymbol{z}_1 + \boldsymbol{z}_2 = x_1 + jy_1 + x_2 + jy_2 = (x_1 + x_2) + j(y_1 + y_2) \tag{5.18}$$

と簡単に求めることができますが，商の計算では，

$$\frac{\boldsymbol{z}_1}{\boldsymbol{z}_2} = \frac{x_1 + jy_1}{x_2 + jy_2} \times \frac{x_2 - jy_2}{x_2 - jy_2}$$

…… 分母の共役複素数を分子，分母にかけ，有理化する

$$= \frac{(x_1x_2 + y_1y_2) + j(x_2y_1 - x_1y_2)}{{x_2}^2 + {y_2}^2} \tag{5.19}$$

のように，和に比べて計算が複雑になってしまいます．一方，もし，$\boldsymbol{z}_1$ と $\boldsymbol{z}_2$ の形式が，$\boldsymbol{z}_1 = r_1e^{j\theta_1}$, $\boldsymbol{z}_2 = r_2e^{j\theta_2}$ の指数形式であれば，

$$\frac{\boldsymbol{z}_1}{\boldsymbol{z}_2} = \frac{r_1e^{j\theta_1}}{r_2e^{j\theta_2}} = \frac{r_1}{r_2}e^{j(\theta_1 - \theta_2)} \tag{5.20}$$

のように簡単に計算することができます．実際，r_1, r_2 に関しては，普通の割り算になって，θ_1, θ_2 に関しては引き算になっています．式 (5.19) に比べて式 (5.20) のほうが計算の手間が少なくなります．

一般に，計算の手間が多くなるほど，計算ミスも増えるから，
どの形式を使って計算するかは重要なポイントだね．

さらに，オイラーの公式を利用して，極形式の，$(\cos\theta + j\sin\theta)$ の部分の n 乗を求めるド・モアブルの定理を導くことができます．

まず，式 (5.6) の両辺を n 乗すれば，

$$(e^{j\theta})^n = (\cos\theta + j\sin\theta)^n \tag{5.21}$$

となります．そして，指数の公式から $(e^{j\theta})^n = e^{jn\theta}$ ですから，オイラーの公式にそのまま代入すれば，

$$e^{jn\theta} = \cos n\theta + j\sin n\theta \tag{5.22}$$

が得られますので，式 (5.21) と式 (5.22) から，

$$(\cos\theta + j\sin\theta)^n = \cos n\theta + j\sin n\theta \tag{5.23}$$

の**ド・モアブルの定理**が求まります．すなわち，左辺の n 乗は，右辺で角度 θ を n 倍すればよいことになります．

例題 5.1

三角関数の加法定理をオイラーの公式を利用して求めなさい．

答え

まず，オイラーの公式から，

$$e^{j\theta_1} = \cos\theta_1 + j\sin\theta_1, \qquad e^{j\theta_2} = \cos\theta_2 + j\sin\theta_2$$

とします．そして，この 2 つの複素数の積を求めれば，

$$\begin{aligned}
&e^{j\theta_1}e^{j\theta_2}\\
&= (\cos\theta_1 + j\sin\theta_1)(\cos\theta_2 + j\sin\theta_2)\\
&= \cos\theta_1\cos\theta_2 + j\cos\theta_1\sin\theta_2 + j\sin\theta_1\cos\theta_2 + j^2\sin\theta_1\sin\theta_2\\
&= (\cos\theta_1\cos\theta_2 - \sin\theta_1\sin\theta_2) + j(\sin\theta_1\cos\theta_2 + \cos\theta_1\sin\theta_2)
\end{aligned}$$

となります．また，指数のかけ算は，足し算となることから，

$$e^{j\theta_1}e^{j\theta_2} = e^{j(\theta_1+\theta_2)} = \cos(\theta_1 + \theta_2) + j\sin(\theta_1 + \theta_2)$$

です．この 2 つの複素数が等しいということは，実数部が等しく，かつ虚数部も等しいということですから，実数部どうしを比較すると，

$$\cos(\theta_1 + \theta_2) = \cos\theta_1 \cos\theta_2 - \sin\theta_1 \sin\theta_2$$

となり，虚数部どうしを比較すると，

$$\sin(\theta_1 + \theta_2) = \sin\theta_1 \cos\theta_2 + \cos\theta_1 \sin\theta_2$$

となり，三角関数の加法定理が求まります．

ここで，オイラーの公式に名前が似た，オイラーの等式と呼ばれる有名な式がありますので紹介しておくことにします．オイラーの公式の θ が円周率を表す無理数の π になった場合の式ですが，

$$e^{j\pi} + 1 = 0 \tag{5.24}$$

が，**オイラーの等式**と呼ばれる式です．この式は，*The Mathematical Intelligencer* 誌の読者調査で，「数学における最も美しい定理」と呼ばれました．また，2004 年に実施された *Physics World* 誌の読者調査ではマクスウェルの方程式と並び，「史上最も偉大な等式」ともいわれました．日本でも小川洋子著「博士の愛した数式」（新潮社）という小説が映画化され 2006 年に公開されました．この映画の中でもオイラーの等式が出てきました．

式 (5.24) を構成する各要素の意味や値は，

- e：**ネイピア数**．自然対数の底であり，値 $= 2.7182818284\cdots$
- π：円周率．値 $= 3.1415926535\cdots$
- j：**虚数単位**．$\sqrt{-1}$
- 0：和の単位元
- 1：積の単位元

です．式 (5.24) のただ 1 つの式中に，幾何学，解析学，代数学のそれぞれの分野で独立に定義された定数が入っており，さらに，任意の変数 x に対して，和の単位元（$x + a = x$ となる $a = 0$），積の単位元（$x \times a = x$ となる $a = 1$）が入っています．そして，

$$(2.71828182\cdots)^{(3.14159265\cdots)\sqrt{-1}} + 1 = 0 \tag{5.25}$$

のように，自然界に存在する特別な定数（無理数）を含んだ，$e^{j\pi}$ の値が，ちょうど -1 となります．このような関係となることを明らかにしたことから「数

学における最も美しい定理」あるいは「史上最も偉大な等式」などと呼ばれているのです．

5.3 電圧・電流のフェーザ表示

一般に，直流の電気回路においては，電圧，電流は時間的に一定で変化していません．これに対して，交流の電気回路における電圧，電流は周期的に変化します．そして，時間的に変化しない電圧や電流は，E や V あるいは I のように大文字で，時間的に変化している電圧や電流は，e や v あるいは i のように小文字を使って表します．

特に時間的に変化，つまり時間の関数という意味で $e(t)$ のように表す場合もあります[*1]．

5.3.1 正弦波

交流の電気回路で扱う電圧や電流は，時間的に正弦波状に変化しています．**正弦波**とは sin の形で変化している波のことです．家庭に送られてくる電気がこのように正弦波状に変化しているのは，そもそも発電機がコイルを回転させることによって電圧を発生させているためです．

そして，基本的にこの正弦波は，

$$y = A_m \sin(\omega t + \theta) \tag{5.26}$$

のような関数として表されます．ここで，A_m は波の中心からの正の最大値，ω は角周波数と呼ばれるもので，周波数を f〔Hz〕とすると $\omega = 2\pi f$〔rad/s〕です．さらに，t〔s〕は時刻，θ〔rad〕は初期位相（$t = 0$ における位相）です．

また，式 (5.26) は，関数として sin を用いましたが，$\sin x = \cos\left(x + \frac{\pi}{2}\right)$ですから，cos を用いても同様に表すことができることはわかると思います．特に，sin と cos のどちらを用いなければならないということはありません．

*1 以降では電圧を表す文字に e を使いますが，前述のネイピア数 e と混同しないように注意してください．

5.3.2　フェーザ表示

次に，2 つの正弦波の関係を表したいとき，**フェーザ表示**と呼ばれる表示方法があります．フェーザ表示は交流の電気回路において，電圧と電流の関係を表す基本的な方法ですので，以下で説明します．**フェーザ**（phasor）の語源は，「位相（phase）」と「ベクトル（vector）」を合わせたもので，そのまま**フェーズベクトル**といわれることもあります．

フェーザは専門用語の部類ですし，かつ比較的新しい言葉なので，小さな英和辞典には載っていないかもしれません．

それでは，ここで，ある回路における電圧 e と電流 i の関係が図 5.3 のようになっていたと仮定します．電圧と電流の位相差を $\theta = \frac{\pi}{6}$ rad と弧度法にしましたので横軸は時間 t ではなく，ωt となっていることに注意してください．また，以降の説明では弧度法を使い，角度の単位はすべて〔rad〕に統一することにし，簡単のため〔rad〕の単位を省略することにします．

電圧 e と電流 i を前ページの式 (5.26) と同様の形で表せば，

$$e = 100\sqrt{2}\sin(\omega t) = E_m \sin(\omega t) \quad \text{〔V〕} \tag{5.27}$$

$$i = 5\sqrt{2}\sin\left(\omega t - \frac{\pi}{6}\right) = I_m \sin\left(\omega t - \frac{\pi}{6}\right) \quad \text{〔A〕} \tag{5.28}$$

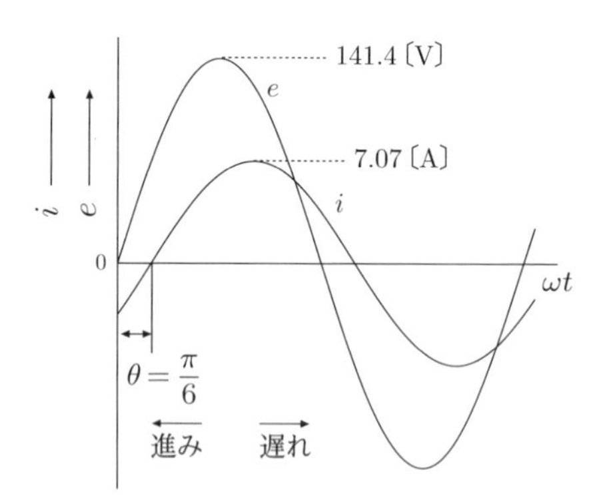

図 5.3　電圧 e と電流 i の関係

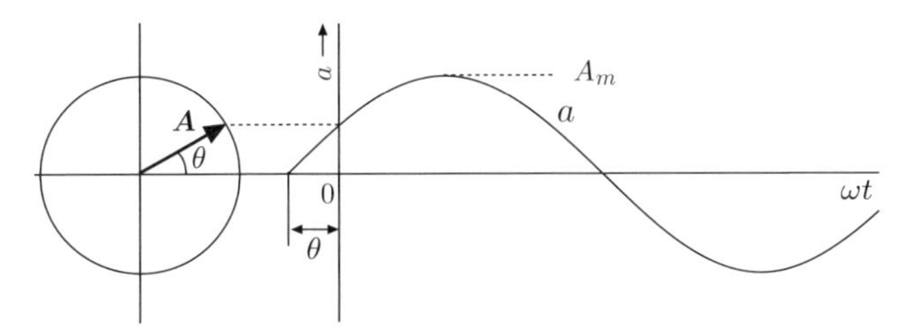

図 5.4　フェーザ A の考え方

この図をみると，コイルが回って発電されている様子がイメージできるね.

となります．このとき電流が $i = I_m \sin(\omega t)$〔A〕であれば位相のずれはありません．位相のずれがない場合を**同相**であるといいます．

対して，図 5.3 の場合は，「電圧に対して，電流は位相が $\theta = \dfrac{\pi}{6}$ だけ遅れている」といいます．

さて，電圧と電流の関係を式で表す場合は，式 (5.27)，(5.28) でよいのですが，式を使わずに電圧と電流の関係を示そうとすると図 5.3 を描くことになります．図 5.3 を見れば，誰でも電圧と電流の関係がどのようであるかはわかります．しかし，いちいち図 5.3 のような 2 種類の正弦波を描くのは煩雑であり，大変です．そこで用いられるのがフェーザ表示です．一種の時間とともに回転するベクトルを使って，電圧や電流の時間的な変化を表します．図 5.4 に具体例を示します．

この図は，ベクトル $\boldsymbol{A}$ が時間とともに左回りで回転しているとき，ベクトルの終点の投影が正弦波状に変化している様子を示しています．この正弦波 a を式で表せば，いままでの説明と同様に，

$$a = A_m \sin(\omega t + \theta) \tag{5.29}$$

となります．ここで $\omega t = 0$ における a の値は，$a = A_m \sin\theta$ です．したがって，ベクトル $\boldsymbol{A}$ は，$\omega t = 0$ で第 1 象限の角度 θ の位置になります．ベクトル $\boldsymbol{A}$ の大きさ $|\boldsymbol{A}|$ は，図 5.4 からも明らかなように $|\boldsymbol{A}| = A_m$ です．

ここで，フェーザ A は，次のように定義します．フェーザ A は，ベクトル

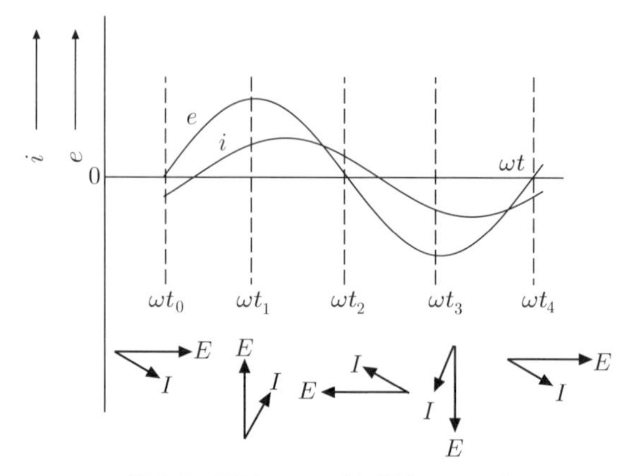

図 5.5　電圧フェーザと電流フェーザ

$\boldsymbol{A}$ と同じ方向で，大きさを $\dfrac{1}{\sqrt{2}}$ と定義します．したがって，フェーザ A の大きさは $\dfrac{A_m}{\sqrt{2}}$ となります．この $\left(\dfrac{\text{最大値}}{\sqrt{2}}\right)$ を実効値と呼びます．実効値に関しては，この後の 5.4.2 項で詳しく説明します．

では，このように定義されたフェーザ表示を 212 ページの図 5.3 の電圧波形 e と電流波形 i の例に適用してみます．電圧 e に対するフェーザ E を電圧フェーザと呼びます．同様に電流 i に対するフェーザ I を電流フェーザと呼びます．

図 5.4 で説明したように，時刻によってフェーザの向きが変わります．そこで，図 5.5 には，異なった時刻 ωt_0 から ωt_4 におけるフェーザを示してあります．ただし，フェーザは，その定義から大きさが $\dfrac{1}{\sqrt{2}}$ ですから図 5.3 の例では，電圧フェーザが 100 V，電流フェーザが 5 A の大きさとなっていることに注意してください．

さて，時刻 ωt_0 では，e が負の値から 0 になった状態なので，電圧フェーザ E は図のように角度が 0 の位置となります．これに対して，i は負の値ですから電流フェーザ I は第 4 象限の位置で，E から $\dfrac{\pi}{6}$ だけ遅れています．

次に，時刻 ωt_1 では e が最大値ですから，電圧フェーザ E は角度が $\dfrac{\pi}{2}$ の位置で，電流フェーザ I は時刻 ωt_0 のときと同様に E から $\dfrac{\pi}{6}$ だけ遅れています．

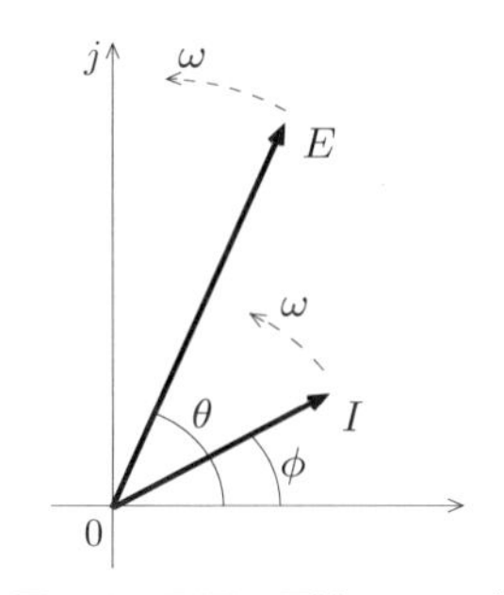

図 5.6　電圧・電流フェーザ

図形的には，時刻 ωt_1 のときのフェーザは，時刻 ωt_0 のフェーザが左に $\dfrac{\pi}{2}$ 回転したものになっています．

対して，時刻 ωt_2 では，さらに時刻 ωt_0 のフェーザが π 回転し，時刻 ωt_3 では，時刻 ωt_0 のフェーザが $\dfrac{3\pi}{2}$ 回転しています．

最後の時刻 ωt_4 では，時刻 ωt_0 から 1 周期になりますから，フェーザは時刻 ωt_0 と同じものになります．

このように電圧と電流の正弦波の波形を描かなくともフェーザ表示を用いることにより，電圧と電流の関係を表すことができます．

図 5.6 は，さらに具体的に電圧・電流フェーザを示したものです．電圧と電流の位相差は $(\theta - \phi)$ で，この位相差を保ちながら，角速度 ω で左回りに回転しています．

したがって，フェーザは時間とともに回転するベクトルとみることができますし，グラフを複素平面と考えれば，複素数とみることもできます．

例えば，複素数の極座標表現を用いれば，電圧と電流はそれぞれ $E\angle\theta$，$I\angle\phi$ のように表せます．また，式 (5.3) から，$E\cos\theta + jE\sin\theta$, $I\cos\phi + jI\sin\phi$ のようにも表せます．

このようにフェーザ表示を用いれば，いちいち図 5.3 のような正弦波を描く煩雑さはなくなります．しかし，図 5.3 では，横軸が ωt ですから，「ある時間範囲」の関係を図示することができるのに対し，フェーザ表示は「一瞬の時刻」における関係を表示したものになります．この点が正弦波を描いた場合との差異になります．フェーザ表示の欠点といえなくもありませんが，フェーザ表示から逆に正弦波を描くことは難しくありませんので，総合的に考えればフェーザ表示を用いることの利点のほうが大きいことになります．

また，フェーザとまったく同じ意味なのですが，時間とともに回転するベクトルということで，$\dot{E}$，$\dot{I}$ のように表記し，電圧ベクトル，電流ベクトルと呼ばれることもあります．

5.3.3　フェーザの標準的な表し方

これまでの説明から，フェーザ表示は，時刻によって違った向きに書き表せることがわかったと思います．しかし，そうすると，回路理論などの試験において「電圧と電流のフェーザ表示を示しなさい．」といった場合，答えは無限に存在することになってしまいます．そこで，図5.3などにおいては，$t = 0$ もしくは $\omega t = 0$ の時点を基準にして表すのが標準的です．すなわち，瞬時値における実効値と初期位相，式(5.29)（213ページ）でいえば，$\dfrac{A_m}{\sqrt{2}}$ と θ を用いることになります．

5.4　電力と実効値

私たち日本人は欧米の人たちに比べ，物事を理解するうえで一種の利点をもっています．それは，英語は表音文字ですが，日本語の漢字は表意文字ということです．例えば，変圧器のことを英語では，トランスフォーマ（transformer）といいますが，変圧器を知らない人がトランスフォーマといわれても，どのような機器であるかは想像できないと思います．

しかし，変圧器といわれれば「圧を変える器（うつわ）」と読んで，電圧を変える機器であることが想像できます．

これと同様に実効値は「実際に効力のある値」と読むことができます．

以下では，直流と交流での電力の違いと実効値について説明します．

5.4.1　直流と交流の電力

直流の電気回路において，電力 P は電圧 E と電流 I の積であることは，すでに高校までで学んでいると思います．すなわち，

$$P = EI \quad \text{〔W〕} \tag{5.30}$$

でした．ここで，直流の電気回路における電力は，この式 (5.30) の 1 つだけなのですが，交流の電気回路ではこのほかに有効電力，無効電力，皮相電力と呼ばれる 3 種類の電力があります．それぞれ単位は，有効電力は〔W〕（ワット），無効電力は〔var〕（バール），皮相電力は〔VA〕（ボルトアンペア）が用いられています．そして，**有効電力** P は，以下の式で求まります．

$$P = EI\cos\theta \quad \text{〔W〕} \tag{5.31}$$

上式 (5.31) の $\cos\theta$ は，**力率**（power factor）と呼ばれ，θ は電圧と電流の位相差です．したがって，電圧と電流が同相であれば $\theta = 0$ ですから $\cos\theta = 1$ となり，直流の場合の式 (5.30) と形式的には同じ式となります．

以降の項では，交流の場合になぜ 3 種類の電力が定義されているのかを説明します．

5.4.2　瞬時電力と実効値

まず，交流の電気回路において電圧と電流が同相であった場合について説明します．図 5.7 に電圧 e と電流 i が同相の場合のグラフを示します．

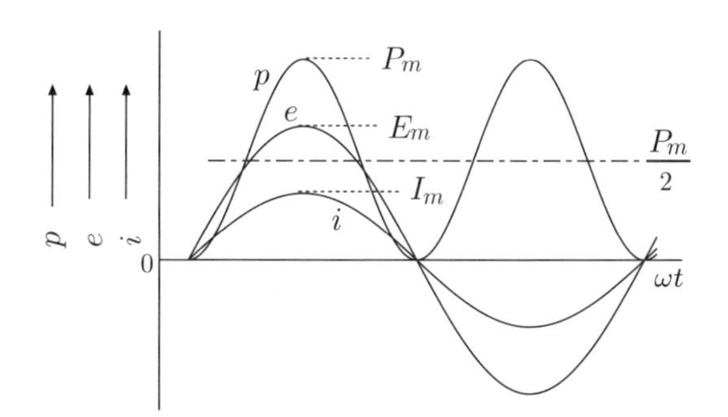

図 5.7　位相差のない電圧，電流および瞬時電力

図において各時刻の電圧と電流を単純にかけ算した値 p を示してあります．つまり，$p = ei$ です．一瞬の時間における電力ということで，この p を**瞬時電力**と呼びます．

いま同相なので，電圧と電流の符号はどの時刻でも同じになります．したがって，瞬時電力の値は必ず正となり，その変化は図からもわかるように電圧，電流の 2 倍の角周波数になっています．そして，瞬時電力の最大値 P_m は，$P_m = E_m I_m$ ですから，電力 p は 0 から P_m までの値で正弦波状に変化しています．このことから，瞬時電力の平均値は，$\dfrac{P_m}{2}$ となり，図のように一点鎖線で示してあります．平均ですから，時間によって変わることはありません．瞬時電力の平均値を P_A で表すことにすれば，

$$P_A = \frac{P_m}{2} = \frac{E_m I_m}{2} = \frac{E_m I_m}{\sqrt{2}\sqrt{2}} = \left(\frac{E_m}{\sqrt{2}}\right) \cdot \left(\frac{I_m}{\sqrt{2}}\right) \tag{5.32}$$

のように書きかえられます．この式の最後の $\dfrac{E_m}{\sqrt{2}}$ を電圧の**実効値**，$\dfrac{I_m}{\sqrt{2}}$ を電流の**実効値**とそれぞれ呼びます．

平均は時間によって変化しないので，式(5.32) には時間の要素がありませんね．

なぜ，実効値と呼ばれるかは，次のような仮想的な実験をすることにより理解できると思います．

図 5.8 は，室温の水が入ったビーカーを電熱器の上に載せて加熱する実験です．日本の場合，一般家庭で使われている電気，つまりコンセントの電圧は交流 100 V です．AC アダプタを用いないと直流 100 V の電源は一般家庭にはないと思いますが，まず，電熱器に直流 100 V の電源を接続し，15 分で水が沸騰したとします．

対して，同じように室温の水が入ったビーカーを電熱器の上に載せて，今度は交流のままコンセントに接続し，加熱すると同様に 15 分で沸騰したとします．このとき，コンセントの 100 V とは，実効値表示です．つまり，正弦波の振幅の幅が ± 141.4 V，すなわち最大値が $100\sqrt{2}$ V の交流です．

このように交流の電圧や電流を実効値で表しておけば，直流と交流での実際の効力は同じ（いまの場合，同じ 15 分で水が沸騰する）になることから，実効値表示が用いられているのです．

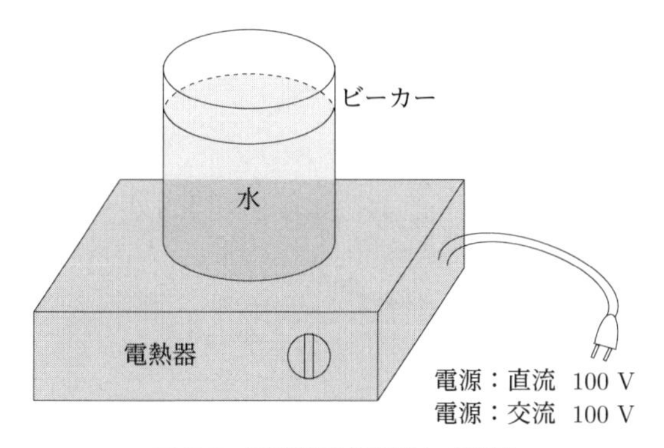

図 5.8 電熱器で水を沸かす実験

5.4.3 有効電力および無効電力，皮相電力

次に，電圧と電流に位相差がある場合について説明します．図 5.9 は，電圧よりも電流が $\frac{\pi}{3}$ 遅れている場合で，瞬時電力 p を破線で示してあります．

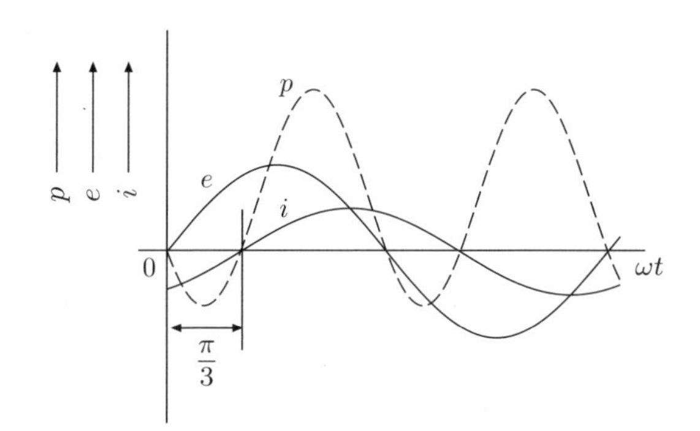

図 5.9 位相差のある電圧，電流および瞬時電力

電圧と電流の位相が $\frac{\pi}{3}$ ずれていますので，図 5.7 の場合と異なり，図 5.9 では電圧と電流の符号が $\left(0 \text{ から } \frac{\pi}{3}\right)$ と $\left(\pi \text{ から } \frac{4\pi}{3}\right)$ の間は逆になっています．したがって，その間は瞬時電力の値が負になります．

ここで，「負の電力」とは，どのようなものかを理解するために，次のようなことを考えてみます．電池と豆電球を導線で接続します．そして，中身が見えないように箱をかぶせてしまいます．もちろん，中身を見ていない人には，ど

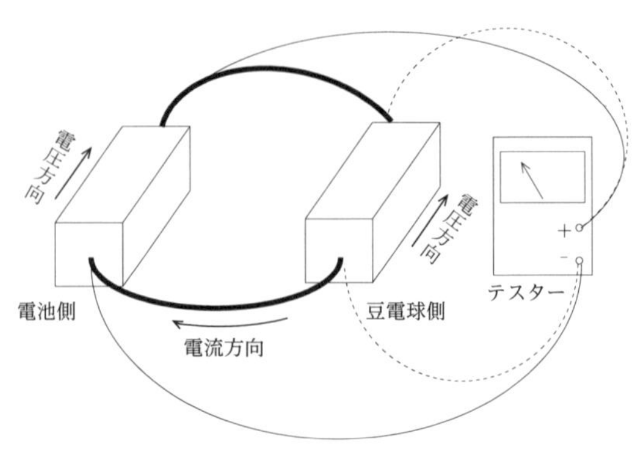

図 5.10　電池と豆電球

ちらが電池で，どちらが豆電球かはわかりません．そこで，テスタ（電圧計）で箱の両端の電圧を測ってみます．図 5.10 は，この様子を示したものです．テスタの ± 端子からの実線が電池側の電圧を，点線が豆電球側の電圧を測定しているところです．

その結果，両方の箱とも同じ電圧値となりますが，方向は逆になっています．しかし，両方の箱とも電圧を発生しているようにみえますから，結局は電圧を測っただけではどちらが電池かを知ることはできません．

そこで，次に電流を測ることにします．このとき，電流の値ではなく，流れている電流の方向を知りたいので方位磁石が役に立ちます．これなら回路を切断せずに電流方向を知ることができます．第 4 章のベクトル解析の 4.4.3 項にある図 4.20 (194 ページ)のように電流により同心円状に磁界が発生することを利用します．

電流方向がわかったら，先ほどの電圧方向と比較してみます．電池側は電圧と電流が同方向になるはずで，豆電球側は電圧と電流が逆方向になるはずです．つまり，豆電球側は図 5.9 の負の電力と同じ状態になるはずです．ここで，電気回路では電力を供給している側を**電源**，電力を消費している側を**負荷**と呼びます．

以上から，位相 θ が図 5.9 の $\left(0 \text{ から } \frac{\pi}{3}\right)$ と $\left(\pi \text{ から } \frac{4\pi}{3}\right)$ の間は，電源は負荷の振る舞いをしていることになります．つまり，負荷のほうから電源に電力が供給されていることになります．しかし，一般に負荷は電力を発生していませんから，実際には電源から負荷に送られた電力が負荷で消費されずに

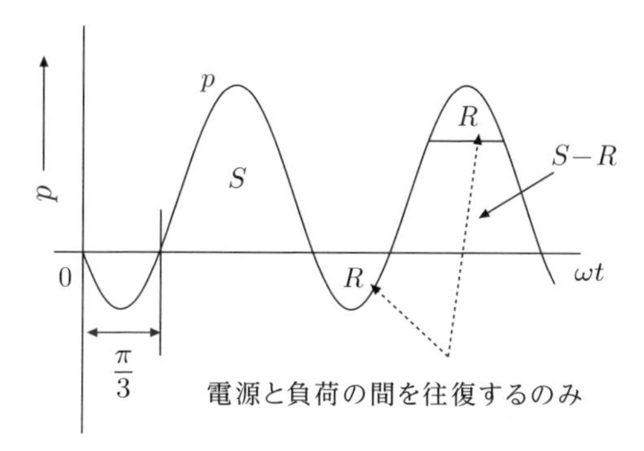

図 5.11　位相差のある場合の瞬時電力波形

電源に戻っているということです．さらに詳しく説明するために，図 5.11 に図 5.9 の瞬時電力の波形のみを示します．

ここまでの説明からわかるように，図の S で示した正の部分が電源から負荷に送られた電力になります．そして，R で示した負の部分が負荷から電源に送られた電力になります．この S から R までの部分が 1 周期になっています．

したがって，1 周期のうち，S の部分から R の部分を差し引いた $S-R$ の部分の電力が負荷で消費された電力となります．負荷から電源に戻ることなく実際に負荷で消費された電力であることから，この電力を**有効電力**と呼びます．

そして，R の部分と，S の内の R に相当する部分の和の $2R$ が，電源と負荷の間を往復する電力になります．実際には消費されない電力なので，**無効電力**と呼ばれています．また，電圧の実効値と電流の実効値を単純にかけ算したものを**皮相電力**と呼びます．

せっかく送っても，使われないで戻ってきてしまう電力が無効電力ということね．

これらの電力をまとめておきます．

●有効電力

$$P = EI\cos\theta \quad \text{〔W〕} \qquad (\cos\theta\text{：力率}) \tag{5.33}$$

●無効電力

$$P_r = EI\sin\theta \quad \text{〔var〕} \tag{5.34}$$

●皮相電力

$$P_a = EI = \sqrt{P^2 + {P_r}^2} \quad \text{〔VA〕} \tag{5.35}$$

以上，交流の場合の 3 つの電力について説明しましたが，有効電力，無効電力の物理的意味から，電圧と電流の位相差に関することが新たにわかります．

それは，「位相差の範囲を限定できる」ということです．結論からいえば，位相差 θ は，$-\dfrac{\pi}{2} \leq \theta \leq \dfrac{\pi}{2}$ の範囲となります．なぜ，このような結論が導けるのでしょうか．

前に述べたように，一般に負荷は電力を発生していません．したがって，負荷から電源に戻る電力は，電源から供給された電力を超えることはありません．供給された電力がすべて戻る場合が最大となります．図 5.11 でいえば最大で $R = S$ で，$S < R$ は起こりえないということです．

すなわち，瞬時電力の波形の正と負の部分が同じときですから，電圧と電流の位相差は，$\theta = -\dfrac{\pi}{2}$ あるいは $\theta = \dfrac{\pi}{2}$ であり，式 (5.33)，式 (5.34) に代入すれば，$P = 0$，$P_r = EI$ となって，すべてが無効電力となります．

例 5.1

図 5.12 に $\theta = \dfrac{\pi}{2}$ の電圧，電流，瞬時電力の波形を示します．図から明らかなように波線で示された瞬時電力の波形の，正の部分と負の部分の大きさは同じになっています（図 5.11 において $S = R$）．また，前ページの図 5.11 の $S - R$ で示された部分がなくなっています．つまり，電源から送られた電力が，そのまま負荷から電源に戻っていますから，電力は，すべてが無効電力となります．$\theta = -\dfrac{\pi}{2}$ の場合も瞬時電力の波形は，正負の大きさが同じになります．

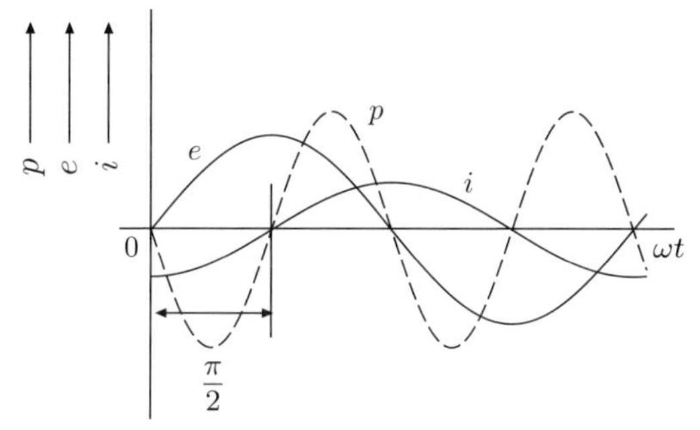

図 5.12　$\theta = \dfrac{\pi}{2}$ のときの電圧，電流および瞬時電力

したがって，電圧，電流の位相差 θ の範囲は，$-\dfrac{\pi}{2} \leq \theta \leq \dfrac{\pi}{2}$ となります．

例題 5.2

電圧 $e = 100\sqrt{2}\sin\omega t$〔V〕，電流 $i = 8\sqrt{2}\sin\left(\omega t - \dfrac{\pi}{4}\right)$〔A〕のときの，有効電力 P，無効電力 P_r，皮相電力 P_a をそれぞれ求めなさい．

答え

まず，電圧，電流の実効値はそれぞれ $E = 100\,\mathrm{V}$，$I = 8\,\mathrm{A}$ であり，電圧と電流の位相差は，$\theta = \dfrac{\pi}{4}$ となっていますから，有効電力と無効電力は，それぞれ前ページの式 (5.33)，(5.34) より，

$$P = EI\cos\theta = 800\cos\left(\frac{\pi}{4}\right) = \frac{800}{\sqrt{2}} = 565.7 \quad \text{〔W〕}$$

$$P_r = EI\sin\theta = 800\sin\left(\frac{\pi}{4}\right) = \frac{800}{\sqrt{2}} = 565.7 \quad \text{〔var〕}$$

となり，皮相電力は式 (5.35) から，

$$P_a = EI = \sqrt{P^2 + {P_r}^2} = 800 \quad \text{〔VA〕}$$

となります．

5.5　回路素子とインピーダンス

回路を構成する要素を総称して素子と呼びます．ただし，電源のない回路はありませんから，一般的に電源を素子と呼ぶことはありません．電気回路や回路理論と呼ばれる科目で扱う素子は，抵抗，コイル，コンデンサの3つで，これらは**受動素子**と呼ばれます．対して，ダイオードやトランジスタなどの素子は電子回路などの科目で扱われ，**能動素子**と呼ばれます．

では，この3つの素子はどのように区別されるのでしょうか．図5.13に白熱電球のフィラメントの部分を示します．フィラメントとは電球の発光する部分で，タングステンという金属でつくられています．

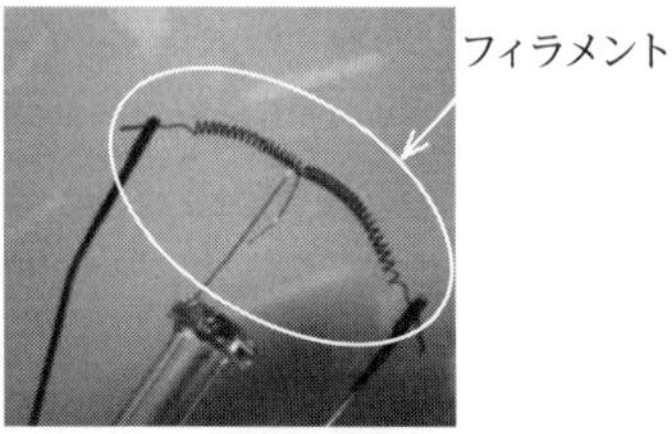

図5.13　白熱電球のフィラメント

フィラメントは図5.13のようにコイル状になっています．ただし，コイル状になっていますが，白熱電球は素子としては抵抗に分類されます．素子の分類は，その形状によるものではなく，素子に電流を流したときに発生する電圧降下によって行われます．

図5.10（220ページ）の電池と豆電球の説明で，豆電球の両端にも電圧が発生しているようにみえました．この豆電球に電流を流したときに発生した電圧が電圧降下です．このように書くと何となく難しそうですが，すでに知っているオームの法則にほかなりません．

5.5.1　回路素子と性質

では，これから各素子に電流が流れたときに発生する電圧降下について説明します．まず，図5.14は，3つの素子をそれぞれ電気回路で使われる記号で表したものです．

図5.14において，電流をi，それぞれの電圧降下を抵抗はv_R，コイルはv_L，コンデンサはv_Cとします．そして，それぞれの値は，

●抵抗

$$v_R = Ri \tag{5.36}$$

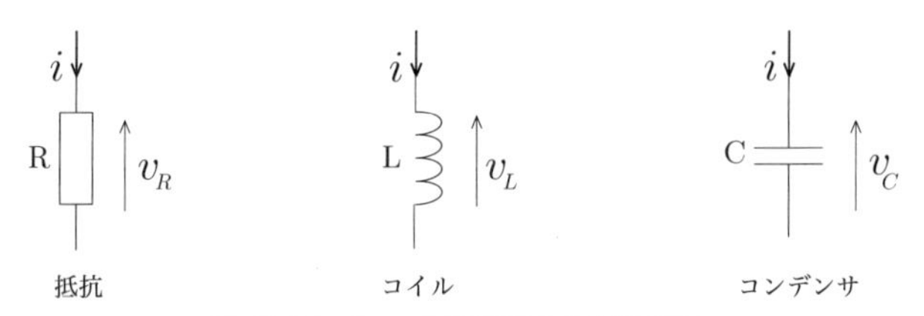

図 5.14　3 つの回路素子と電圧降下

● **コイル**

$$v_L = L\frac{di}{dt} \tag{5.37}$$

● **コンデンサ**

$$v_C = \frac{1}{C}\int i\ dt \tag{5.38}$$

のようになります．ここで，R は，抵抗の抵抗値で単位は〔Ω〕（オーム），L はコイルのインダクタンスで単位は〔H〕（ヘンリー），C はコンデンサの容量で，単位は〔F〕（ファラッド）です．

式 (5.36)，(5.37)，(5.38) からわかるとおり，各素子の電圧降下の値は，抵抗は流れる電流に比例した値，コイルは流れる電流の微分値に比例した値，コンデンサは流れる電流の積分値に比例した値です．このように素子の分類は，素子に流れる電流に対して，どのような電圧降下が発生するかによって分けられ，素子の形状には関係しません．

ここで，なぜこのような式になるのかをコンデンサを例にとって説明しておきます．コンデンサは日本語で蓄電器と呼ばれます．「電気（電荷）を蓄える器（うつわ）」と読めます．電荷を運ぶのは電流です．

コンデンサの電圧は電荷が貯まるほど高くなりますから，コンデンサの電圧降下の値は，コンデンサに流れる電流を，時間で積分した値に比例すると考えられます．式で表せば，

$$v_C \propto \int i\ dt$$

となります．しかし，このままでは計算できませんから比例定数を k とすれば，

$$v_C = k\int i\ dt$$

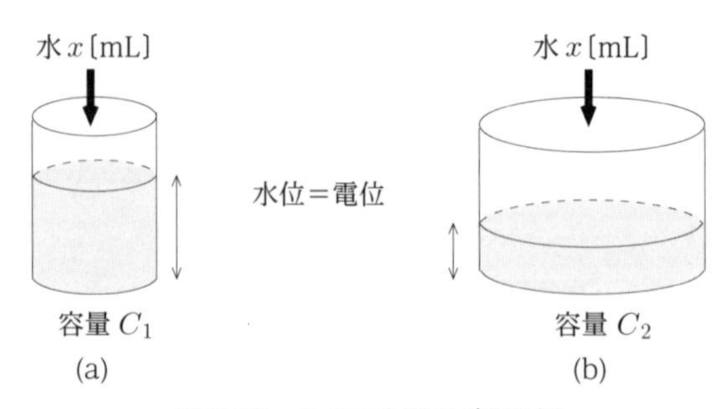

図 5.15　2 つの大きさが違う桶

と書くことができます．

そして，この比例定数 k を決めればよいことになります．電流の流れは，よく水の流れにたとえられますので，ここでも同じようにして，大きさの異なった桶のようなものを考えることにします．図 5.15 に大きさの違う 2 つの桶を示しました．

(a) の桶の容量を C_1，(b) の桶の容量を C_2 とし，$C_1 < C_2$ と仮定します．両方の桶に同じ x〔mL〕の水を入れたとすれば図のように，容量 C_1 の桶のほうが水位は高くなります．

同じ電荷量がコンデンサに蓄えられたとき，水位と同じように，容量の小さなコンデンサのほうが電位は高くなります．したがって，コンデンサの電位は，その容量に反比例することになります．

よって，比例定数 k は $\dfrac{1}{C}$ となります．このようにして，コンデンサの電圧降下の式は，式 (5.38) で表されることがわかります．

5.5.2　インピーダンス

それでは，次に各素子に流れる電流が $i = I_m \sin \omega t$ であったとき，具体的にそれぞれの電圧降下を求めてみます．式 (5.36)，(5.37)，(5.38) に i を代入すれば，以下の式となります．

$$v_R = Ri = RI_m \sin \omega t \tag{5.39}$$

$$v_L = L\frac{di}{dt} = LI_m \frac{d}{dt}(\sin \omega t) = \omega LI_m \cos \omega t \tag{5.40}$$

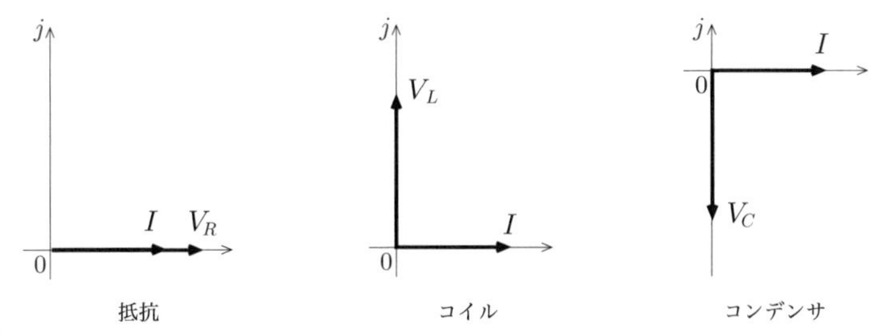

図 5.16 各素子の電流と電圧降下のフェーザ表示

$$v_C = \frac{1}{C}\int i\,dt = \frac{I_m}{C}\int \sin\omega t\,dt = \frac{-I_m}{\omega C}\cos\omega t \tag{5.41}$$

以上の結果をフェーザ表示で示せば，図 5.16 のようになります．

そして，フェーザの大きさが実効値であることと，グラフを複素平面とみることにより，各電圧降下のフェーザは，

$$V_R = RI, \quad V_L = j\omega LI, \quad V_C = \frac{-jI}{\omega C} = \frac{I}{j\omega C} \tag{5.42}$$

となります．この 3 つの式を比較すると，ある規則性が見えてきます．

すなわち，抵抗では $Z = R$ と文字を置き換えます．そして，コイルでは $Z = j\omega L$，コンデンサでは $Z = \dfrac{1}{j\omega C}$ とします．それぞれの電圧を V とすれば，3 つの式とも統一された形になり，$V = ZI$ となります．

このような形で表現された Z を**インピーダンス**と呼び，単位は 3 つとも〔Ω〕となります．以下に各素子のインピーダンスの式をまとめておきます．

● **抵抗**

$$Z_R = R \quad 〔\Omega〕 \tag{5.43}$$

● **コイル**

$$Z_L = j\omega L \quad 〔\Omega〕 \tag{5.44}$$

● **コンデンサ**

$$Z_C = \frac{-j}{\omega C} = \frac{1}{j\omega C} \quad 〔\Omega〕 \tag{5.45}$$

抵抗とコイルとコンデンサで中身は違うけど，
まとめてインピーダンスにしてしまうわけだね．

交流の回路計算を行う際に，このインピーダンスを用いる理由は，次の 2 つの大きな利点が生じるからです．

① 合成インピーダンスが，直流の合成抵抗を求めるときと同じように計算できる．

② 微分，積分を代数計算で行える．

次に，このインピーダンスの一般的な表現方法について説明します．インピーダンス $\boldsymbol{z}$ は，複素数であり，$\boldsymbol{z} = R + jX$ と書き表され，実数部の R を抵抗分，虚数部の X を**リアクタンス分**と呼びます．コイルの場合，式 (5.44) から $X = \omega L$ となり，これを**誘導性リアクタンス**と呼びます．コンデンサの場合，式 (5.45) から $X = \dfrac{1}{\omega C}$ となり，これを**容量性リアクタンス**と呼びます．そして，複素数ですから 5.2 節で説明した各種の形式でも表すことができます．つまり，$|\boldsymbol{z}| = \sqrt{R^2 + X^2}$ および $\theta = \tan^{-1}\left(\dfrac{X}{R}\right)$ ですから，

$$\boldsymbol{z} = |\boldsymbol{z}|(\cos\theta + j\sin\theta) = |\boldsymbol{z}|e^{j\theta} = |\boldsymbol{z}|\angle\theta \tag{5.46}$$

のように表すことができます．

それでは，ここで，いくつかの素子を接続したときの，それらをまとめた合成インピーダンスの例を図 5.17 に示します．ただし，ここでは直交形式とします．

(a) 抵抗とコイルの直列接続の合成インピーダンス

直列接続ですから $\boldsymbol{z}_R + \boldsymbol{z}_L$ と計算することができ，

$$\boldsymbol{z} = R + j\omega L \tag{5.47}$$

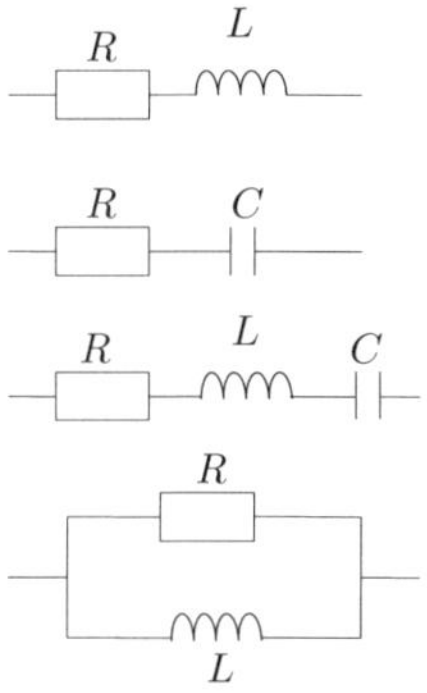

(a) R L $\qquad Z = R + j\omega L$

(b) R C $\qquad Z = R - j\dfrac{1}{\omega C}$

(c) R L C $\qquad Z = R + j\left(\omega L - \dfrac{1}{\omega C}\right)$

(d) R L $\qquad Z = \dfrac{\omega RL}{R^2 + (\omega L)^2}(\omega L + jR)$

図 5.17 複数の素子を接続したときの合成インピーダンス

(b) 抵抗とコンデンサの直列接続の合成インピーダンス

同様に直列接続ですから $\boldsymbol{z}_R + \boldsymbol{z}_C$ と計算することができ,

$$\boldsymbol{z} = R - j\frac{1}{\omega C} \tag{5.48}$$

(c) 抵抗とコイルとコンデンサの直列接続の合成インピーダンス

3 つの素子が直列接続ですから $\boldsymbol{z}_R + \boldsymbol{z}_L + \boldsymbol{z}_C$ と計算することができ,

$$\boldsymbol{z} = R + j\omega L - j\frac{1}{\omega C} = R + j\left(\omega L - \frac{1}{\omega C}\right) \tag{5.49}$$

式(5.49) のように,実数部と虚数部に分けて表すように心がけてください.また,次の式(5.50) でも,(c) と同様に,実数部と虚数部にはっきりと分けて表すように心がけましょう.

(d) 抵抗とコイルの並列接続の合成インピーダンス

並列接続ですから，合成抵抗と同じように計算することができ，

$$\boldsymbol{z} = \frac{\boldsymbol{z}_R \boldsymbol{z}_L}{\boldsymbol{z}_R + \boldsymbol{z}_L} = \frac{Rj\omega L}{R + j\omega L}$$

$$= \frac{j\omega RL}{R + j\omega L} \times \frac{R - j\omega L}{R - j\omega L}$$

……　分母の共役複素数を分子，分母にかけ有理化

$$= \frac{\omega^2 RL^2 + j\omega R^2 L}{R^2 + (\omega L)^2} = \frac{\omega RL}{R^2 + (\omega L)^2}(\omega L + jR) \tag{5.50}$$

以上のように，インピーダンスは，前に述べた利点 1 のように，直流の合成抵抗と同じように計算できます．ただし，計算する値が複素数ですから，直流のときほど簡単ではありません．

例題 5.3

電源の周波数が 50 Hz の回路において，抵抗 $R = 10\,\Omega$ とコンデンサ $C = 500\,\mu\mathrm{F}$ が並列に接続されたときの，合成インピーダンス $\boldsymbol{z}$〔Ω〕の値を求めなさい．

答え

周波数が $f = 50\,\mathrm{Hz}$ ですから，角周波数は $\omega = 2\pi f$ より，$\omega = 100\pi\ \mathrm{rad/s}$ となります．

したがって，式 (5.45) (227 ページ) よりコンデンサのインピーダンス $\boldsymbol{z}_C$ は，

$$\boldsymbol{z}_C = \frac{1}{j100\pi \cdot 500 \cdot 10^{-6}} = -j6.37 \quad 〔\Omega〕$$

となります．10 Ω の抵抗を $\boldsymbol{z}_R$ とすれば，$\boldsymbol{z}_C$ との並列接続ですから，合成インピーダンス $\boldsymbol{z}$ は，(d) の式 (5.50)

$$\boldsymbol{z} = \frac{\boldsymbol{z}_R \boldsymbol{z}_C}{\boldsymbol{z}_R + \boldsymbol{z}_C} = \frac{-j63.7}{10 - j6.37} \cdot \frac{10 + j6.37}{10 + j6.37} = 2.89 - j4.53 \quad 〔\Omega〕$$

10^{-6} はコンデンサの単位が〔μF〕で，
1 μF $= 10^{-6}$ F だからだね．

章末問題

5.1　複素数 z の値が $z^2 = -j$ となる z を求めなさい．

5.2　次の (1) から (4) を直交形式で表しなさい．

(1) $\dfrac{1}{a+jb}$　　(2) $\left(\dfrac{1}{2} - j\dfrac{\sqrt{3}}{2}\right)^3$

(3) j^4　　(4) $\dfrac{1}{1+j+j^2}$

5.3　前問を極座標表現で表しなさい．

5.4　$\left(\dfrac{1+j\sqrt{3}}{2}\right)^5$ をド・モアブルの定理を用いて求めなさい．

5.5　以下の (1) から (5) に示した電圧のフェーザ表示を直交形式の形で示しなさい．

(1) $e_1 = 10\sqrt{2}\sin\omega t$　　(2) $e_2 = 10\sqrt{2}\sin\left(\omega t + \dfrac{\pi}{2}\right)$

(3) $e_3 = 10\sqrt{2}\sin\left(\omega t - \dfrac{\pi}{2}\right)$　　(4) $e_4 = 10\sqrt{2}\sin\left(\omega t + \dfrac{\pi}{4}\right)$

(5) $e_5 = 10\sqrt{2}\sin\left(\omega t - \dfrac{\pi}{6}\right)$

5.6　交流の電圧 100 V，周波数 50 Hz の電源に負荷を接続したところ，5 A の電流が流れた．このときのと電流は，電圧よりも $\dfrac{\pi}{3}$ 遅れていた．負荷のインピーダンスを求めなさい．

5.7　電源の周波数が 50 Hz の回路において抵抗 $R = 10\,\Omega$ とコイル $L = 20\,\mathrm{mH}$ が並列に接続されたときの合成インピーダンス z の値を求めなさい．

MEMO

章末問題の解答例

第1章

1.1 (1) $45 \times \dfrac{\pi}{180} = \dfrac{\pi}{4}$ rad

(2) $330 \times \dfrac{\pi}{180} = \dfrac{11}{6}\pi$ rad

(3) $\dfrac{7}{6}\pi \times \dfrac{180}{\pi} = 210°$

(4) $5 \times \dfrac{180}{\pi} = \dfrac{900}{\pi}°$

1.2 (1) 図 1.A より，$\sin\theta = \dfrac{\sqrt{3}}{2}$ となるのは，単位円上において，$60°, 120°$ であるため，弧度法により表せば，$\theta = \dfrac{\pi}{3}, \dfrac{2\pi}{3}$ となります．

(2) 余弦の値は単位円上において，x 座標の値と対応しているため，$\cos\theta = 0$ を満たす点は，y 軸上にあります．すなわち，$\theta = \dfrac{\pi}{2}, \dfrac{3\pi}{2}$ となります．

(3) (1) と同様に図 1.A より，$\tan\theta = -\sqrt{3}$ となるのは，単位円上において，$120°, 300°$ であるため，弧度法により，$\theta = \dfrac{2\pi}{3}, \dfrac{5\pi}{3}$ と表されます．

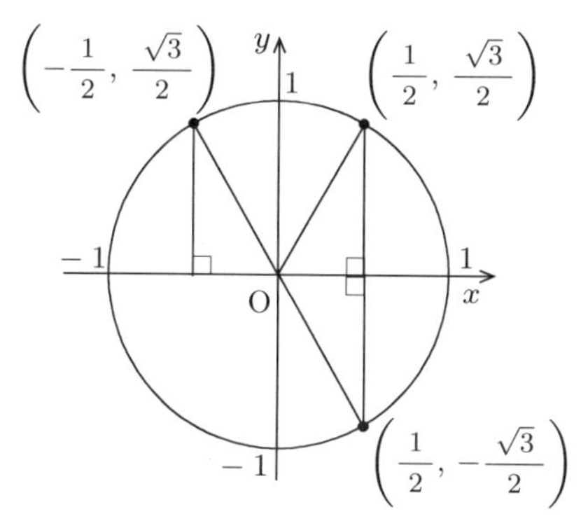

図 1.A　章末問題 1.2 の説明図

1.3 (1) 倍角の公式および $\dfrac{\pi}{2}$ の変化に関する公式より，与式を以下のように変形します.

$$\cos^2\theta - \sin^2\theta - \cos\theta = 0$$
$$2\cos^2\theta - \cos\theta - 1 = 0$$
$$(2\cos\theta + 1)(\cos\theta - 1) = 0$$

上式より，$\cos\theta = -\dfrac{1}{2}, 1$ と求められます．$\cos\theta = -\dfrac{1}{2}$ のとき，$\theta = \dfrac{2\pi}{3}, \dfrac{4\pi}{3}$ となり，$\cos\theta = 1$ のとき，$\theta = 0$ となります．

(2) 2 倍角の公式より，与式を以下のように変形します．

$$\frac{4\cos\theta\sin\theta + 2}{\cos^2\theta - \sin^2\theta + 1} = 0$$
$$\frac{4\cos\theta\sin\theta + 2}{2\cos^2\theta} = 0$$
$$2\tan\theta + \frac{1}{\cos^2\theta} = 0$$
$$\tan^2\theta + 2\tan\theta + 1 = 0$$
$$(\tan\theta + 1)^2 = 0$$

上式より，$\tan\theta = -1$ と求められます．したがって，$\theta = \dfrac{3\pi}{4}, \dfrac{7\pi}{4}$ となります．

1.4 (1) $3^{-4}\cdot 2^5 \cdot \left(3\sqrt{3}\right)^3 = 3^{-4}\cdot 2^5\cdot 3^3\cdot 3\sqrt{3}$

$$= 32\sqrt{3}$$

(2) $\sqrt[10]{(13^2)^{\frac{5}{2}}} = 13^{2\cdot\frac{5}{2}\cdot\frac{1}{10}}$

$$= \sqrt{13}$$

(3) $(2^4\cdot 3^4)^{\frac{1}{8}} = (2\cdot 3)^{\frac{1}{2}}$

$$= \sqrt{6}$$

1.5 (1) 与式を次のように変形します．

$$3^{\frac{x}{2}} - \left(\sqrt{3^3}\right)^x = 0$$
$$3^{\frac{x}{2}} - \left(3^{\frac{x}{2}}\right)^3 = 0$$

ここで，$3^{\frac{x}{2}} = X$ とおけば，上式は，

$$X - X^3 = 0$$
$$X(1 - X)(1 + X) = 0$$

となることから，$X = 0, \pm 1$ と求められます．$X\ (= 3^{\frac{x}{2}}) > 0$ であることから，$X = 0, -1$ は解の条件を満たさないため，$3^{\frac{x}{2}} = 1$ となります．両辺，対数をとれば，$x = 0$ と求められます．

(2) 与式を次のように変形します．

$$\begin{aligned}
\log_2(x-3) - \frac{\log_2(2x-6)}{\log_2 4} &= \log_2 2 \\
\log_2(x-3) - \log_2(2x-6)^{\frac{1}{2}} &= \log_2 2 \\
\log_2 \frac{x-3}{(2x-6)^{\frac{1}{2}}} &= \log_2 2 \\
\frac{x-3}{(2x-6)^{\frac{1}{2}}} &= 2 \\
x-3 &= 2(2x-6)^{\frac{1}{2}}
\end{aligned}$$

さらに，上式の両辺を 2 乗すると，

$$\begin{aligned}
x^2 - 6x + 9 &= 4(2x-6) \\
(x-11)(x-3) &= 0
\end{aligned}$$

となり，$x = 3, 11$ と求められます．ここで，真数は正であることから，$x > 3$ となるため，$x = 11$ が解となります．

(3) 両辺の対数をとることにより，

$$\begin{aligned}
\log_e 3^x &= \log_e 2^{x+2} \\
x \log_e 3 &= (x+2) \log_e 2 \\
x\ (\log_e 3 - \log_e 2) &= 2 \log_e 2 \\
x &= \frac{2 \log_e 2}{\log_e 3 - \log_e 2}
\end{aligned}$$

と求められます．

1.6 (1) $\dfrac{\theta_1 + \theta_2}{2} = \alpha,\ \dfrac{\theta_1 - \theta_2}{2} = \beta$ とすれば，

$$(\text{右辺}) = 2 \sin \alpha \cos \beta$$

となります．加法定理により，上式は，

$$\begin{aligned}
(\text{右辺}) &= \sin(\alpha + \beta) + \sin(\alpha - \beta) \\
&= \sin \theta_1 + \sin \theta_2 = (\text{左辺})
\end{aligned}$$

となり，与式は成り立ちます．

(2) (1) と同様に $\dfrac{\theta_1 + \theta_2}{2} = \alpha,\ \dfrac{\theta_1 - \theta_2}{2} = \beta$ とすれば，

$$(\text{右辺}) = 2\cos\alpha\sin\beta$$

となります．加法定理により，上式は，

$$\begin{aligned}(\text{右辺}) &= \sin(\alpha+\beta) - \sin(\alpha-\beta)\\ &= \sin\theta_1 - \sin\theta_2 = (\text{左辺})\end{aligned}$$

となり，与式は成り立ちます．

1.7 $(0.7)^{100}$ の常用対数をとれば，

$$\begin{aligned}\log_{10}\left(\frac{7}{10}\right)^{100} &= 100\log_{10}\left(\frac{7}{10}\right)\\ &= 100\,(\log_{10}7 - 1)\\ &= 100\,(0.8451 - 1)\\ &= -15.49\end{aligned}$$

となります．したがって，

$$10^{-16} < (0.7)^{100} < 10^{-15}$$

となるため，小数第 16 位に 0 以外の数がはじめて現れます．

1.8 (1) 与式の右辺の $\cos^{-1}\left(\frac{5}{13}\right)$ が表す角度は，図 1.B の直角三角形の θ となります．$\sin^{-1}x$ の x は，この直角三角形の正弦であるため，$x = \frac{12}{13}$ と求めることができます．

(2) 両辺の逆三角関数の表す角度を θ_1, θ_2 とするとき，それぞれの直角三角形の辺の長さは，図 1.C(a)(b) のとおりです．左辺は，(a) の正弦，(b) は余弦であることから，以下の方程式が成り立ちます．

$$\begin{aligned}\frac{1}{\sqrt{x+1}} &= \frac{\sqrt{2x-1}}{\sqrt{2x}}\\ \sqrt{2x} &= \sqrt{(2x-1)\,(x+1)}\\ 2x^2 - x - 1 &= 0\\ (2x+1)\,(x-1) &= 0\\ x &= 1,\ -\frac{1}{2}\end{aligned}$$

図 1.C(a)，(b) より $x > \frac{1}{2}$ であることより，$x = 1$ と求めることができます．

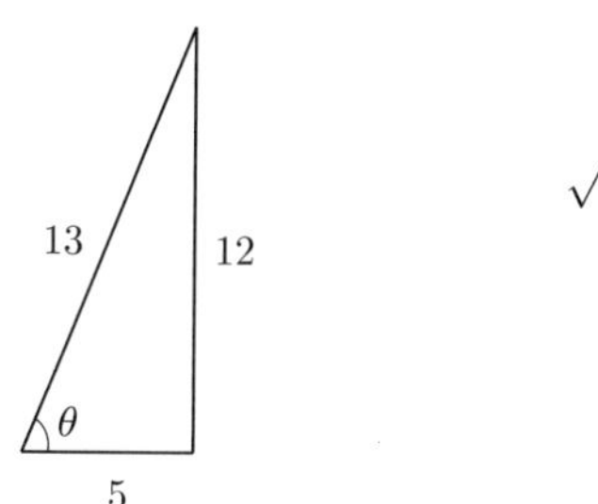

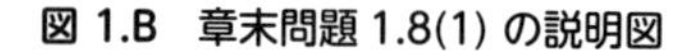
図 1.B　章末問題 1.8(1) の説明図

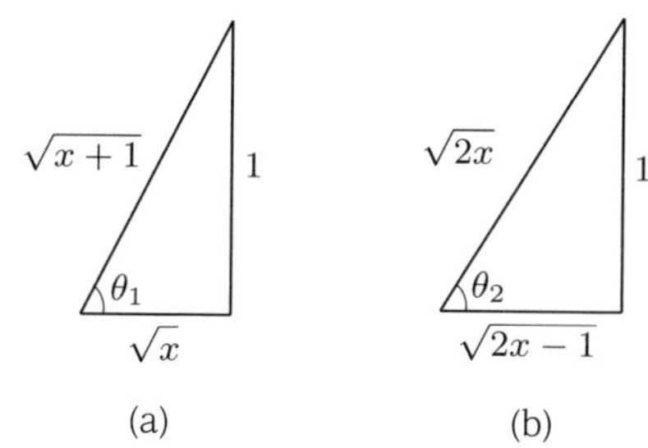

図 1.C　章末問題 1.8(2) の説明図

第 2 章

2.1　(1)　$f'(x) = -3x^2 - 5 - 4x^{-3}$

(2)
$$\begin{aligned} f'(x) &= 2e^{-2x} + 2x(e^{-2x})' \\ &= 2e^{-2x}\ (1-2x) \end{aligned}$$

(3)
$$\begin{aligned} f'(x) &= \frac{(\cos\ x)'x - \cos\ x(x)'}{x^2} \\ &= -\frac{x\ \sin\ x + \cos\ x}{x^2} \end{aligned}$$

(4)
$$\begin{aligned} f'(x) &= \frac{1}{\frac{1}{x}}\left(\frac{1}{x}\right)' \cdot \log_e\ x^2 + \log_e\ \frac{1}{x} \cdot \frac{1}{x^2} \cdot 2x \\ &= x \cdot \frac{-1}{x^2}\ \log_e\ x^2 + \frac{2}{x}\ \log_e\ \frac{1}{x} \\ &= -\frac{2}{x}\ \log_e\ x + \frac{2}{x}\ \log_e\ \frac{1}{x} \\ &= -\frac{4\ \log_e\ x}{x} \end{aligned}$$

(5)
$$\begin{aligned} f'(x) &= \left\{\left(2x^2 - 3x\right)^{\frac{1}{3}}\right\}' \\ &= \frac{1}{3}(4x-3)\ \left(2x^2 - 3x\right)^{-\frac{2}{3}} \end{aligned}$$

(6)
$$f'(x) = \frac{1}{\cos^2\ ax} \cdot (ax)' = \frac{a}{\cos^2\ ax}$$

2.2　(1)
$$\begin{aligned} f'(x) &= 2\ \cos\ x(-\ \sin\ x) \\ &= -\ \sin\ 2x \\ f''(x) &= -\ \cos\ 2x \cdot (2x)' \\ &= -2\ \cos\ 2x \end{aligned}$$

(2) $$\begin{aligned} f'(x) &= 2\log_e x \cdot \frac{1}{x} \\ &= \frac{2}{x}\log_e x \\ f''(x) &= -2x^{-2}\log_e x + \frac{2}{x}\cdot\frac{1}{x} \\ &= -2x^{-2}(\log_e x - 1) \end{aligned}$$

(3) $$\begin{aligned} f_x &= \frac{1}{\cos^2 \dfrac{y}{x}}\left(\frac{y}{x}\right)' \\ &= \frac{1}{\cos^2 \dfrac{y}{x}}\left(-\frac{y}{x^2}\right) \\ &= -\frac{y}{x^2\cos^2 \dfrac{y}{x}} \end{aligned}$$

(4) $$\begin{aligned} f_y &= 2x\left(xy^2 + x^2y\right)^{2x-1}\left(xy^2 + x^2y\right)' \\ &= 2x\left(2xy + x^2\right)\left(xy^2 + x^2y\right)^{2x-1} \\ &= 2x^2(2y + x)\left(xy^2 + x^2y\right)^{2x-1} \end{aligned}$$

2.3 (1) 被積分関数を展開することにより，

$$\int (x^2 + x - 2)\,dx = \frac{1}{3}x^3 + \frac{1}{2}x^2 - 2x + C$$

と得られます．

(2) 被積分関数の分子を分母で割ると，商は $x^2 - x + 6$，余りは -4 となるので，与式は，

$$\int \frac{x^3 + 5x + 2}{x + 1}\,dx = \int \left(x^2 - x + 6 - \frac{4}{x+1}\right)\,dx$$

と表されるため，

$$\begin{aligned} &\int \left(x^2 - x + 6 - \frac{4}{x+1}\right)\,dx \\ &= \frac{1}{3}x^3 - \frac{1}{2}x^2 + 6x - 4\log_e |x + 1| + C \end{aligned}$$

と与えられます．

(3) $x + 1 = t$ とおけば，

$$\begin{aligned} \int \frac{1}{(x+1)^5}\,dx &= \int t^{-5}\,dt \\ &= -\frac{1}{4}t^{-4} + C \\ &= -\frac{1}{4(x+1)^4} + C \end{aligned}$$

と求められます．

(4) $3x = t$ とおけば，$dx = \dfrac{1}{3}\,dt$ となり，これを用いれば，与式は，

$$\int \log_e 3x\ dx = \frac{1}{3}\int \log_e t\ dt$$

と表されます．さらに，$f'(t) = 1,\ g(t) = \log_e t$ として，部分積分法を用いれば，

$$\begin{aligned}\frac{1}{3}\int t'\cdot\log_e t\ dt &= \frac{1}{3}\left\{t\log_e t - \int t(\log_e t)'\ dt\right\} + C\\ &= \frac{1}{3}\,(t\log_e t - t) + C\\ &= x\log_e 3x - x + C\end{aligned}$$

と求められます．

(5) 3 倍角の公式（例題 1.7）より，

$$\sin^3\theta = \frac{3}{4}\sin\theta - \frac{1}{4}\sin 3\theta$$

となることを用いれば，

$$\begin{aligned}\int \sin^3 x\ dx &= \int\left(\frac{3}{4}\sin x - \frac{1}{4}\sin 3x\right)\ dx\\ &= -\frac{3}{4}\cos x - \frac{1}{4}\int \sin 3x\ dx + C\\ &= -\frac{3}{4}\cos x - \frac{1}{4}\int \sin t\left(\frac{1}{3}\,dt\right) + C\end{aligned}$$

（$\because\ t = 3x$ とする）

$$= \frac{1}{12}\cos 3x - \frac{3}{4}\cos x + C$$

と求められます．

(6) $a^2 + x^2 = t$ とおけば，$x\ dx = \dfrac{dt}{2}$ となります．この t を用いれば，

$$\begin{aligned}\int \frac{x}{(a^2+x^2)^{\frac{3}{2}}}\ dx &= \int t^{-\frac{3}{2}}\frac{dt}{2}\\ &= -2t^{-\frac{1}{2}}\cdot\frac{1}{2} + C\\ &= -t^{-\frac{1}{2}} + C\\ &= -\frac{1}{\sqrt{a^2+x^2}} + C\end{aligned}$$

と得られます．

2.4 (1)

$$\int_4^0 \frac{3e^x(x^2-x)}{e^{2x}+3e^x}\,dx - \int_0^4 \frac{e^{2x}(x^2-x)}{e^{2x}+3e^x}\,dx$$
$$= -\int_0^4 \frac{3e^x(x^2-x)}{e^{2x}+3e^x}\,dx - \int_0^4 \frac{e^{2x}(x^2-x)}{e^{2x}+3e^x}\,dx$$
$$= -\int_0^4 \frac{(e^{2x}+3e^x)(x^2-x)}{e^{2x}+3e^x}\,dx$$
$$= -\left[\frac{1}{3}x^3 - \frac{1}{2}x^2\right]_0^4$$
$$= -\frac{40}{3}$$

(2) 積分区間の上端と下端が等しいため，0 となります．

(3)

$$\int_{\frac{\pi}{3}}^0 \cos^2 x \tan x\,dx = \int_{\frac{\pi}{3}}^0 \cos x \sin x\,dx$$
$$= \frac{1}{2}\int_{\frac{\pi}{3}}^0 \sin 2x\,dx$$

ここで，$2x = t$ とおけば，$dx = \frac{1}{2}\,dt$ となります．また，t の積分区間は，$\frac{2}{3}\pi \to 0$ となります．このことから，

$$\frac{1}{2}\int_{\frac{2\pi}{3}}^0 \sin t\,\frac{dt}{2} = \frac{1}{4}\,[-\cos t]_{\frac{2\pi}{3}}^0$$
$$= \frac{1}{4}\left(-1-\frac{1}{2}\right)$$
$$= -\frac{3}{8}$$

と求められます．

(4)

$$\int_{-\frac{\pi}{4}}^{\frac{\pi}{2}} |\sin\theta|\,d\theta = \int_0^{\frac{\pi}{2}} \sin\theta\,d\theta + \int_{-\frac{\pi}{4}}^0 (-\sin\theta)\,d\theta$$
$$= [-\cos\theta]_0^{\frac{\pi}{2}} + [\cos\theta]_{-\frac{\pi}{4}}^0$$
$$= \{0-(-1)\} + \left(1-\frac{1}{\sqrt{2}}\right)$$
$$= 2-\frac{1}{\sqrt{2}}$$

2.5 (1) 被積分関数を展開し，x, y に関して積分すれば，

$$\int_2^3 \int_{-1}^1 (x+y)^2\,dxdy$$

$$
\begin{aligned}
&= \int_2^3 \int_{-1}^1 \left(x^2 + 2xy + y^2\right) \ dxdy \\
&= \int_2^3 \left[\frac{1}{3}x^3 + x^2y + xy^2\right]_{-1}^1 \ dy \\
&= \int_2^3 \left\{\left(\frac{1}{3} + y + y^2\right) - \left(-\frac{1}{3} + y - y^2\right)\right\} \ dy \\
&= \int_2^3 \left(2y^2 + \frac{2}{3}\right) \ dy \\
&= \left[\frac{2}{3}y^3 + \frac{2}{3}y\right]_2^3 \\
&= \frac{40}{3}
\end{aligned}
$$

と求められます．

(2) 領域 D は，

$$
\begin{aligned}
y &\leq \sqrt{2 - x^2} \\
x^2 + y^2 &\leq 2
\end{aligned}
$$

となることにより，半径 $\sqrt{2}$ の円の内部であり，かつ $0 \leq x \leq y$ であることから，図 2.A の斜線部のような領域となります．

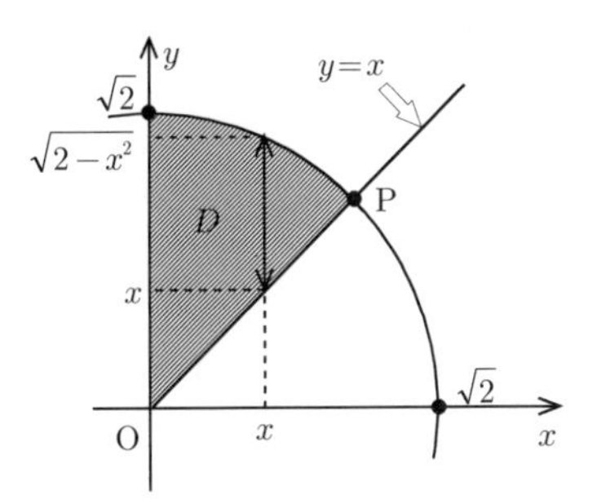

図 2.A　章末問題 2.5 の解説図

ここで，円周と $y = x$ の交点 P は，$x^2 + y^2 = 2$, $y = x$ を解くことにより，P(1, 1) となります．したがって，領域 D は，

$$
D = \left\{(x,\, y) | 0 \leq x \leq 1,\ x \leq y \leq \sqrt{2 - x^2}\right\}
$$

と表すことができます．新たに書き直された領域 D を用いれば，

$$
\iint_D 1 \ dxdy = \int_0^1 \int_x^{\sqrt{2-x^2}} 1 \ dydx
$$

$$= \int_0^1 [y]_x^{\sqrt{2-x^2}} \ dx$$
$$= \int_0^1 \sqrt{2-x^2}\,dx - \int_0^1 x\ dx$$

となります．右辺第 1 項の積分は，$x = \sqrt{2}\sin\theta$ とおけば，$dx = \sqrt{2}\cos\theta$ となり，また，x が $0 \to 1$ のとき，θ は，$0 \to \frac{\pi}{4}$ となることから，

$$\begin{aligned}\int_0^1 \sqrt{2-x^2}\ dx &= \int_0^{\frac{\pi}{4}} \sqrt{2}\cos\theta(\sqrt{2}\cos\theta\ d\theta)\\ &= \int_0^{\frac{\pi}{4}} 2\cos^2\theta\ d\theta\\ &= \int_0^{\frac{\pi}{4}} (\cos 2\theta + 1)\ \ d\theta\\ &= \left[\frac{\sin 2\theta}{2} + \theta\right]_0^{\frac{\pi}{4}}\ \ d\theta\\ &= \frac{1}{2} + \frac{\pi}{4}\end{aligned}$$

と求められます．また，右辺第 2 項は，

$$\int_0^1 x\ dx = \left[\frac{1}{2}x^2\right]_0^1 = \frac{1}{2}$$

と求められます．以上により，

$$\int_0^1 \sqrt{2-x^2}\ dx - \int_0^1 x\ dx = \frac{\pi}{4}$$

と求められます．

2.6 (1) $x(t), y(t)$ をそれぞれ微分すると

$$x'(t) = -\sin t, \quad y'(t) = \cos t + 1$$

となります．式 (2.99) (88 ページ)を用いれば，曲線の長さ L は，

$$\begin{aligned}L &= \int_0^{\pi} \sqrt{(-\sin t)^2 + (\cos t + 1)^2}\ dt\\ &= \int_0^{\pi} \sqrt{2\,(\cos t + 1)}\ dt\end{aligned}$$

と表されます．ここで，半角の公式より，$\cos t = 2\cos^2\frac{t}{2} - 1$ を用いれば，

$$L = \int_0^{\pi} \sqrt{2 \cdot 2\cos^2\frac{t}{2}}\ dt$$

$$
\begin{aligned}
&= 2 \int_0^{\pi} \cos \frac{t}{2} \, dt \\
&= 2 \left[2 \sin \frac{t}{2} \right]_0^{\pi} \\
&= 4
\end{aligned}
$$

と求められます．

(2)　(1) と同様に $x(t)$, $y(t)$, $z(t)$ をそれぞれ微分すると

$$
x'(t) = -1, \quad y'(t) = \sqrt{2}t, \quad z'(t) = t^2
$$

となります．式 (2.100) (88 ページ)を用いれば，曲線の長さ L は，

$$
\begin{aligned}
L &= \int_0^1 \sqrt{(-1)^2 + \left(\sqrt{2}t\right)^2 + (t^2)^2} \, dt \\
&= \int_0^1 \sqrt{t^4 + 2t^2 + 1} \, dt \\
&= \int_0^1 \sqrt{(t^2 + 1)^2} \, dt \\
&= \int_0^1 \left(t^2 + 1\right) \, dt \\
&= \left[\frac{t^3}{3} + t \right]_0^1 = \frac{4}{3}
\end{aligned}
$$

と求められます．

2.7　原点と点 (2, 4, 0) を結ぶ線分上における任意の点は，$\boldsymbol{l(t)} = (t, 2t, 0)$ と表されるため，$\boldsymbol{l'(t)} = (1, 2, 0)$ と与えられます．また，電界ベクトル $\boldsymbol{E}$ は，原点と (2, 4, 0) を結ぶ線上は，$y = 2x$ の関係にあるため，

$$
\begin{aligned}
\boldsymbol{E} &= \left(x, \frac{2x}{2} + 2x, 0\right) \\
&= (x, 3x, 0) \\
&= (t, 3t, 0)
\end{aligned}
$$

と表されます．したがって，仕事量 W は，

$$
\begin{aligned}
W &= \int_0^2 \boldsymbol{E} \cdot \boldsymbol{l'(t)} \, dt \\
&= \int_0^2 (1 \cdot t + 2 \cdot 3t + 0 \cdot 0) \, dt \\
&= \int_0^2 7t \, dt
\end{aligned}
$$

$$= \left[\frac{7}{2}t^2\right]_0^2 = 14$$

と与えられます．

2.8 図 2.B(a) に示すように問題で与えられた平面 S は x 軸に平行であるため，x 軸に平行な微小長さ dx，直線 BC（または AD）に平行な微小長さ dl の微小領域に分割し，面積分を行います．図 2.B(b) は，図 2.B(a) を y-z 平面に投影した図です．

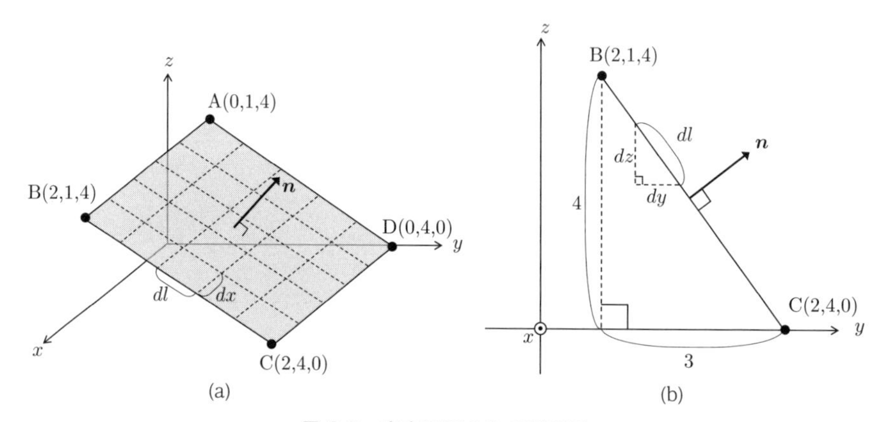

図 2.B　章末問題 2.8 の説明図

〔平面 S に対する単位法線ベクトル n の導出〕

図 2.B(b) より直線 BC の傾きは，$\dfrac{\Delta z}{\Delta y} = -\dfrac{4}{3}$ とわかります．単位法線ベクトル $\boldsymbol{n}$ はこの傾きに対して垂直であるため，y-z 平面に投影した $\boldsymbol{n}$ の傾きは，$\dfrac{\Delta z}{\Delta y} = \dfrac{3}{4}$ となります．このことから平面 S に対する単位法線ベクトルは，以下のように求められます．

$$\boldsymbol{n} = \left(0,\ \frac{4}{\sqrt{3^2+4^2}},\ \frac{3}{\sqrt{3^2+4^2}}\right) = \left(0,\ \frac{4}{5},\ \frac{3}{5}\right)$$

〔微小領域の面積 ds について〕

図 2.B(a) に示した微小長方形領域 ds の 1 辺 dl は，図 2.B(b) より dl, dy, dz を 3 辺とする直角三角形と，辺 BC を斜辺とする直角三角形が相似であることから，

$$dl : dy = 5 : 3$$

となり，$dl = \dfrac{5}{3}\ dy$ と表されます．したがって，$ds = \dfrac{5}{3}\ dxdy$ となります．

〔面積分 $\int \boldsymbol{V} \cdot \boldsymbol{n}\ ds$ の計算〕

上で求められた $\boldsymbol{n}$ および ds を用いれば，面積分は，

$$\int \boldsymbol{V} \cdot \boldsymbol{n}\ ds = \int_1^4 \int_0^2 \left(\frac{4}{5}y + \frac{3}{5}xyz \right) \frac{5}{3}\ dxdy \tag{2.A}$$

と表されます．上式中の z は図 2.B(b) より，直線 BC（または AD）の傾きが $-\dfrac{4}{3}$ で $y = 4,\ z = 0$ を通過することから，

$$z - 0 = -\frac{4}{3}\ (y - 4)$$
$$z = -\frac{4}{3}y + \frac{16}{3}$$

と表すことができます．この結果を式 (2.A) に代入すれば，

$$\begin{aligned}
\int \boldsymbol{V} \cdot \boldsymbol{n} ds &= \int_1^4 \int_0^2 \left\{ \frac{4}{5}y + \frac{3}{5}xy \left(-\frac{4}{3}y + \frac{16}{3} \right) \right\} \frac{5}{3}\ dxdy \\
&= \frac{4}{3} \int_1^4 \int_0^2 y\ (1 - xy + 4x)\ \ dxdy \\
&= \frac{4}{3} \int_1^4 \left[y \left(x - \frac{x^2 y}{2} + 2x^2 \right) \right]_0^2\ dy \\
&= \frac{8}{3} \int_1^4 \left(5y - y^2 \right)\ dy \\
&= \frac{8}{3} \left[\frac{5}{2}y^2 - \frac{1}{3}y^3 \right]_1^4 \\
&= 44
\end{aligned}$$

と求められます．

※ この解説では単位法線ベクトルの向きを $\boldsymbol{n} = \left(0, \dfrac{4}{5}, \dfrac{3}{5} \right)$ としましたが，反対の面（原点側の面）に対する単位法線ベクトルは，$\boldsymbol{n} = \left(0, -\dfrac{4}{5}, -\dfrac{3}{5} \right)$ となります．この場合，$\int \boldsymbol{V} \cdot \boldsymbol{n}\ ds = -44$ となります．

第3章

3.1

(1) $$\boldsymbol{A}-\boldsymbol{B}=\begin{pmatrix}1-2 & 2-1\\ 3-0 & -1-(-2)\end{pmatrix}=\begin{pmatrix}-1 & 1\\ 3 & 1\end{pmatrix}$$

(2) $$(\boldsymbol{A}+\boldsymbol{B})^2=\left\{\begin{pmatrix}1 & 2\\ 3 & -1\end{pmatrix}+\begin{pmatrix}2 & 1\\ 0 & -2\end{pmatrix}\right\}^2=\begin{pmatrix}3 & 3\\ 3 & -3\end{pmatrix}^2$$
$$=\begin{pmatrix}3\cdot 3+3\cdot 3 & 3\cdot 3+3\cdot(-3)\\ 3\cdot 3+(-3)\cdot 3 & 3\cdot 3+(-3)\cdot(-3)\end{pmatrix}=\begin{pmatrix}18 & 0\\ 0 & 18\end{pmatrix}$$

(3) $$\boldsymbol{A}^2+2\boldsymbol{A}\boldsymbol{B}+\boldsymbol{B}^2$$
$$=\begin{pmatrix}1 & 2\\ 3 & -1\end{pmatrix}^2+2\begin{pmatrix}1 & 2\\ 3 & -1\end{pmatrix}\begin{pmatrix}2 & 1\\ 0 & -2\end{pmatrix}+\begin{pmatrix}2 & 1\\ 0 & -2\end{pmatrix}^2$$
$$=\begin{pmatrix}7 & 0\\ 0 & 7\end{pmatrix}+2\begin{pmatrix}2 & -3\\ 6 & 5\end{pmatrix}+\begin{pmatrix}4 & 0\\ 0 & 4\end{pmatrix}=\begin{pmatrix}15 & -6\\ 12 & 21\end{pmatrix}$$

(4) $$\boldsymbol{C}^5=\begin{pmatrix}(-2)^5 & 0\\ 0 & (-1)^5\end{pmatrix}=\begin{pmatrix}-32 & 0\\ 0 & -1\end{pmatrix}$$

(5) $$\boldsymbol{C}(\boldsymbol{A}-2\boldsymbol{B})=\begin{pmatrix}-2 & 0\\ 0 & -1\end{pmatrix}\left\{\begin{pmatrix}1 & 2\\ 3 & -1\end{pmatrix}-2\begin{pmatrix}2 & 1\\ 0 & -2\end{pmatrix}\right\}$$
$$=\begin{pmatrix}-2 & 0\\ 0 & -1\end{pmatrix}\begin{pmatrix}-3 & 0\\ 3 & 3\end{pmatrix}=\begin{pmatrix}6 & 0\\ -3 & -3\end{pmatrix}$$

(6) $$(\boldsymbol{A}-2\boldsymbol{B})\boldsymbol{C}=\left\{\begin{pmatrix}1 & 2\\ 3 & -1\end{pmatrix}-2\begin{pmatrix}2 & 1\\ 0 & -2\end{pmatrix}\right\}\begin{pmatrix}-2 & 0\\ 0 & -1\end{pmatrix}$$
$$=\begin{pmatrix}-3 & 0\\ 3 & 3\end{pmatrix}\begin{pmatrix}-2 & 0\\ 0 & -1\end{pmatrix}=\begin{pmatrix}6 & 0\\ -6 & -3\end{pmatrix}$$

3.2

(1) $$\begin{pmatrix}7 & 0 & 1 & -1\\ 0 & 2 & -1 & 3\end{pmatrix}\begin{pmatrix}1 & 9\\ 6 & 2\\ 0 & 0\\ -5 & -1\end{pmatrix}$$

$$= \begin{pmatrix} 7\cdot 1+(-1)\cdot(-5) & 7\cdot 9+(-1)\cdot(-1) \\ 2\cdot 6+3\cdot(-5) & 2\cdot 2+3\cdot(-1) \end{pmatrix} = \begin{pmatrix} 12 & 64 \\ -3 & 1 \end{pmatrix}$$

(2) $\left\{\begin{pmatrix} 3 & 5 \\ 1 & 2 \end{pmatrix}\begin{pmatrix} 2 & -5 \\ -1 & 3 \end{pmatrix}\right\}^7 = \begin{pmatrix} 1 & 0 \\ 0 & 1 \end{pmatrix}^7 = \begin{pmatrix} 1 & 0 \\ 0 & 1 \end{pmatrix}$

(3) $\left\{\begin{pmatrix} 3 & -1 & 2 \\ 5 & 1 & 4 \\ 2 & -7 & 1 \end{pmatrix} - \dfrac{1}{3}\begin{pmatrix} 9 & -3 & 6 \\ 15 & 3 & 12 \\ 6 & -21 & 3 \end{pmatrix}\right\}\begin{pmatrix} 7 & -4 & -14 \\ -3 & 9 & 2 \\ 1 & -8 & -7 \end{pmatrix}$

$$= \left\{\begin{pmatrix} 3 & -1 & 2 \\ 5 & 1 & 4 \\ 2 & -7 & 1 \end{pmatrix} - \begin{pmatrix} 3 & -1 & 2 \\ 5 & 1 & 4 \\ 2 & -7 & 1 \end{pmatrix}\right\}\begin{pmatrix} 7 & -4 & -14 \\ -3 & 9 & 2 \\ 1 & -8 & -7 \end{pmatrix}$$

$$= \begin{pmatrix} 0 & 0 & 0 \\ 0 & 0 & 0 \\ 0 & 0 & 0 \end{pmatrix}\begin{pmatrix} 7 & -4 & -14 \\ -3 & 9 & 2 \\ 1 & -8 & -7 \end{pmatrix} = \begin{pmatrix} 0 & 0 & 0 \\ 0 & 0 & 0 \\ 0 & 0 & 0 \end{pmatrix}$$

3.3 (1) $5\cdot 2\cdot 2+3\cdot 3\cdot 4-\{3\cdot 2\cdot(-1)+2\cdot 3\cdot(-2)\}$

$$= 20+36-(-6-12) = 74$$

(2) $xy^2 - xyz$

(3) $(a+b)bc+ac^2-\left\{ac(b+c)+b^2c\right\}$

$$= c\left\{(a+b)b+ac-a(b+c)-b^2\right\}$$

$$= 0$$

(4) $yz^2+x^2z+xy^2-\left(x^2y+y^2z+xz^2\right)$

$$= -yz(y-z)+xz(x-z)-xy(x-y)$$

$$= -yz(y-z)+x\left\{-x(y-z)+(y+z)(y-z)\right\}$$

$$= -yz(y-z)+x(y-z)\left(-x+y+z\right)$$

$$= -(y-z)\left\{yz-x(y+z)+x^2\right\}$$

$$= (x-y)(y-z)(z-x)$$

(5) $\begin{vmatrix} 7 & -2 \\ 6 & -5 \end{vmatrix}\begin{vmatrix} 3 & -1 \\ 2 & -4 \end{vmatrix} = (-35+12)(-12+2) = -23\cdot(-10) = 230$

3.4 (1) $\begin{vmatrix} -1 & 2 \\ 1 & 3 \end{vmatrix} = -5 \neq 0$

$\therefore$ 逆行列は存在する.

$$\begin{pmatrix} -1 & 2 \\ 1 & 3 \end{pmatrix}^{-1} = -\frac{1}{5}\begin{pmatrix} 3 & -2 \\ -1 & -1 \end{pmatrix}$$

(2) $$\begin{vmatrix} \cos^2\theta & \cos 2\theta & \cos\theta \\ \sin\theta & 0 & \tan\theta \\ \sin 2\theta & \tan\theta & 2\sin\theta \end{vmatrix}$$

$$\begin{aligned} &= \cos 2\theta \sin 2\theta \tan\theta + \cos\theta \sin\theta \tan\theta \\ &\quad - \left(\tan^2\theta \cos^2\theta + 2\sin^2\theta \cos 2\theta\right) \\ &= \cos 2\theta (2\sin\theta\cos\theta)\frac{\sin\theta}{\cos\theta} + \cos\theta\sin\theta\frac{\sin\theta}{\cos\theta} \\ &\quad - \left(\frac{\sin^2\theta}{\cos^2\theta}\cos^2\theta + 2\sin^2\theta\cos 2\theta\right) \\ &= 2\sin^2\theta\cos 2\theta + \sin^2\theta - \left(\sin^2\theta + 2\sin^2\theta\cos 2\theta\right) \\ &= 0 \end{aligned}$$

$\therefore$ 逆行列は存在しない.

(3) $$\begin{vmatrix} 1 & 3 & 0 \\ 0 & 2 & 1 \\ -2 & -1 & 2 \end{vmatrix} = 1\cdot 2\cdot 2 + 3\cdot 1\cdot(-2) - \{1\cdot(-1)\cdot 1\}$$

$$= -1 \neq 0$$

$\therefore$ 逆行列は存在する.

ここで，与えられた行列を $\boldsymbol{A}$ とするとき，その余因子行列 $\widetilde{\boldsymbol{A}}$ は,

$$\widetilde{\boldsymbol{A}} = \begin{pmatrix} 5 & -2 & 4 \\ -6 & 2 & -5 \\ 3 & -1 & 2 \end{pmatrix}$$

となります．また，余因子行列と逆行列との関係から $\boldsymbol{A}^{-1} = \dfrac{\widetilde{\boldsymbol{A}}^T}{\det \boldsymbol{A}}$ (式 (3.59) (139 ページ)) を用いれば,

$$\boldsymbol{A}^{-1} = \frac{1}{-1}\begin{pmatrix} 5 & -6 & 3 \\ -2 & 2 & -1 \\ 4 & -5 & 2 \end{pmatrix} = \begin{pmatrix} -5 & 6 & -3 \\ 2 & -2 & 1 \\ -4 & 5 & -2 \end{pmatrix}$$

と求められます.

(4) $$\begin{vmatrix} a & 0 & 0 & 0 \\ 0 & b & 0 & 0 \\ 0 & 0 & c & 0 \\ 0 & 0 & 0 & d \end{vmatrix} = abcd$$

$\therefore$ $a \neq 0$ かつ $b \neq 0$ かつ $c \neq 0$ かつ $d \neq 0$ ならば，逆行列は存在する．

また，(3) と同様に与えられた行列の余因子行列 $\widetilde{\boldsymbol{A}}$ は，

$$\widetilde{\boldsymbol{A}} = \begin{pmatrix} bcd & 0 & 0 & 0 \\ 0 & acd & 0 & 0 \\ 0 & 0 & abd & 0 \\ 0 & 0 & 0 & abc \end{pmatrix}$$

となるため，

$$\boldsymbol{A}^{-1} = \frac{1}{abcd} \begin{pmatrix} bcd & 0 & 0 & 0 \\ 0 & acd & 0 & 0 \\ 0 & 0 & abd & 0 \\ 0 & 0 & 0 & abc \end{pmatrix} = \begin{pmatrix} \frac{1}{a} & 0 & 0 & 0 \\ 0 & \frac{1}{b} & 0 & 0 \\ 0 & 0 & \frac{1}{c} & 0 \\ 0 & 0 & 0 & \frac{1}{d} \end{pmatrix}$$

と求められます．

3.5 (1) 与えられた連立方程式を行列形式で表せば，

$$\begin{pmatrix} 2 & 1 & 1 \\ 1 & 2 & 1 \\ 1 & 1 & 2 \end{pmatrix} \begin{pmatrix} x_1 \\ x_2 \\ x_3 \end{pmatrix} = \begin{pmatrix} 4 \\ -2 \\ -2 \end{pmatrix}$$

となります．上式の係数行列を $\boldsymbol{A}$ と表すことにします．

〔クラメールの公式〕

$$\det \boldsymbol{A} = 2^3 + 1^3 + 1^3 - 3 \cdot 1^2 \cdot 2 = 4$$

クラメールの公式より，

$$x_1 = \frac{1}{4} \begin{vmatrix} 4 & 1 & 1 \\ -2 & 2 & 1 \\ -2 & 1 & 2 \end{vmatrix} = 4\,, \quad x_2 = \frac{1}{4} \begin{vmatrix} 2 & 4 & 1 \\ 1 & -2 & 1 \\ 1 & -2 & 2 \end{vmatrix} = -2$$

$$x_3 = \frac{1}{4} \begin{vmatrix} 2 & 1 & 4 \\ 1 & 2 & -2 \\ 1 & 1 & -2 \end{vmatrix} = -2$$

と求められます．

〔消去法〕

$$
\left[\begin{array}{ccc|c} 2 & 1 & 1 & 4 \\ 1 & 2 & 1 & -2 \\ 1 & 1 & 2 & -2 \end{array}\right]
\overset{①}{\longrightarrow}
\left[\begin{array}{ccc|c} 1 & \frac{1}{2} & \frac{1}{2} & 2 \\ 0 & \frac{3}{2} & \frac{1}{2} & -4 \\ 1 & 1 & 2 & -2 \end{array}\right]
\overset{②}{\longrightarrow}
\left[\begin{array}{ccc|c} 1 & \frac{1}{2} & \frac{1}{2} & 2 \\ 0 & \frac{3}{2} & \frac{1}{2} & -4 \\ 0 & \frac{1}{2} & \frac{3}{2} & -4 \end{array}\right]
$$

$$
\overset{③}{\longrightarrow}
\left[\begin{array}{ccc|c} 1 & \frac{1}{2} & \frac{1}{2} & 2 \\ 0 & 1 & \frac{1}{3} & -\frac{8}{3} \\ 0 & \frac{1}{2} & \frac{3}{2} & -4 \end{array}\right]
\overset{④}{\longrightarrow}
\left[\begin{array}{ccc|c} 1 & 0 & \frac{1}{3} & \frac{10}{3} \\ 0 & 1 & \frac{1}{3} & -\frac{8}{3} \\ 0 & \frac{1}{2} & \frac{3}{2} & -4 \end{array}\right]
\overset{⑤}{\longrightarrow}
\left[\begin{array}{ccc|c} 1 & 0 & \frac{1}{3} & \frac{10}{3} \\ 0 & 1 & \frac{1}{3} & -\frac{8}{3} \\ 0 & 0 & \frac{4}{3} & -\frac{8}{3} \end{array}\right]
$$

$$
\overset{⑥}{\longrightarrow}
\left[\begin{array}{ccc|c} 1 & 0 & \frac{1}{3} & \frac{10}{3} \\ 0 & 1 & \frac{1}{3} & -\frac{8}{3} \\ 0 & 0 & 1 & -2 \end{array}\right]
\overset{⑦}{\longrightarrow}
\left[\begin{array}{ccc|c} 1 & 0 & 0 & 4 \\ 0 & 1 & \frac{1}{3} & -\frac{8}{3} \\ 0 & 0 & 1 & -2 \end{array}\right]
\overset{⑧}{\longrightarrow}
\left[\begin{array}{ccc|c} 1 & 0 & 0 & 4 \\ 0 & 1 & 0 & -2 \\ 0 & 0 & 1 & -2 \end{array}\right]
$$

① 1 行目を $\frac{1}{2}$ 倍した後，2 行目から引く

② 3 行目から 1 行目を引く

③ 2 行目を $\frac{2}{3}$ 倍する

④ 2 行目を $\frac{1}{2}$ 倍し，1 行目から引く

⑤ 2 行目を $\frac{1}{2}$ 倍し，3 行目から引く

⑥ 3 行目を $\frac{3}{4}$ 倍する

⑦ 3 行目を $\frac{1}{3}$ 倍し，1 行目から引く

⑧ 3 行目を $\frac{1}{3}$ 倍し，2 行目から引く

得られた結果より，$(x_1\ x_2\ x_3)^T = (4\ -2\ -2)^T$ であることがわかります．

(2) **クラメールの公式**

余因子展開により，

$$\det \boldsymbol{A} = -2\begin{vmatrix} 5 & -2 & 0 \\ 0 & -12 & -18 \\ 10 & -2 & 0 \end{vmatrix} - 2\begin{vmatrix} 5 & -2 & 0 \\ 0 & -12 & 16 \\ 10 & -2 & -1 \end{vmatrix}$$

$$= -2(180 - 100) = -160$$

また，クラメールの公式より，

$$x_1 = -\frac{1}{160}\begin{vmatrix} -3 & 0 & -2 & 2 \\ 1 & -2 & 0 & 0 \\ -3 & -12 & 16 & -18 \\ 3 & -2 & -1 & 2 \end{vmatrix}$$

行列式の性質より，1 列目を 2 倍し，2 列目に加え，さらに 1 行目と 2 行目を入れかえれば，

$$x_1 = -\frac{1}{160}(-1)\begin{vmatrix} 1 & 0 & 0 & 0 \\ -3 & -6 & -2 & 2 \\ -3 & -18 & 16 & -18 \\ 3 & 4 & -1 & 0 \end{vmatrix}$$

$$= \frac{1}{160}\begin{vmatrix} -6 & -2 & 2 \\ -18 & 16 & -18 \\ 4 & -1 & 0 \end{vmatrix}$$

となります．上式を第 3 列目で余因子展開すれば，

$$x_1 = \frac{1}{160}\left\{2\begin{vmatrix} -18 & 16 \\ 4 & -1 \end{vmatrix} + 18\begin{vmatrix} -6 & -2 \\ 4 & -1 \end{vmatrix}\right\} = 1$$

と求められます．

x_2, x_3, x_4 に関しても同様に，クラメールの公式および行列式の性質を用いれば，

$$x_2 = -\frac{1}{160}\begin{vmatrix} 0 & -3 & -2 & 2 \\ 5 & 1 & 0 & 0 \\ 0 & -3 & 16 & -18 \\ 10 & 3 & -1 & 2 \end{vmatrix} = 2$$

$$x_3 = -\frac{1}{160}\begin{vmatrix} 0 & 0 & -3 & 2 \\ 5 & -2 & 1 & 0 \\ 0 & -12 & -3 & -18 \\ 10 & -2 & 3 & 2 \end{vmatrix} = 3$$

$$x_4 = -\frac{1}{160}\begin{vmatrix} 0 & 0 & -2 & -3 \\ 5 & -2 & 0 & 1 \\ 0 & -12 & 16 & -3 \\ 10 & -2 & -1 & 3 \end{vmatrix} = \frac{3}{2}$$

と求めることができます.

〔消去法〕

$$\left[\begin{array}{cccc|c} 0 & 0 & -2 & 2 & -3 \\ 5 & -2 & 0 & 0 & 1 \\ 0 & -12 & 16 & -18 & -3 \\ 10 & -2 & -1 & 0 & 3 \end{array}\right] \xrightarrow{①} \left[\begin{array}{cccc|c} 5 & -2 & 0 & 0 & 1 \\ 10 & -2 & -1 & 0 & 3 \\ 0 & 0 & -2 & 2 & -3 \\ 0 & -12 & 16 & -18 & -3 \end{array}\right]$$

$$\xrightarrow{②} \left[\begin{array}{cccc|c} 1 & -\frac{2}{5} & 0 & 0 & \frac{1}{5} \\ 0 & 2 & -1 & 0 & 1 \\ 0 & 0 & -2 & 2 & -3 \\ 0 & -12 & 16 & -18 & -3 \end{array}\right] \xrightarrow{③} \left[\begin{array}{cccc|c} 1 & -\frac{2}{5} & 0 & 0 & \frac{1}{5} \\ 0 & 1 & -\frac{1}{2} & 0 & \frac{1}{2} \\ 0 & 0 & -2 & 2 & -3 \\ 0 & -12 & 16 & -18 & -3 \end{array}\right]$$

$$\xrightarrow{④} \left[\begin{array}{cccc|c} 1 & 0 & -\frac{1}{5} & 0 & \frac{2}{5} \\ 0 & 1 & -\frac{1}{2} & 0 & \frac{1}{2} \\ 0 & 0 & -2 & 2 & -3 \\ 0 & 0 & 10 & -18 & 3 \end{array}\right] \xrightarrow{⑤} \left[\begin{array}{cccc|c} 1 & 0 & -\frac{1}{5} & 0 & \frac{2}{5} \\ 0 & 1 & -\frac{1}{2} & 0 & \frac{1}{2} \\ 0 & 0 & 1 & -1 & \frac{3}{2} \\ 0 & 0 & 10 & -18 & 3 \end{array}\right]$$

$$\xrightarrow{⑥} \left[\begin{array}{cccc|c} 1 & 0 & 0 & -\frac{1}{5} & \frac{7}{10} \\ 0 & 1 & 0 & -\frac{1}{2} & \frac{5}{4} \\ 0 & 0 & 1 & -1 & \frac{3}{2} \\ 0 & 0 & 0 & -8 & -12 \end{array}\right] \xrightarrow{⑦} \left[\begin{array}{cccc|c} 1 & 0 & 0 & -\frac{1}{5} & \frac{7}{10} \\ 0 & 1 & 0 & -\frac{1}{2} & \frac{5}{4} \\ 0 & 0 & 1 & -1 & \frac{3}{2} \\ 0 & 0 & 0 & 1 & \frac{3}{2} \end{array}\right]$$

$$\xrightarrow{⑧} \left[\begin{array}{cccc|c} 1 & 0 & 0 & 0 & 1 \\ 0 & 1 & 0 & 0 & 2 \\ 0 & 0 & 1 & 0 & 3 \\ 0 & 0 & 0 & 1 & \frac{3}{2} \end{array}\right]$$

① 2 行目を 1 行目に，4 行目を 2 行目に移動する

② 1 行目を $\frac{1}{5}$ 倍した後，1 行目を 10 倍して 2 行目から引く

③ 2 行目を $\frac{1}{2}$ 倍する

④ 2 行目を $\frac{2}{5}$ 倍，12 倍してそれぞれ 1 行目，4 行目に加える

⑤ 3 行目を $-\frac{1}{2}$ 倍する

⑥ 3 行目を $\frac{1}{5}$ 倍，$\frac{1}{2}$ 倍してそれぞれ 1 行目，2 行目に加え，3 行目を 10 倍して 4 行目から引く

⑦ 4 行目を $-\frac{1}{8}$ 倍する

⑧ 4 行目を $\frac{1}{5}$ 倍，$\frac{1}{2}$ 倍，等倍してそれぞれ 1 行目，2 行目，3 行目に加える

得られた結果より，$(x_1\ x_2\ x_3\ x_4)^T = \left(1\ 2\ 3\ \frac{3}{2}\right)^T$ であることがわかります．

3.6 (1) 固有方程式を立てて

$$\begin{vmatrix} 17-\lambda & 16 \\ 8 & 9-\lambda \end{vmatrix} = 0$$

$$(17-\lambda)(9-\lambda) - 8 \cdot 16 = 0$$

$$\lambda^2 - 26\lambda + 25 = 0$$

$$(\lambda - 1)(\lambda - 25) = 0$$

となるため，固有値は $\lambda = 1, 25$ と求められます．

固有ベクトルを $(s_1\ s_2)^T$ と表せば，$\lambda = 1, 25$ に対する固有ベクトルは，

(a) $\lambda = 1$ のとき

$$\begin{pmatrix} 16 & 16 \\ 8 & 8 \end{pmatrix} \begin{pmatrix} s_1 \\ s_2 \end{pmatrix} = \begin{pmatrix} 0 \\ 0 \end{pmatrix}$$

$$16s_1 + 16s_2 = 0$$

$$(s_1\ s_2)^T = c(1\ \ -1)^T$$

(b) $\lambda = 25$ のとき

$$\begin{pmatrix} -8 & 16 \\ 8 & -16 \end{pmatrix} \begin{pmatrix} s_1 \\ s_2 \end{pmatrix} = \begin{pmatrix} 0 \\ 0 \end{pmatrix}$$

$$-8s_1 + 16s_2 = 0$$

$$(s_1\ s_2)^T = c(2\ 1)^T$$

と求められます．

(2) (1) と同様に固有方程式を立てて，

$$\begin{vmatrix} 4-\lambda & -3 & -3 \\ -3 & 4-\lambda & 3 \\ 3 & -3 & -2-\lambda \end{vmatrix} = 0$$

となり，上式を解くことにより，固有値は $\lambda = 4, 1$ (重解) と求められます．

固有ベクトルを $(s_1\ s_2\ s_3)^T$ と表せば，$\lambda = 4, 1$ に対する固有ベクトルは，それぞれ以下のように求められます．

(a) $\lambda = 4$ のとき

$$\begin{pmatrix} 0 & -3 & -3 \\ -3 & 0 & 3 \\ 3 & -3 & -6 \end{pmatrix} \begin{pmatrix} s_1 \\ s_2 \\ s_3 \end{pmatrix} = \begin{pmatrix} 0 \\ 0 \\ 0 \end{pmatrix}$$

上式より，

$$\begin{aligned} -s_2 - s_3 &= 0 \\ -s_1 + s_3 &= 0 \\ s_1 - s_2 - 2s_3 &= 0 \end{aligned}$$

が得られます．第 1 式より，$s_2 = -s_3$，また第 2 式より，$s_1 = s_3$ となることから，$s_3 = 1$ とすれば，$s_1 = 1$, $s_2 = -1$ となるため，$(s_1\ s_2\ s_3)^T = c(1\ {-1}\ 1)^T$ と求められます．

(b) $\lambda = 1$ (重解) のとき

$$\begin{pmatrix} 3 & -3 & -3 \\ -3 & 3 & 3 \\ 3 & -3 & -3 \end{pmatrix} \begin{pmatrix} s_1 \\ s_2 \\ s_3 \end{pmatrix} = \begin{pmatrix} 0 \\ 0 \\ 0 \end{pmatrix}$$

上式より，

$$s_1 - s_2 - s_3 = 0$$

が得られます．上式を満たし，かつ変換行列 $\boldsymbol{S}$ の逆行列が存在するように残る 2 つの固有ベクトルを決めれば，$(s_1\ s_2\ s_3)^T = c(1\ 1\ 0)^T$, $c(1\ 0\ 1)^T$ となります．

3.7 (1) 1 つ前の章末問題 3.6 と同様に固有方程式を立てて，

$$\begin{vmatrix} -2-\lambda & 2 & 1 \\ -1 & 2-\lambda & 1 \\ -4 & 6 & -3-\lambda \end{vmatrix} = 0$$

となり，上式を解くことにより，固有値は $\lambda = -3,\ \pm 2$ と求められます．

固有ベクトルを $(s_1\ s_2\ s_3)^T$ と表せば，$\lambda = -3,\ \pm 2$ に対する固有ベクトルは，それぞれ以下のように求められます．

(a) $\lambda = -3$ のとき

$$\begin{pmatrix} 1 & 2 & 1 \\ -1 & 5 & 1 \\ -4 & 6 & 0 \end{pmatrix} \begin{pmatrix} s_1 \\ s_2 \\ s_3 \end{pmatrix} = \begin{pmatrix} 0 \\ 0 \\ 0 \end{pmatrix}$$

上式より，

$$\begin{aligned} s_1 + 2s_2 + s_3 &= 0 \\ -s_1 + 5s_2 + s_3 &= 0 \\ -4s_1 + 6s_2 &= 0 \end{aligned}$$

が得られます．第 3 式より，$2s_1 = 3s_3$ となることから，$s_1 = 3$，$s_2 = 2$ となります．また，この結果を第 2 式に用いれば，$s_3 = -7$ となり $(s_1\ s_2\ s_3)^T = c(3\ 2\ -7)^T$ と求められます．

(b) $\lambda = 2$ のとき

$$\begin{pmatrix} -4 & 2 & 1 \\ -1 & 0 & 1 \\ -4 & 6 & -5 \end{pmatrix} \begin{pmatrix} s_1 \\ s_2 \\ s_3 \end{pmatrix} = \begin{pmatrix} 0 \\ 0 \\ 0 \end{pmatrix}$$

上式より，

$$\begin{aligned} -4s_1 + 2s_2 + s_3 &= 0 \\ -s_1 + s_3 &= 0 \\ -4s_1 + 6s_2 - 5s_3 &= 0 \end{aligned}$$

が得られます．第 2 式より，$s_1 = s_3$ となることから，$s_1 = 1$，$s_2 = 1$ となります．また，この結果を第 1 式に用いれば，$s_2 = \dfrac{3}{2}$ となり $(s_1\ s_2\ s_3)^T = c(2\ 3\ 2)^T$ と求められます．

(c) $\lambda = -2$ のとき

$$\begin{pmatrix} 0 & 2 & 1 \\ -1 & 4 & 1 \\ -4 & 6 & -1 \end{pmatrix} \begin{pmatrix} s_1 \\ s_2 \\ s_3 \end{pmatrix} = \begin{pmatrix} 0 \\ 0 \\ 0 \end{pmatrix}$$

上式より，

$$2s_2 + s_3 = 0$$
$$-s_1 + 4s_2 + s_3 = 0$$
$$-4s_1 + 6s_2 - s_3 = 0$$

が得られます．第 1 式より，$s_3 = -2s_2$ となることから，$s_2 = 1$，$s_3 = -2$ となります．また，この結果を第 2 式に用いれば，$s_1 = 2$ となり $(s_1\ s_2\ s_3)^T = c(2\ 1\ {-2})^T$ と求められます．

(2) (1) より変換行列 $\boldsymbol{S}$ は，

$$\boldsymbol{S} = \begin{pmatrix} 3 & 2 & 2 \\ 2 & 3 & 1 \\ -7 & 2 & -2 \end{pmatrix}$$

となり，その逆行列 $\boldsymbol{S}^{-1}$ は，

$$\boldsymbol{S}^{-1} = \frac{1}{20}\begin{pmatrix} -8 & 8 & -4 \\ -3 & 8 & 1 \\ 25 & -20 & 5 \end{pmatrix}$$

と求められます．また，求められた固有値より，

$$\boldsymbol{S}^{-1}\boldsymbol{A}\boldsymbol{S} = \begin{pmatrix} -3 & 0 & 0 \\ 0 & 2 & 0 \\ 0 & 0 & -2 \end{pmatrix}$$

$$\left(\boldsymbol{S}^{-1}\boldsymbol{A}\boldsymbol{S}\right)^n = \begin{pmatrix} (-3)^n & 0 & 0 \\ 0 & 2^n & 0 \\ 0 & 0 & (-2)^n \end{pmatrix}$$

$$\boldsymbol{S}^{-1}\boldsymbol{A}\cancel{\boldsymbol{S}\boldsymbol{S}^{-1}}\boldsymbol{A}\cancel{\boldsymbol{S}\boldsymbol{S}^{-1}}\cdots\cancel{\boldsymbol{S}\boldsymbol{S}^{-1}}\boldsymbol{A}\boldsymbol{S} = \begin{pmatrix} (-3)^n & 0 & 0 \\ 0 & 2^n & 0 \\ 0 & 0 & (-2)^n \end{pmatrix}$$

$$\boldsymbol{S}^{-1}\boldsymbol{A}^n\boldsymbol{S} = \begin{pmatrix} (-3)^n & 0 & 0 \\ 0 & 2^n & 0 \\ 0 & 0 & (-2)^n \end{pmatrix}$$

となることから，上式の両辺の左から $\boldsymbol{S}$，右から $\boldsymbol{S}^{-1}$ をかければ，

$$\boldsymbol{A}^n = \boldsymbol{S}\begin{pmatrix} (-3)^n & 0 & 0 \\ 0 & 2^n & 0 \\ 0 & 0 & (-2)^n \end{pmatrix}\boldsymbol{S}^{-1}$$

$$= \frac{1}{20}\begin{pmatrix} 3 & 2 & 2 \\ 2 & 3 & 1 \\ -7 & 2 & -2 \end{pmatrix}\begin{pmatrix} (-3)^n & 0 & 0 \\ 0 & 2^n & 0 \\ 0 & 0 & (-2)^n \end{pmatrix}\begin{pmatrix} -8 & 8 & -4 \\ -3 & 8 & 1 \\ 25 & -20 & 5 \end{pmatrix}$$

と求められます．

第 4 章

4.1 (1) $\boldsymbol{A}+\boldsymbol{B}+\boldsymbol{C} = (3-3+1)\boldsymbol{a}_x + (-2+2+1)\boldsymbol{a}_y + (3-4-1)\boldsymbol{a}_z$

$$= \boldsymbol{a}_x + \boldsymbol{a}_y - 2\boldsymbol{a}_z$$

(2) $3\boldsymbol{A}+2\boldsymbol{B}+\boldsymbol{C} = (9-6+1)\boldsymbol{a}_x + (-6+4+1)\boldsymbol{a}_y + (9-8-1)\boldsymbol{a}_z$

$$= 4\boldsymbol{a}_x - \boldsymbol{a}_y$$

(3) $|\boldsymbol{A}-\boldsymbol{B}+\boldsymbol{C}| = |(3+3+1)\boldsymbol{a}_x + (-2-2+1)\boldsymbol{a}_y + (3+4-1)\boldsymbol{a}_z|$

$$= |7\boldsymbol{a}_x - 3\boldsymbol{a}_y + 6\boldsymbol{a}_z| = \sqrt{7^2+3^2+6^2} = \sqrt{94}$$

(4) スカラ積なので，各 x, y, z 成分ごとの積を求めます．

$$\boldsymbol{A}\cdot\boldsymbol{B} = -9-4-12 = -25$$

(5) まず，$\boldsymbol{A}+\boldsymbol{B}+\boldsymbol{C}$ を求めますが，(1) の結果より $\boldsymbol{A}+\boldsymbol{B}+\boldsymbol{C} = \boldsymbol{a}_x + \boldsymbol{a}_y - 2\,\boldsymbol{a}_z$ であり，その絶対値は $|\boldsymbol{A}+\boldsymbol{B}+\boldsymbol{C}| = \sqrt{1^2+1^2+2^2} = \sqrt{6}$ となります．したがって，単位ベクトル $\boldsymbol{a}$ は

$$\boldsymbol{a} = \frac{\boldsymbol{A}+\boldsymbol{B}+\boldsymbol{C}}{|\boldsymbol{A}+\boldsymbol{B}+\boldsymbol{C}|} = \frac{1}{\sqrt{6}}(\boldsymbol{a}_x + \boldsymbol{a}_y - 2\,\boldsymbol{a}_z)$$

4.2 (1) $\boldsymbol{A}\cdot\boldsymbol{B} = 6+6+0 = 12$

(2) まず，$A = |\boldsymbol{A}| = \sqrt{9+9} = 3\sqrt{2}$，$B = |\boldsymbol{B}| = \sqrt{4+4+8} = 4$ となります．そして，$\boldsymbol{A}\cdot\boldsymbol{B} = AB\cos\theta$ より

$$\cos\theta = \frac{12}{12\sqrt{2}} = \frac{1}{\sqrt{2}} \qquad \therefore\ \theta = \frac{\pi}{4}$$ または，45°

(3) $$\boldsymbol{A}\times\boldsymbol{B} = \begin{vmatrix} \boldsymbol{a}_x & \boldsymbol{a}_y & \boldsymbol{a}_z \\ 3 & 3 & 0 \\ 2 & 2 & 2\sqrt{2} \end{vmatrix}$$

$$= (6\sqrt{2}-0)\boldsymbol{a}_x + (0-6\sqrt{2})\boldsymbol{a}_y + (6-6)\boldsymbol{a}_z$$

$$= 6\sqrt{2}\boldsymbol{a}_x - 6\sqrt{2}\boldsymbol{a}_y$$

(4) $|\boldsymbol{A}\times\boldsymbol{B}| = |6\sqrt{2}\boldsymbol{a}_x - 6\sqrt{2}\boldsymbol{a}_y| = \sqrt{(6\sqrt{2})^2+(6\sqrt{2})^2} = \sqrt{144} = 12$

(5) $\boldsymbol{A}+\boldsymbol{B} = 5\boldsymbol{a}_x + 5\boldsymbol{a}_y + 2\sqrt{2}\boldsymbol{a}_z$，$\boldsymbol{A}-\boldsymbol{B} = \boldsymbol{a}_x + \boldsymbol{a}_y - 2\sqrt{2}\boldsymbol{a}_z$

したがって，

$$(\boldsymbol{A}+\boldsymbol{B})\cdot(\boldsymbol{A}-\boldsymbol{B})$$

$$= (5\boldsymbol{a}_x + 5\boldsymbol{a}_y + 2\sqrt{2}\boldsymbol{a}_z) \cdot (\boldsymbol{a}_x + \boldsymbol{a}_y - 2\sqrt{2}\boldsymbol{a}_z)$$

$$= (5 \times 1) + (5 \times 1) + (2\sqrt{2} \times (-2\sqrt{2})) = 5 + 5 - 8 = 2$$

と求まります.

(6) (5) と同様に, $\boldsymbol{A}+\boldsymbol{B} = 5\boldsymbol{a}_x+5\boldsymbol{a}_y+2\sqrt{2}\boldsymbol{a}_z$, $\boldsymbol{A}-\boldsymbol{B} = \boldsymbol{a}_x+\boldsymbol{a}_y-2\sqrt{2}\boldsymbol{a}_z$ したがって,

$$(\boldsymbol{A}+\boldsymbol{B}) \times (\boldsymbol{A}-\boldsymbol{B})$$

$$= \begin{vmatrix} \boldsymbol{a}_x & \boldsymbol{a}_y & \boldsymbol{a}_z \\ 5 & 5 & 2\sqrt{2} \\ 1 & 1 & -2\sqrt{2} \end{vmatrix}$$

$$= (-10\sqrt{2} - 2\sqrt{2})\boldsymbol{a}_x + (2\sqrt{2} + 10\sqrt{2})\boldsymbol{a}_y + (5-5)\boldsymbol{a}_z$$

$$= -12\sqrt{2}\boldsymbol{a}_x + 12\sqrt{2}\boldsymbol{a}_y$$

と求まります.

(7) $3\boldsymbol{A}+\boldsymbol{B} = 11\boldsymbol{a}_x + 11\boldsymbol{a}_y + 2\sqrt{2}\boldsymbol{a}_z$, $\boldsymbol{A}-3\boldsymbol{B} = -3\boldsymbol{a}_x - 3\boldsymbol{a}_y - 6\sqrt{2}\boldsymbol{a}_z$ したがって,

$$(3\boldsymbol{A}+\boldsymbol{B}) \cdot (\boldsymbol{A}-3\boldsymbol{B})$$

$$= (11 \cdot (-3)) + (11 \cdot (-3)) + (2\sqrt{2} \cdot (-6\sqrt{2}))$$

$$= -33 - 33 - 24 = -90$$

と求まります.

4.3 (1) スカラ積は

$$\boldsymbol{A} \cdot \boldsymbol{B} = \frac{3}{\sqrt{2}}k + \frac{3}{\sqrt{2}}k + 0 = 3\sqrt{2}k$$

ベクトル $\boldsymbol{A}$, $\boldsymbol{B}$ の大きさは

$$\begin{cases} A = |\boldsymbol{A}| = \sqrt{\left(\dfrac{3}{\sqrt{2}}\right)^2 + \left(\dfrac{3}{\sqrt{2}}\right)^2 + (3\sqrt{3})^2} = \sqrt{36} = 6 \\ B = |\boldsymbol{B}| = \sqrt{k^2 + k^2 + 0} = \sqrt{2k^2} = \sqrt{2}k \end{cases}$$

これらを $\boldsymbol{A} \cdot \boldsymbol{B} = AB\cos\theta$ に代入して

$$\cos\theta = \frac{3\sqrt{2}k}{6\sqrt{2}k} = \frac{1}{2}$$

$$\therefore\ \theta = \frac{\pi}{3},\ \text{または } 60^\circ$$

(2) ベクトル積は

$$\boldsymbol{A}\times\boldsymbol{B}=\begin{vmatrix}\boldsymbol{a}_x & \boldsymbol{a}_y & \boldsymbol{a}_z\\ \dfrac{3}{\sqrt{2}} & \dfrac{3}{\sqrt{2}} & 3\sqrt{3}\\ k & k & 0\end{vmatrix}$$

$$=(0-k3\sqrt{3})\boldsymbol{a}_x+(k3\sqrt{3}-0)\boldsymbol{a}_y+\left(k\frac{3}{\sqrt{2}}-k\frac{3}{\sqrt{2}}\right)\boldsymbol{a}_z$$

$$=-3\sqrt{3}k\boldsymbol{a}_x+3\sqrt{3}k\boldsymbol{a}_y$$

と求まります．また，このベクトル積の大きさは，

$$|\boldsymbol{A}\times\boldsymbol{B}|=\sqrt{(3\sqrt{3}k)^2+(3\sqrt{3}k)^2}=\sqrt{54k^2}=3\sqrt{6}k$$

と求まります．それぞれのベクトルの大きさは，(1) の結果より，

$$\begin{cases}A=|\boldsymbol{A}|=6\\ B=|\boldsymbol{B}|=\sqrt{2}k\end{cases}$$

そして，$|\boldsymbol{A}\times\boldsymbol{B}|=AB\sin\theta$ より

$$\sin\theta=\frac{3\sqrt{6}k}{6\sqrt{2}k}=\frac{\sqrt{3}}{2}$$

$$\therefore\ \theta=\frac{\pi}{3},\ \text{または}\ 60^\circ$$

4.4 互いに直交した 2 つのベクトルのスカラ積は 0 となりますから，スカラ積を計算することにより確かめることができます．

$$\boldsymbol{A}\cdot\boldsymbol{B}=(6\boldsymbol{a}_x-3\boldsymbol{a}_y-\boldsymbol{a}_z)\cdot(\boldsymbol{a}_x+4\boldsymbol{a}_y-6\boldsymbol{a}_z)=6-12+6=0$$

4.5 (1) ベクトルの終点から始点の座標を引けば，以下のように求まります．

$$\boldsymbol{A}=(3+2)\boldsymbol{a}_x+(4-4)\boldsymbol{a}_y+(3-1)\boldsymbol{a}_z=5\boldsymbol{a}_x+2\boldsymbol{a}_z$$

(2) ベクトル $\boldsymbol{A}$ の大きさは，$|\boldsymbol{A}|=\sqrt{5^2+2^2}=\sqrt{29}$ となるので，単位ベクトル $\boldsymbol{a}_A$ は

$$\boldsymbol{a}_A=\frac{\boldsymbol{A}}{|\boldsymbol{A}|}=\frac{5\boldsymbol{a}_x+2\boldsymbol{a}_z}{\sqrt{29}}=\frac{5}{\sqrt{29}}\boldsymbol{a}_x+\frac{2}{\sqrt{29}}\boldsymbol{a}_z$$

$$\approx 0.93\boldsymbol{a}_x+0.37\boldsymbol{a}_z$$

と求まります．

4.6 (1) (左辺) $= \boldsymbol{A}\cdot\boldsymbol{A} - \boldsymbol{A}\cdot\boldsymbol{B} + \boldsymbol{B}\cdot\boldsymbol{A} - \boldsymbol{B}\cdot\boldsymbol{B}$

$= \boldsymbol{A}\cdot\boldsymbol{A} - \boldsymbol{A}\cdot\boldsymbol{B} + \boldsymbol{A}\cdot\boldsymbol{B} - \boldsymbol{B}\cdot\boldsymbol{B}$

($\because$ スカラ積は交換則が成り立つ)

$= \boldsymbol{A}\cdot\boldsymbol{A} - \boldsymbol{B}\cdot\boldsymbol{B}$

$= \boldsymbol{A}^2 - \boldsymbol{B}^2$

(2) (左辺) $= \boldsymbol{A}\times\boldsymbol{A} - \boldsymbol{A}\times\boldsymbol{B} + \boldsymbol{B}\times\boldsymbol{A} - \boldsymbol{B}\times\boldsymbol{B}$

$= 0 - \boldsymbol{A}\times\boldsymbol{B} - \boldsymbol{A}\times\boldsymbol{B} - 0$

($\because$ 同方向のベクトル積は 0，交換すると符号が逆)

$= -2(\boldsymbol{A}\times\boldsymbol{B})$

(3) (左辺) $= \boldsymbol{B}\cdot(\boldsymbol{A}\times\boldsymbol{A})$ ($\because$ スカラ三重積での順序の入れかえ)

$= \boldsymbol{B}\cdot(0)$ ($\because$ 同方向のベクトル積は 0)

$= 0$

(4) $\boldsymbol{A}$ と $\boldsymbol{B}$ のなす角を θ とすると

$$
\begin{aligned}
|\boldsymbol{A}\times\boldsymbol{B}|^2 &= \{|\boldsymbol{A}||\boldsymbol{B}|\sin\theta\}^2 \\
&= |\boldsymbol{A}|^2|\boldsymbol{B}|^2\sin^2\theta \\
&= |\boldsymbol{A}|^2|\boldsymbol{B}|^2(1-\cos^2\theta) \\
&= |\boldsymbol{A}|^2|\boldsymbol{B}|^2 - |\boldsymbol{A}|^2|\boldsymbol{B}|^2\cos^2\theta \\
&= (\boldsymbol{A}\cdot\boldsymbol{A})^2(\boldsymbol{B}\cdot\boldsymbol{B})^2 - \{|\boldsymbol{A}||\boldsymbol{B}|\cos\theta\}^2 \\
&= \boldsymbol{A}^2\boldsymbol{B}^2 - (\boldsymbol{A}\cdot\boldsymbol{B})^2
\end{aligned}
$$

(5) それぞれのベクトル三重積は

$$
\begin{cases}
\boldsymbol{A}\times(\boldsymbol{B}\times\boldsymbol{C}) = \boldsymbol{B}(\boldsymbol{A}\cdot\boldsymbol{C}) - \boldsymbol{C}(\boldsymbol{A}\cdot\boldsymbol{B}) \\
\boldsymbol{B}\times(\boldsymbol{C}\times\boldsymbol{A}) = \boldsymbol{C}(\boldsymbol{B}\cdot\boldsymbol{A}) - \boldsymbol{A}(\boldsymbol{B}\cdot\boldsymbol{C}) \\
\boldsymbol{C}\times(\boldsymbol{A}\times\boldsymbol{B}) = \boldsymbol{A}(\boldsymbol{C}\cdot\boldsymbol{B}) - \boldsymbol{B}(\boldsymbol{C}\cdot\boldsymbol{A})
\end{cases}
$$

と変形できます．そして，スカラ積では交換則が成り立つので

$$
\begin{aligned}
&\boldsymbol{B}(\boldsymbol{A}\cdot\boldsymbol{C}) - \boldsymbol{C}(\boldsymbol{A}\cdot\boldsymbol{B}) + \boldsymbol{C}(\boldsymbol{A}\cdot\boldsymbol{B}) - \boldsymbol{A}(\boldsymbol{B}\cdot\boldsymbol{C}) \\
&+ \boldsymbol{A}(\boldsymbol{B}\cdot\boldsymbol{C}) - \boldsymbol{B}(\boldsymbol{A}\cdot\boldsymbol{C}) = 0
\end{aligned}
$$

となります．

4.7 ベクトルの終点から始点の座標の値を引いて，これをベクトル $\boldsymbol{A}$ とすれば，

$$\boldsymbol{A} = (6+6)\boldsymbol{a}_x + (3-3)\boldsymbol{a}_y + (-2+7)\boldsymbol{a}_z = 12\boldsymbol{a}_x + 5\boldsymbol{a}_z$$

となります．次に，ベクトル $\boldsymbol{A}$ の大きさは，

$$A = |\boldsymbol{A}| = \sqrt{12^2 + 5^2} = \sqrt{169} = 13$$

となり，したがって単位ベクトル $\boldsymbol{a}$ は，

$$\boldsymbol{a} = \frac{\boldsymbol{A}}{A} = \frac{12\boldsymbol{a}_x + 5\boldsymbol{a}_z}{13} = \frac{12}{13}\boldsymbol{a}_x + \frac{5}{13}\boldsymbol{a}_z \approx 0.92\boldsymbol{a}_x + 0.38\boldsymbol{a}_z$$

と求まります．

4.8 図 4.A の点 P から原点に向かうベクトル $\boldsymbol{A}$ の式は，$\boldsymbol{A} = -12\boldsymbol{a}_x - 16\boldsymbol{a}_y - z\boldsymbol{a}_z$ となり，ベクトル $\boldsymbol{A}$ の大きさは，

$$A = |\boldsymbol{A}| = \sqrt{12^2 + 16^2 + z^2} = \sqrt{400 + z^2}$$

となります．

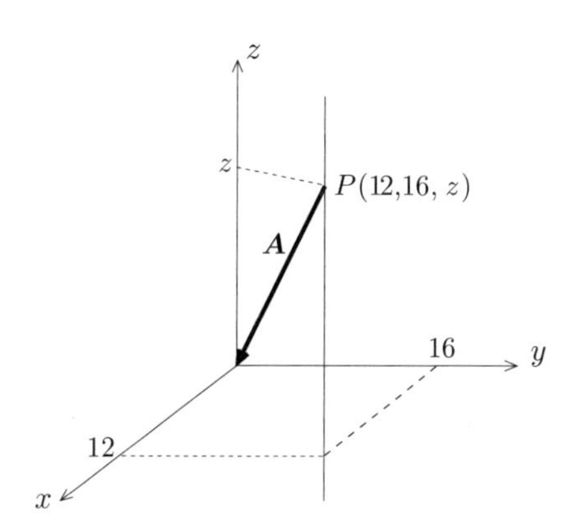

図 4.A　点 P から原点に向かうベクトル $\boldsymbol{A}$

したがって，単位ベクトル $\boldsymbol{a}$ は

$$\boldsymbol{a} = \frac{\boldsymbol{A}}{A} = \frac{-12\boldsymbol{a}_x - 16\boldsymbol{a}_y - z\boldsymbol{a}_z}{\sqrt{400 + z^2}}$$

と求まります．

4.9 まず，原点から $z = 6$ の平面上の任意の 1 点に向かうベクトル $\boldsymbol{A}$ は，図 4.B のようになります．

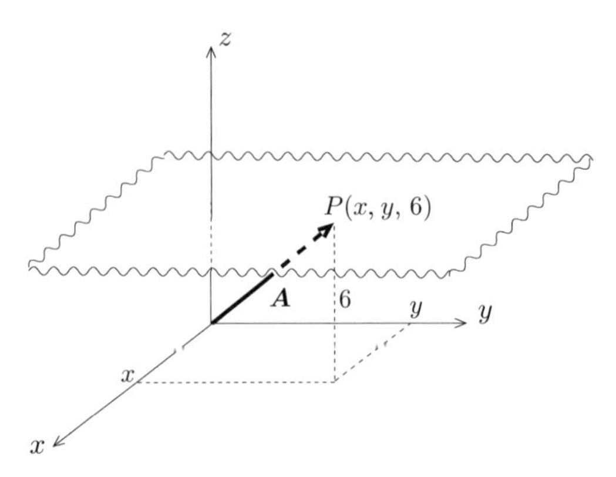

図 4.B　原点から $z = 6$ の平面上の任意の 1 点に向かうベクトル $\boldsymbol{A}$

このベクトル $\boldsymbol{A}$ の式は，$\boldsymbol{A} = x\boldsymbol{a}_x + y\boldsymbol{a}_y + 6\boldsymbol{a}_z$ となり，ベクトル $\boldsymbol{A}$ の大きさは $A = |\boldsymbol{A}| = \sqrt{x^2 + y^2 + 36}$ となります．

したがって，単位ベクトル $\boldsymbol{a}$ は

$$\boldsymbol{a} = \frac{\boldsymbol{A}}{A} = \frac{x\boldsymbol{a}_x + y\boldsymbol{a}_y + 6\boldsymbol{a}_z}{\sqrt{x^2 + y^2 + 36}}$$

と求まります．

4.10 (1)　勾配の定義式から，

$$\begin{aligned}\text{grad } V &= \frac{\partial V}{\partial x}\boldsymbol{a}_x + \frac{\partial V}{\partial y}\boldsymbol{a}_y + \frac{\partial V}{\partial z}\boldsymbol{a}_z \\ &= (2xy^2 + yz + 3z^2)\boldsymbol{a}_x + (2x^2y + xz)\boldsymbol{a}_y + (xy + 6xz)\boldsymbol{a}_z\end{aligned}$$

となります．

(2)　(1) の結果に $x = 1$，$y = 1$，$z = 1$ を代入して，

$$\text{grad } V|_{(1,1,1)} = 6\boldsymbol{a}_x + 3\boldsymbol{a}_y + 7\boldsymbol{a}_z$$

となります．このベクトルを $\boldsymbol{A}$ とおき，単位ベクトル $\boldsymbol{a}_n$ とのスカラ積をとればベクトル $\boldsymbol{A}$ の $\boldsymbol{a}_n$ 方向の成分が求まります．したがって，

$$\begin{aligned}\boldsymbol{A} \cdot \boldsymbol{a}_n &= (6\boldsymbol{a}_x + 3\boldsymbol{a}_y + 7\boldsymbol{a}_z) \cdot \left(\frac{1}{\sqrt{3}}\boldsymbol{a}_x + \frac{1}{\sqrt{3}}\boldsymbol{a}_y + \frac{1}{\sqrt{3}}\boldsymbol{a}_z\right) \\ &= \frac{6}{\sqrt{3}} + \frac{3}{\sqrt{3}} + \frac{7}{\sqrt{3}} = \frac{16}{\sqrt{3}}\end{aligned}$$

となります．

4.11 ベクトル $\boldsymbol{A}$ を各成分ごとに分けて書き表せば，

$$\boldsymbol{A} = e^{-y} \cos x \boldsymbol{a}_x - e^{-y} \cos x \boldsymbol{a}_y + e^{-y} \cos x \boldsymbol{a}_z$$

となり，発散は各成分を自らの成分で偏微分すれば求まるので，

$$\begin{aligned}\text{div } \boldsymbol{A} &= \frac{\partial}{\partial x}(e^{-y} \cos x) + \frac{\partial}{\partial y}(-e^{-y} \cos x) + \frac{\partial}{\partial z}(e^{-y} \cos x) \\ &= -e^{-y} \sin x + e^{-y} \cos x + 0 = e^{-y}(\cos x - \sin x)\end{aligned}$$

となります．

4.12 ベクトル $\boldsymbol{A}$ は，x 成分のみですから発散は，

$$\text{div } \boldsymbol{A} = \frac{\partial}{\partial x}\left(\frac{1}{\sqrt{x^2+y^2}}\right) = \frac{\partial}{\partial x}(x^2+y^2)^{-\frac{1}{2}}$$

となります．ここで，合成関数の微分

$$\frac{\partial y}{\partial x} = \frac{\partial y}{\partial u} \cdot \frac{\partial u}{\partial x}$$

を利用して，

$$y = u^{-\frac{1}{2}}, \quad u = x^2 + y^2$$

とおけば，

$$(y)' = -\frac{1}{2}u^{-\frac{3}{2}}, \quad (u)' = 2x$$

となります．したがって，

$$\frac{\partial}{\partial x}(x^2+y^2)^{-\frac{1}{2}} = -\frac{1}{2}(x^2+y^2)^{-\frac{3}{2}}(2x) = \frac{-x}{(x^2+y^2)\sqrt{x^2+y^2}}$$

よって，$x = 1$，$y = 1$，$z = 0$ を上式に代入すれば，

$$\text{div } \boldsymbol{A}|_{(1,1,0)} = \frac{-1}{2\sqrt{2}} = -\frac{\sqrt{2}}{4}$$

と求まります．

4.13

$$\begin{aligned}\text{div } \boldsymbol{A} &= \frac{\partial}{\partial x}(x \sin y) + \frac{\partial}{\partial y}(2x \cos y) + \frac{\partial}{\partial z}(2z^2) \\ &= \sin y - 2x \sin y + 4z = (1-2x) \sin y + 4z\end{aligned}$$

よって，

$$\text{div } \boldsymbol{A}|_{(0,0,1)} = (1 - 2 \cdot 0) \sin 0 + 4 \cdot 1 = 4$$

と求まります．

4.14 回転の一般式は，

$$\mathrm{rot}\ \boldsymbol{A}=\left(\frac{\partial A_z}{\partial y}-\frac{\partial A_y}{\partial z}\right)\boldsymbol{a}_x+\left(\frac{\partial A_x}{\partial z}-\frac{\partial A_z}{\partial x}\right)\boldsymbol{a}_y+\left(\frac{\partial A_y}{\partial x}-\frac{\partial A_x}{\partial y}\right)\boldsymbol{a}_z$$

ですから，

$$\begin{aligned}\mathrm{rot}\ \boldsymbol{A}&=(\cos x\cos y-0)\boldsymbol{a}_x+(0-(-\sin x)\sin y)\boldsymbol{a}_y\\&\quad+(\cos x\cos y-\cos x\cos y)\boldsymbol{a}_z\\&=\cos x\cos y\boldsymbol{a}_x+\sin x\sin y\boldsymbol{a}_y\end{aligned}$$

と求まります．

4.15 前問の結果から，

$$\begin{aligned}&\mathrm{div}\{(\cos x\cos y\boldsymbol{a}_x+\sin x\sin y\boldsymbol{a}_y)\}\\&=\frac{\partial}{\partial x}(\cos x\cos y)+\frac{\partial}{\partial y}(\sin x\sin y)\\&=-\sin x\cos y+\sin x\cos y=0\end{aligned}$$

と求まります．

4.16 回転の一般式は，

$$\mathrm{rot}\ \boldsymbol{A}=\left(\frac{\partial A_z}{\partial y}-\frac{\partial A_y}{\partial z}\right)\boldsymbol{a}_x+\left(\frac{\partial A_x}{\partial z}-\frac{\partial A_z}{\partial x}\right)\boldsymbol{a}_y+\left(\frac{\partial A_y}{\partial x}-\frac{\partial A_x}{\partial y}\right)\boldsymbol{a}_z$$

ですから，

$$\begin{aligned}\mathrm{rot}\ \boldsymbol{A}&=(0-0)\boldsymbol{a}_x+(0-0)\boldsymbol{a}_y+(2\cos y-x\cos y)\boldsymbol{a}_z\\&=(2-x)\cos y\boldsymbol{a}_z\end{aligned}$$

となります．したがって，点 (0, 0, 1) における回転は，

$$\mathrm{rot}\ \boldsymbol{A}|_{(0,0,1)}=(2-0)\cos 0\boldsymbol{a}_z=2\boldsymbol{a}_z$$

と求まります．

第5章

5.1 z は複素数ですから，$z=x+jy$ と表して，

$$z^2=x^2+j2xy+j^2y^2=(x^2-y^2)+j2xy$$

となります．ここで，$z^2 = -j$ であることから，上式は実数部が $x^2 - y^2 = 0$，虚数部が $2xy = -1$ でなければなりません．

したがって，この2式より

$$x = -y \qquad \left(xy = -\frac{1}{2} \text{ なので，} x = y \text{ は不適}\right)$$

となり，$y = \pm\dfrac{1}{\sqrt{2}}$ から，求める z は

$$z = \pm\frac{1}{\sqrt{2}}(1 - j)$$

と求まります．

5.2 (1) $\dfrac{1}{a + jb} \times \dfrac{a - jb}{a - jb} = \dfrac{a - jb}{a^2 + b^2} = \dfrac{a}{a^2 + b^2} - j\dfrac{b}{a^2 + b^2}$

(2) ( ) 内を指数関数形式に直して，

$$\frac{1}{2} - j\frac{\sqrt{3}}{2} = \cos\frac{\pi}{3} - j\sin\frac{\pi}{3} = e^{-j\frac{\pi}{3}}$$

よって，

$$\left(\frac{1}{2} - j\frac{\sqrt{3}}{2}\right)^3 = \left(e^{-j\frac{\pi}{3}}\right)^3 = e^{-j\pi}$$

となりますから，これを直交形式に戻せば，

$$e^{-j\pi} = \cos\pi - j\sin\pi = -1 - j0 = -1$$

と求まります．

(3) $j^4 = j^2 \cdot j^2 = (-1) \cdot (-1) = 1$

(4) $\dfrac{1}{1 + j + j^2} = \dfrac{1}{1 + j - 1} = \dfrac{1}{j} = -j$

5.3 (1) 複素数の絶対値は，

$$|z| = r = \sqrt{\left(\frac{a}{a^2 + b^2}\right)^2 + \left(\frac{b}{a^2 + b^2}\right)^2} = \frac{1}{\sqrt{a^2 + b^2}}$$

となります．したがって，偏角は，

$$\theta = \tan^{-1}\left(\frac{-\dfrac{b}{a^2 + b^2}}{\dfrac{a}{a^2 + b^2}}\right) = \tan^{-1}\left(-\frac{b}{a}\right)$$

となります．よって，複素数の極座標表現は，

$$\frac{1}{\sqrt{a^2 + b^2}} \angle \tan^{-1}\left(-\frac{b}{a}\right)$$

となります．

(2) $1\ \angle\pi$

(3) $1\ \angle 0$

(4) $1\ \angle -\dfrac{\pi}{2}$

5.4 ( ) 内を指数関数形式に直して，

$$\frac{1+j\sqrt{3}}{2} = \frac{1}{2} + j\frac{\sqrt{3}}{2} = 1e^{j\frac{\pi}{3}}$$

ここで，オイラーの公式を適用して，

$$e^{j\frac{\pi}{3}} = \cos\frac{\pi}{3} + j\sin\frac{\pi}{3}$$

となります．よって，

$$\begin{aligned}\left(\frac{1+j\sqrt{3}}{2}\right)^5 &= \left(\cos\frac{\pi}{3} + j\sin\frac{\pi}{3}\right)^5 \\ &= \cos\frac{5\pi}{3} + j\sin\frac{5\pi}{3} \\ &= \frac{1}{2} - j\frac{\sqrt{3}}{2}\end{aligned}$$

と求まります．

5.5 (1) $E_1 = 10e^{j0} = 10(\cos 0 + j\sin 0) = 10$

(2) $E_2 = 10e^{j\frac{\pi}{2}} = 10\left(\cos\dfrac{\pi}{2} + j\sin\dfrac{\pi}{2}\right) = j10$

(3) $E_3 = 10e^{-j\frac{\pi}{2}} = 10\left\{\cos\left(-\dfrac{\pi}{2}\right) + j\sin\left(-\dfrac{\pi}{2}\right)\right\} = -j10$

(4) $E_4 = 10e^{j\frac{\pi}{4}} = 10\left(\cos\dfrac{\pi}{4} + j\sin\dfrac{\pi}{4}\right) = 5\sqrt{2} + j5\sqrt{2}$

(5) $E_5 = 10e^{-j\frac{\pi}{6}} = 10\left(\cos\dfrac{\pi}{6} - j\sin\dfrac{\pi}{6}\right) = 5\sqrt{3} - j5$

5.6 設問より電圧と電流のフェーザ表示 E，I は，それぞれ，$E = 100$，$I = 5e^{-j\frac{\pi}{3}}$ となります．よって，インピーダンス Z は，

$$Z = \frac{100}{5e^{-j\frac{\pi}{3}}} = 20e^{j\frac{\pi}{3}} = 20\left(\cos\frac{\pi}{3} + j\sin\frac{\pi}{3}\right) = 10 + j10\sqrt{3}$$

と求まります．

5.7 コイルのインピーダンスを Z_L とすれば

$$Z_L = j\omega L = j2\pi \cdot 50 \cdot (20 \cdot 10^{-3}) = j2\pi \quad [\Omega]$$

したがって，並列接続の合成インピーダンス Z は

$$Z = \frac{j\omega LR}{R + j\omega L} = \frac{j20\pi}{10 + j2\pi} = \frac{j20\pi(10 - j2\pi)}{(10 + j2\pi)(10 - j2\pi)}$$

$$= \frac{394.78 + j628.32}{139.48} = 2.83 + j4.50 \quad [\Omega]$$

と求まります．

MEMO

参考文献

1) エレクトロニクス教育研究会：よくわかる電気と数学（第 2 版），森北出版（2005）
2) 後藤尚久：なっとくする電気数学，講談社（2001）
3) 堀桂太郎，佐村敏治，椿本博久：電気・電子の基礎数学，東京電機大学出版局（2005）
4) 川上博，島本隆：電気回路の基礎数学，コロナ社（2008）
5) 重見健一：理工系 電気電子数学再入門，オーム社（2010）
6) 高木浩一，猪原哲，佐藤秀則，高橋徹，向川政治：大学 1 年生のための電気数学，森北出版（2006）
7) 臼田昭司：読むだけで力がつく 電気数学再入門，日刊工業新聞社（2004）
8) 内藤喜之：電気学会大学講座 電気・電子基礎数学，電気学会（1980）
9) 浅川毅監修，熊谷文宏著：電気のための基礎数学，東京電機大学出版局（2003）
10) Joseph A. Edminister 著，村崎憲雄，飽本一裕，小黒剛成共訳：マグロウヒル大学演習 電磁気学（改訂 2 版），オーム社（1996）
11) 後藤尚久：なっとくする電磁気学の疑問 55，講談社（2007）
12) 山口昌一郎：基礎電磁気学（改訂版），電気学会（2002）
13) 川村雅恭：電気磁気学—基礎と例題—，昭晃堂（1974）
14) 浜松芳夫：ベクトル解析の基礎から学ぶ電磁気学，森北出版（2015）

MEMO

索　引

た

な

は

ま

や

ら

数字・記号・アルファベット

MEMO

〈著者略歴〉

浜松芳夫（はままつ　よしお）

日本大学 理工学部 電気工学科 特任教授
1976年　玉川大学 工学部 電子工学科 助手
1982年　同 講師
1988年　同 助教授
1992年　茨城大学 工学部 システム工学科 助教授
1998年　茨城大学 工学部 システム工学科 教授

星野貴弘（ほしの　たかひろ）

日本大学 理工学部 電気工学科 准教授
2002年　綜合警備保障株式会社 勤務
2010年　日本大学 理工学部 電気工学科 助手
2013年　同　助教

●イラスト：アマセケイ

理工系のための数学入門
微分積分・線形代数・ベクトル解析

2020年7月25日　第1版第1刷発行

著　者　浜松芳夫
　　　　星野貴弘
発行者　村上和夫
発行所　株式会社 オーム社
　　　　郵便番号　101-8460
　　　　東京都千代田区神田錦町 3-1
　　　　電話　03(3233)0641(代表)
　　　　URL　https://www.ohmsha.co.jp/

組版　Green Cherry　　印刷　中央印刷　　製本　協栄製本
ISBN978-4-274-22568-0　Printed in Japan